国家级职业教育教师教学创新团队成果
国家级课程思政教学名师和教学团队成果
世界技能大赛工业 4.0 赛项转化成果

智能制造专业群系列教材

智能控制系统集成与装调（工业 4.0 系统）

主　编　游青山　冉　霞
副主编　刘　佳　谷玉玲　蒋华强
方　芳　曾　卓　陈　渝

科 学 出 版 社
北　京

内 容 简 介

本书由重庆工程职业技术学院机电一体化技术国家级职业教育教师教学创新团队牵头，组织各大职业院校骨干教师和企业技术人员共同精心编写而成，是编写团队长期教学、科研、实践工作的总结。本书的编写充分考虑教学规律，突出专业特点，基于领域知识构建、能力提升和素质培养的现实需求，采用项目-任务的框架结构，以任务导向的教学方法介绍典型工业 4.0 的工程应用。本书特色鲜明、实例丰富、选材典型、适用性强，注重实际操作训练。此外，本书中穿插有丰富的二维码资源链接，方便学生通过扫描观看相关的微课视频。

本书可作为高等职业院校、应用技术大学、成人教育等的智能控制技术、机电一体化技术、工业机器人技术、物联网应用技术、智能产品开发与应用及相关专业等相应课程的配套教材，也可作为世界技能大赛工业 4.0 赛项培训教材，还可作为企业工程技术人员、机电设备爱好者、智能制造技术爱好者的参考书。

图书在版编目（CIP）数据

智能控制系统集成与装调 : 工业 4.0 系统 / 游青山, 冉霞主编. -- 北京 : 科学出版社, 2024. 8.（智能制造专业群系列教材）. -- ISBN 978-7-03-079430-7

Ⅰ. TP273

中国国家版本馆 CIP 数据核字第 20246ZN763 号

责任编辑：张振华　刘建山 / 责任校对：赵丽杰
责任印制：吕春珉 / 封面设计：东方人华平面设计部

科学出版社 出版
北京东黄城根北街 16 号
邮政编码：100717
http://www.sciencep.com

三河市骏杰印刷有限公司印刷
科学出版社发行　各地新华书店经销
*
2024 年 8 月第　一　版　开本：787×1092　1/16
2024 年 8 月第一次印刷　印张：20
字数：450 000

定价：68.00 元

（如有印装质量问题，我社负责调换）
销售部电话 010-62136230　编辑部电话 010-62135120-2005

前　言

“工业 4.0”“互联网+”等国家发展战略正前所未有地推动着信息化与工业化的深度融合，先进的信息技术逐渐成为引领和衡量社会迈向高度现代化的支撑性技术之一。我国高度重视智能传感器产业的发展。目前，我们正紧紧抓住第三次信息技术浪潮和第四次工业革命的历史机遇，力推智能感知、物联网、大数据、人工智能、机器人、网络安全等战略性新兴产业，数字化和智能化设计制造相关内容被列入国家中长期科技发展规划“重点领域及其优先主题”，一系列战略目标正在实现。

党的二十大报告指出：“加快建设国家战略人才力量，努力培养造就更多大师、战略科学家、一流科技领军人才和创新团队、青年科技人才、卓越工程师、大国工匠、高技能人才。”为了深入贯彻落实二十大报告精神，编者根据《职业院校教材管理办法》《高等学校课程思政建设指导纲要》《“十四五”职业教育规划教材建设实施方案》等相关文件，结合多年的教学经验、大赛经验和企业案例编写了本书。在本书的编写过程中，编者紧紧围绕“培养什么人、怎样培养人、为谁培养人”这一教育的根本问题，以落实立德树人为根本任务，以培养学生综合职业能力为中心，以培养卓越工程师、大国工匠、高技能人才为目标。与同类图书相比，本书体例更加合理和统一，概念阐述更加严谨和科学，内容重点更加突出，文字表达更加简明易懂，典型案例和思政元素更加丰富，配套资源更加完善。

本书的特色主要表现在以下几个方面。

1. 校企“双元”联合编写，行业特色鲜明

本书是在行业、企业专家和课程开发专家的指导下，由校企“双元”联合编写而成的。本书编者均来自教学或企业一线，具有多年的教学或实践经验，多数人带队参加过国家或省级的技能大赛，并取得了优异的成绩。在编写本书的过程中，编者紧扣课程教学目标，遵循教育教学的规律和技术技能人才培养的规律，将行业发展的新理论、新标准、新规范和技能大赛要求的知识、能力与素养融入本书，符合当前企业对人才综合素质的要求。

2. 项目引领、任务驱动，突出“工学结合”

本书采用“项目化教学”和“基于工作过程”的职业教育课程改革理念，以智慧工厂中典型工业 4.0 系统——CP Lab 为载体组织教学内容，能够满足项目化、案例化等不同教学方式的要求，突出“工学结合”。

本书共设计循序渐进的 11 个项目，包括走近工业 4.0、认知传输基础组件、认知料仓工作站、认知测量工作站、认知加工工作站、认知输出工作站、认知智能传感系统、认知网络通信系统、认知制造业信息系统、认知能源管理系统、认知网络商城系统。

每个项目首先进行“项目导入”，并列出本项目的“学习目标”。每个项目包含若干工作任务。每个工作任务以“任务描述”“任务要求”“任务准备”“任务实施”“任务评价”

“任务拓展”等模块展开，并对本工作任务所涉及的知识点用“知识链接”的方式进行呈现，最后以“工作手册”的方式详细列出本工作任务的具体工作事项。通过以上方式，彰显教学目标与教材内容的高度统一性，明确学习者的努力方向，强化对自主学习的引领。

3. 体现以人为本，强调动手能力和创新能力的培养

本书切实从职业院校学生的实际出发，体现以学习者为中心，突出工程教育和产出导向 OBE（outcomes-based education，基于学习产出的教育模式）理念，摈弃了以往智能控制系统类书籍中过多的理论描述，以浅显易懂的语言和丰富的图示来进行说明，不过度强调理论和概念，从实用、专业的角度出发，剖析各知识点，强调动手能力和综合素质的培养。本书以练代讲，坚持“练中学，学中悟”。学生只要跟随操作步骤完成每个实例的制作，就可以掌握相关应用的技术精髓。

4. 融入思政元素，落实课程思政

为了落实立德树人的根本任务，充分发挥教材承载的思政教育功能，本书紧紧围绕智能控制系统主题，将爱国情怀、文化自信、规范意识、质量意识、职业素养、工匠精神等思政元素融入教学内容，使学生在学习专业知识的同时，潜移默化地提升思想政治素养。

5. 体现“书证”融通、“岗课赛证”融通

本书编写基于技术技能人才成长规律和学生认知特点，以智能设备应用工程师岗位需求为导向，以“智能控制系统集成与装调”课程为中心，将职业院校技能大赛“工业 4.0 智能硬件调试与应用”赛项的内容、要求融入课程教学内容、课程评价，注重对接 1+X 智能制造系统集成应用职业技能等级证书，将岗位、课程、竞赛、职业技能等级证书进行系统融合，体现“书证”融通、“岗课赛证”融通。

6. 立体化资源配套，适应信息化教学

为了方便教师教学和学生自主学习，本书配套有免费的立体化教学资源包，包括多媒体课件、微课、视频、实训手册等（下载地址为 www.abook.cn）。此外，本书中穿插有丰富的二维码资源链接，方便学生通过扫描观看相关的微课视频。

本书由游青山、冉霞担任主编，刘佳、谷玉玲、蒋华强、方芳、曾卓、陈渝担任副主编，徐维参与了本书的编写。本书的具体编写分工如下：项目 1、项目 2、项目 3、项目 10 由游青山编写，项目 4 由曾卓编写，项目 5 由谷玉玲、徐维编写，项目 6 由蒋华强编写，项目 7 由刘佳编写，项目 8 由方芳编写，项目 9 由冉霞编写，项目 11 由陈渝编写。企业行业专家及院校教师汤晓华、万国江、王亚龙、詹世玉、徐敏、田兵等参加了资料的搜集、案例的撰写、修改意见的提供、资料整理、图表绘制等工作。全书由游青山负责统稿。刘铭教授担任主审。

特别感谢重庆工程职业技术学院刘铭教授等在课程和教材建设与改革过程中给予的指导、支持和帮助，衷心感谢本书所引用参考文献的各位作者。正是他们在各自领域的独到见解和特别贡献，为编者提供了宝贵而丰富的参考资料，编者才能够在总结现有成果的基础上，汲取各家之长，不断凝练提升，最终使本书更加完善和有力地呈现出来。

本书的编写受到国家级职业教育教师创新团队课程研究项目（项目编号：YB202010203）、全国职业院校教师教学创新团队建设体系化课程研究项目（项目编号：TX20200201）、重庆市科技局自然基金（项目编号：cstc2020jcyj-msxmX0793）、重庆市教育委员会科学技术研究计划项目（项目编号：KJQN202003402）、重庆市教育委员会人文社会科学研究项目（项目编号：20SKSZ088、21SKGH353）、重庆市教育委员会高等教育教学改革研究项目（项目编号：203705）、教育部科技发展中心产学研创新基金项目（项目编号：2018B1007）的资助。

费斯托（中国）有限公司、中煤科工集团重庆研究院有限公司、深圳市物新智能科技有限公司、重庆物之智科技有限公司、重庆芯力源科技有限公司、重庆道夷安科技有限公司等企业技术工程师，以及武汉软件工程职业学院等高校教授对本书的编写提供了丰富的参考意见和课程资源，科学出版社的编辑为本书的高质量出版付出了辛勤劳动，在此一并表示衷心的感谢。

由于编者水平有限，书中难免存在疏漏和不妥之处，诚望各位专家和广大读者不吝赐教，以利修正，让更多的读者获益。编者电子邮箱：47800105@qq.com。

目　　录

项目 1 走近工业 4.0

◎ 项目导入

“工业强则国家强”是人类的共识。对于我国来说，制造业是国民经济的主体，是立国之本、兴国之器、强国之基。智能制造是落实我国制造强国战略的重要举措，也是推动经济高质量发展的关键因素。加快推进智能制造，是加快我国工业化和信息化深度融合、推动制造业供给侧结构性改革的重要举措，对重塑我国制造业竞争新优势具有重要意义。

工业 4.0（Industry 4.0）通常被理解为第四次工业革命，它将由智能工厂塑造。从本质上，它的核心理念是赋予传统的无源模块、组件和机器以智能化功能，使它们能够独立收集、处理和交换数据。在工业 4.0 中，信息技术（information technology，IT）和操作技术（operational techniques，OT）的融合是关键，所有制造环节通过网络化的系统实现无缝连接，从而形成一个高度协作的生态系统。

◎ 学习目标

知识目标	1. 理解智能制造的定义与内涵； 2. 理解智能制造与传统制造的异同； 3. 理解智能制造的典型特征； 4. 理解智能制造发展的内部规律的三范式； 5. 理解智能制造系统架构
能力目标	1. 小组合作完成任务分配； 2. 小组合作完成资料的收集、整理； 3. 小组合作完成 PPT 展示分享
素养目标	1. 树立正确的人生观、价值观、学习观，立志科技报国； 2. 培养爱国精神，坚定道路自信、理论自信、制度自信、文化自信

任务 1.1 认知智能制造

任务描述

假如你是一个制造业信息系统企业的推销员，面对的目标制造企业信息化水平不高，没有工业 4.0 系统升级的强烈需求。你现在需要尝试向其介绍制造业的相关信息系统，以便争取到目标客户的肯定，为下一步销售产品打下坚实的基础。

任务要求

小组合作，查询资料，采用手绘海报的方式，向目标客户介绍制造业信息系统的核心功能：

1）区分智能制造与传统制造的异同。

2）描述智能制造的典型特征。

3）描述智能制造发展的内部规律的三范式。

4）描述智能制造系统架构。

微课：走近智能制造

任务准备

1）以 4～6 人为一个小组。

2）各小组使用个人计算机（personal computer，PC）或手机上网查找资料。

3）各小组准备 A3 白纸、勾线笔、12 色以上马克笔、直尺、橡皮擦若干。

4）各小组依次完成以下任务。

任务实施

1）区分智能制造与传统制造的异同。

2）描述智能制造的典型特征。

3）描述智能制造发展的内部规律的三范式。

4）描述智能制造系统架构。

5）各小组依次答辩展示。

任务评价

任务评价表如表 1.1.1 所示。

表 1.1.1　任务评价表

基本信息	认知智能制造任务					
	班级		学号		分组	
	姓名		时间		总分	
项目内容	评价标准		分值	自评	小组互评	教师评价
任务考核（60%）	区分智能制造与传统制造的异同		20			
	描述智能制造的典型特征		20			
	描述智能制造发展的内部规律的三范式		30			
	描述智能制造系统架构		30			
	总分		100			
素养考核（40%）	操作安全规范		20			
	遵守劳动纪律		20			
	分享、沟通、分工、协作、互助		20			
	资料查阅、文档编写		20			
	精益求精、追求卓越		20			
	总分		100			

任务拓展

1）举例详细说明智能制造系统的架构。

2）说一说你所知道的智能制造生产线。

知识链接

知识点 1.1.1　智能制造的定义和内涵

智能制造是基于新一代信息通信技术与先进制造技术的深度融合，贯穿于设计、生产、管理、服务等制造活动的各个环节，具有自感知、自学习、自决策、自执行、自适应等功能的新型生产方式。

智能制造的内涵是实现整个制造业价值链的智能化和创新，是信息化与工业化深度融合的进一步提升。如图 1.1.1 所示，智能制造金字塔可以很好地反映出智能制造的内涵。在智能制造金字塔中，智能产品与智能服务可以帮助企业实现商业模式的创新，智能设备、智能产线、智能车间、智能工厂可以帮助企业实现生产模式的创新，智能研发、智能管理、智能物流与供应链可以帮助企业实现运营模式的创新，而智能决策则可以帮助企业实现科学决策。

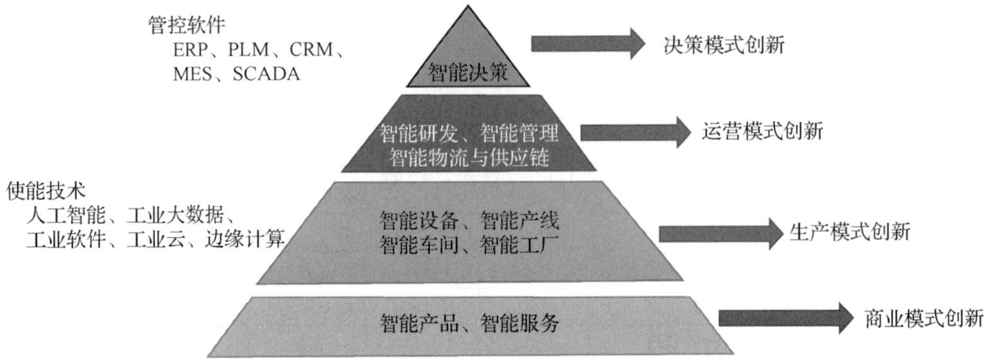

图 1.1.1　智能制造金字塔

注：ERP（enterprise resource planning，企业资源计划），PLM（product lifecycle management，产品生命周期管理），CRM（customer relationship management，客户关系管理），MES（customer relationship management，制造执行系统），SCADA（supervisory control and data acquisition，监视控制与数据采集）。

知识点 1.1.2　智能制造与传统制造的异同

智能制造更新了传统自动化的概念，使其变得自主化、智能化和高度集成化。智能制造与传统制造的异同点主要体现在产品的设计、加工、制造管理及产品服务这几个方面，具体如表 1.1.2 所示。

表 1.1.2　智能制造与传统制造的异同

分类	传统制造	智能制造	智能制造产生的影响
设计	● 常规产品 ● 面向功能需求设计 ● 新产品研发周期长	● 虚实结合的个性化设计，个性化产品 ● 面向客户需求设计 ● 数字化设计，研发周期短，可实时动态改变	● 设计理念与使用价值观的改变 ● 设计方式的改变 ● 设计手段的改变 ● 产品功能的改变
加工	● 加工过程按计划进行 ● 半智能化加工与人工检测 ● 生产组织高度集中 ● 人机分离 ● 减材加工成型方式	● 加工过程柔性化，可实时调整 ● 全过程智能化加工与在线实时监测 ● 生产组织方式个性化 ● 网络化过程实时跟踪 ● 网络化人机交互与智能控制 ● 减材、增材多种加工成型方式	● 劳动对象的变化 ● 生产方式的改变 ● 生产组织方式的改变 ● 生产质量监控方式的改变 ● 加工方法多样化 ● 新材料、新工艺不断出现
制造管理	● 人工管理为主 ● 企业内管理	● 计算机信息管理系统 ● 机器与人交互指令管理 ● 延伸到上下游企业	● 管理对象的变化 ● 管理方式的变化 ● 管理手段的变化 ● 管理范围扩大
产品服务	● 产品本身	● 产品全生命周期	● 服务对象范围扩大 ● 服务方式的变化 ● 服务责任增大

知识点 1.1.3　智能制造的典型特征

智能制造的典型特征是“状态感知→实时分析→自主决策→高度集成→精准执行”，

即利用传感系统获取企业、车间和设备的实时运行状态信息和数据，通过高速网络实现数据和信息的实时传输、存储和结构化处理，如图1.1.2所示。根据分析的结果，按照设定的规则做出判断和决策，再将处理结果反馈到现场调整执行状态。智能制造技术实现了从人工智能到机器智能、从机器智能再到系统智能的进步和发展，这是建立在产品和制造过程的数字化模型、数字化控制的工艺装备、网络化集成的制造系统、基于传感网络或知识库的智能化处理。

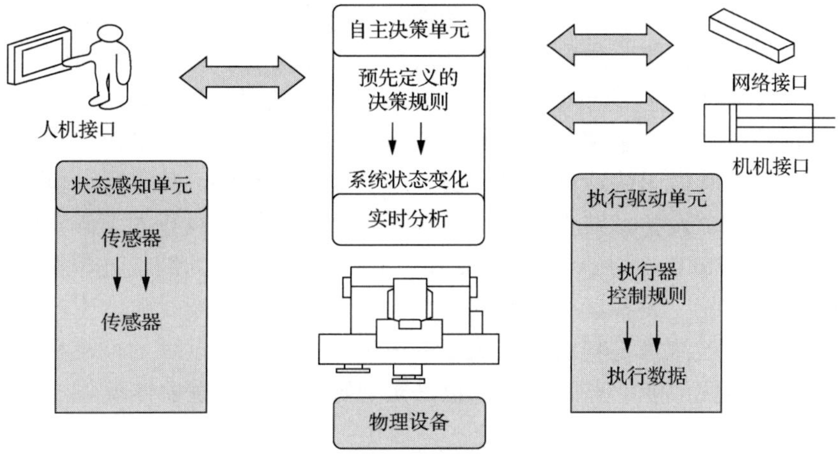

图1.1.2 智能制造的特征

1）状态感知。对制造车间人员、设备、工装、物料、刀具和量具等多类制造要素进行全面感知，完成制造过程中的物与物、物与人及人与人之间的广泛关联，是实现智能制造的基础。针对要采集的多源制造数据，通过配置各类传感器和无线网络，实现物理制造资源的互联、互感，从而确保制造过程多源信息的实时、精确和可靠，智能制造系统的感知、互联覆盖全部制造资源及制造活动全过程。

2）实时分析。制造数据是进行一切决策活动和控制行为的来源和依据。基于制造过程感知技术获得各类制造数据，对制造过程中的海量数据进行实时检测、实时传输与分发、实时处理与融合等，是数据可视化和数据服务的前提。因此，对制造数据进行实时分析，将多源、异构、分散的车间现场数据转换为可用于精准执行和智能决策的可视化制造信息，是智能制造的重要组成部分，对制造过程的自主决策及精准控制起着决定性的作用。

3）自主决策。“智能”是知识和智力的总和，知识是实现智能的基础，智力是获取和运用知识求解的能力。智能制造不仅可以利用现有的知识库指导制造行为，同时它还具有自学习功能，能够在制造过程中不断地充实制造知识库，更重要的是它还具有搜集与理解制造环境信息和制造系统本身的信息、自行分析判断和规划自身行为的能力。在传统的制造系统中，人作为决策智能体，具有支配各类“制造资源”的制造行为，制造设备、工装等并不具备分析、推理、判断、构思和决策等高级的行为能力。而智能制造系统是一种由智能机器和人类专家共同组成的人机一体化系统，系统对“制造资源”具有不同程度的感知、分析与决策功能，能够拥有或扩展人类智能，使人与物共同组成决策主体，促使信息物理系统中实现更深层次的人机交互与融合。

4）高度集成。在实现制造业自动化、数字化和信息化的过程中，集成已成为制造系统重要的表现形式，涵盖了硬件设备和控制软件的集成、研发设计和制造的集成、管理和控制的集成、产供销的集成及 PDM（product data management，产品数据管理）/ERP/CAPP（computer aided process planning，计算机辅助工艺设计）/MES 等企业信息系统的综合集成。对于智能制造而言，集成的覆盖面更加广泛，不仅包括制造过程硬件资源间的集成、软件信息系统的集成，还包括面向产品研发、设计、生产、制造、运营、管理、服务等产品全生命周期所有环节的集成，以及产品制造过程中实时的制造数据、丰富的制造知识之间的集成。智能制造将所有分离的制造资源、功能和信息等集成到相互关联的、统一和协调的系统中，使所有资源、数据、知识达到充分共享，实现集中、高效、便利的管理。

5）精准执行。制造过程的精准执行是实现智能制造的最终体现，车间制造资源的互联感知、海量制造数据的实时采集分析、制造过程中的自主决策，都是对外部需求、企业运行状态、研发和生产等做出快速应对和准确执行的过程。其中，数字化、自动化、柔性化的智能加工设备、测试设备、装夹设备、储运设备是制造精准执行的基础条件和设施，传感器、射频识别（radio frequency identification，RFID）等获取的制造过程实时数据是制造精准执行的来源和依据，设备运行的监测控制、制造过程的调度优化、生产物料的准确配送、产品质量的实时检测等是制造精准执行的表现形式。制造过程的精准执行是使制造过程及制造系统处于最优效能状态的保障，也是实现智能制造的重要体现。

知识点 1.1.4 智能制造的实施

发展智能制造既符合制造业发展的内在要求，也是重塑我国制造业新优势、实现转型升级的必然选择，可从以下几个方面去实施智能制造。

1）智能工厂不是无人工厂，人是智能制造的核心。德国、美国、日本都是传统制造业强国，我国是制造业大国。德国企业的实践证明，工业 3.0 并不需要达到 100%的自动化，未来工厂里人依然发挥重要的控制和决策作用。人与机器可以和谐相处，人有丰富的经验和更高的灵活性，机器则在某些方面具有较好的一致性，人与机器各有所长，要充分发挥各自的长处。因此，建议我国企业将自动化程度提高到 70%～80%，以此作为工业 4.0 的实现目标，但迈进思路要以智能制造的理念为指导。

2）要进行生产组织和工作流程的梳理。精益生产是通过系统结构、人员组织、运行方式和市场供求等方面的变革，使生产系统能很快适应用户需求的不断变化，并能使生产过程中一切无用、多余的东西被精简，最终取得包括市场供销在内的生产的各方面最好结果的一种生产管理方式。与传统的单一品种大规模生产方式不同，其特色是“多品种”“小批量”。

不同的企业在行业特点上不尽相同。以流程行业和离散行业为例，化工、医药、金属等流程行业一般侧重设备管理［如全面生产维护（total productive maintenance，TPM）］，因为在流程行业中需要运用一系列的特定设备，这些设备的运行状况极大地影响着产品的质量；机械、电子等离散行业的工厂的布局、生产线的排布，都是影响生产效率和质量的重要因素，因此离散行业注重标准化、准时生产（just in time，JIT）、看板生产。

3）人、机器、工件（产品）互联互通。在传统生产模式下，车间内的信息交流只能发生在工人与设备以及工人与工人之间，工人只能与本工位机器或其上下道工位的工人进行信息交互。而在智能制造模式下，机器间可以直接通信并进行信息交互，人与机器间的通信结构为网状，这大大提高了信息交互的效率，也为个性化生产提供了可能。

4）生产数据自动采集。故障检测是利用各种检查和测试方法判断系统和设备是否存在故障的过程，而进一步确定故障所在大致部位的过程是故障定位。故障检测和故障定位同属网络生存性范畴。要求把故障定位到实施修理时可更换的产品层次（可更换单位）的过程称为故障隔离。故障诊断就是指故障检测和故障隔离的过程。

可对采集到的生产数据运用大数据的分析方法进行分析，结合故障及寿命预测算法，对设备的寿命进行预测分析。同时可以通过对设备状态的检测实时判断或分析设备的运行状态，为任务的动态调度提供依据。

5）车间布局——消灭固定生产线。由原先的严格按照生产节拍进行生产线生产的模式，改为具有高度灵活性和自主性的矩阵或网状的生产系统，从而达到消灭固定生产线的目的。

6）实现个性化产品的前提是标准化、模块化和数字化。标准化是指在一定的范围内获得最佳秩序，对实际的或潜在的问题制定统一且可重复使用的规则，包括制定、发布及实施标准的过程。标准化的重要意义是改进产品、过程和服务的适用性，防止贸易壁垒产生，促进技术合作。模块化是指解决一个复杂问题时自上而下逐层把系统划分成若干模块的过程。数字化是指将许多复杂多变的信息转换为可以度量的数字、数据，再基于这些数字、数据建立起适当的数字化模型，并把它们转换为一系列二进制代码，引入计算机内部，进行统一处理。

7）客户体验。在传统模式下，客户体验是在产品交付到客户手中之后开始的，而在智能制造模式下，客户可以在设计甚至生产环节就参与产品的生产过程，客户可以通过终端实时监控产品的生产情况，这大大延伸了产品的客户体验区域，为多样化、全方位的客户体验带来可能。

8）敏捷制造。指制造企业采用现代通信手段，通过快速配置各种资源，以有效、协调的方式响应用户需求，实现制造的敏捷性。由对市场的快速响应转换为对用户个性化需求的快速响应。在传统模式下，敏捷制造需要分析市场，并结合市场分析结果对生产决策做出支撑，因为传统模式下产品的生产是批量的，需要根据市场大部分用户的需求而定。而在智能制造模式下，个性化生产的出现，使得企业可以直接获得每个个体的需求，因此敏捷制造要能及时响应个体客户的要求。

9）信息物理系统是实现智能制造的基础。信息物理系统包括智能装备、仓储系统，以及生产设备的电子化，并基于通信技术将其融合到整个网络，涵盖内部物流、生产、市场销售、外部物流及延伸服务，使得它们之间可以进行独立的信息交换、进程控制、触发行动，以此达到全部生产过程的智能化，将资源、信息、物体及人紧密地联系在一起、创造物联网及服务互联网，并将生产工厂转换为一个智能环境。这是实现智能制造的基础。

微课：神奇的信息物理系统 GPS

10）实现“自动化+信息化”不等于智能化，智能工厂是革新。纵向集成的全称为“纵向集成和网络化制造系统”，其实质是“将各种不同层面的工厂系统集成在一起（如执行器与传感器、控制、生产管理、制造和执行及企业计划等不同层面的连接）”，通过将企业内不同的工厂系统、生产设施（以数控机床、机器人等数字化生产设备为主）进行全面的集成，建立一个高度集成化的系统，为将来智能工厂中的网络化制造、个性化定制、数字化生产提供支撑。

11）智能制造解决信息孤岛问题，实现纵向集成。纵向集成主要是指将企业内部各单元进行集成，使信息网络和物理设备之间进行联通，即解决信息孤岛的问题。纵向集成中企业信息化的发展经历了部门需求、单体应用到协同应用的历程，并伴随着信息技术与工业的不断融合发展。换句话说，企业信息化在各个部门发展阶段中的里程碑就是企业内部信息流、资金流和物流的集成，是生产环节上的集成（如研发设计内部信息集成），是跨环节的集成（如研发设计与制造环节的集成），是产品全生命周期的集成（如从产品研发设计、计划、工艺到生产、服务的全生命周期的信息集成）。工业 4.0 所追求的就是在企业内部实现所有环节信息的无缝链接，这是所有智能化的基础。

12）智能制造实现横向集成。横向集成是革命，是指将各种应用于不同制造阶段和商业计划的 IT 系统集成在一起。这其中既包括一个公司内部的材料、能源和信息的配置，也包括不同公司间的配置（价值网络），也就是以供应链为主线，实现企业间物流、能量流、信息流合一，实现企业间的无缝合作和社会化的协同生产。

13）智能制造要建立端到端的集成，即消灭中间环节。端到端的集成是指“通过将产品全价值链和为满足客户需求而协作的不同公司集成起来，完成现实世界与数字世界的整合”，即集成产品的研发、生产、服务等产品全生命周期的工程活动。

知识点 1.1.5　智能制造三范式

智能制造从技术演变的角度体现为“数字化制造”“数字化、网络化制造”“数字化、网络化、智能化制造”3 个基本范式，如图 1.1.3 所示。这 3 个基本范式体现了智能制造发展的内部规律。一方面，3 个基本范式次第展开，体现先进信息技术与制造技术发展的阶段性特征；另一方面，3 个基本范式在技术上是相互交织、迭代升级的，体现了智能制造发展的融合性特征。

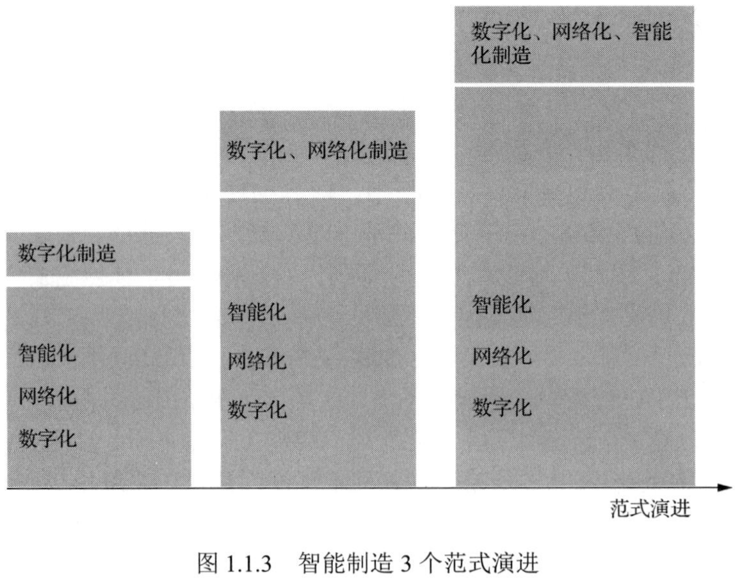

图 1.1.3　智能制造 3 个范式演进

1. 数字化制造阶段

数字化制造将计算机通信和数字控制等信息化技术广泛应用于制造业。与传统制造业相比，数字化制造的本质变化是增加了信息系统，使得设备计算分析、精确控制和感知能力都得到了极大提高，并代替了部分人类脑力劳动。

数字化制造阶段的特点表现如下：

1）数字技术在产品中得到普遍应用，形成数字一代，包括产品和工艺的数字化，制造装备/设备的数字化，材料、元器件、被加工的零部件、模具/夹具/刀具等“物”的数字化及人的数字化。

2）数字化设计得到广泛应用，如建模仿真、数字化装备、信息化管理，包括各种计算机辅助设计、优化软件和各类信息管理软件。

3）实现生产过程的集成优化，包括网络通信系统的构建，不同来源的异构数据格式的统一及数据语义的统一。数据互联互通的目的是利用这些数据实现整个制造过程各环节的协同，具体体现在 PDM、MES、ERP 等管理系统的协同功能。例如，MES 中的计划排产模块，需要输入交货信息、库存信息、在制品信息、工艺信息、设备信息、质量信息及人力配置信息等，通过算法对这些信息进行集成，实现各环节的协同，从而输出一个可执行的生产计划。

数字化阶段发展起来的数字化技术涵盖了设计、制造及管理等各个业务领域，主要包括以下内容：

- 计算机辅助设计（computer aided design，CAD）。
- 计算机辅助工程（computer aided engineering，CAE）。
- 计算机辅助制造（computer aided manufacturing，CAM）。
- CAPP。
- PDM。
- ERP。
- 逆向工程（reverse engineering，RE）。
- 快速成型（rapid prototyping，RP）。
- MES。

2. 数字化、网络化制造阶段

数字化、网络化制造的实质是在数字化的基础上通过网络将相关的人、流程、数据和服务连接起来。它最大的特征在于连接与数据，通过企业内、企业间的协同和各种资源的共享和集成优化，实现信息互通和协同集成优化，重塑制造业的价值链。

数字化、网络化制造阶段的特点主要表现为以下 3 点：

1）在产品方面，数字技术、网络技术得到普遍应用，产品实现了网络连接，设计、研发实现了协同与共享。信息物理系统（cyber physical system，CPS）和物联网等技术的应用实现了生产过程的去中心化。

2）在制造方面，实现企业间横向集成、企业内部纵向集成和产品流程端到端集成，打通整个制造系统的数据流、信息流。物联网和物联网技术的应用为制造业的制造物联提供了基础。

3）在服务方面，企业与用户通过网络平台实现连接和交互，企业生产开始从以产品为中心向以用户为中心转型，通过远程运维，为用户提供更多的增值服务。包括智能服务和大规模个性化定制。

智能制造数字化、网络化阶段基于数字化阶段发展而来，以网络技术为支撑，以信息为纽带，实现了人、现实世界及其对应的虚拟世界的深度融合。其主要包括如下内容：

- 信息物理系统。
- 大数据。
- 云计算。
- 5G 通信技术。
- 物联网技术。
- 数字孪生技术。
- 机器视觉技术。
- 虚拟现实（virtual reality，VR）/增强现实（augment reality，AR）/混合现实（hybrid reality，HR）。
- 区块链技术。
- 增材制造技术。
- 协同制造技术。

3. 数字化、网络化、智能化制造阶段

新一代智能制造是数字化、网络化、智能化技术和制造技术的深度融合，其核心是新一代人工智能技术与制造技术的深度融合。通过新一代人工智能技术赋予制造系统强大智能，使信息系统不仅具备更加强大的感知、决策与控制能力，还具备基于人工智能技术的学习能力和认知能力。这极大地提高了处理制造系统复杂性和不确定性的能力，也使得制造知识的产生、利用、传承和积累效率都发生了革命性的变化。

新一代智能制造是一个大系统，主要是由智能产品、智能生产和智能服务三大功能系统，以及智能制造云和工业智联网两大支撑系统集合而成的。新一代智能制造的系统集成过程如图 1.1.4 所示。

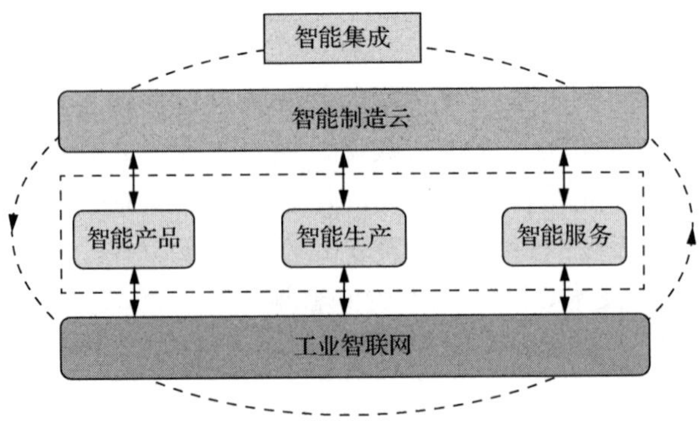

图 1.1.4　新一代智能制造的系统集成过程

在智能工厂中，智能生产是主线，智能产品成为新一代智能制造的主体。同时，新一代人工智能技术的应用催生了产业模式的革命性转变，以智能服务为核心的产业模式变革成为新一代智能制造系统的主题。智能制造云和工业智联网作为支撑新一代智能制造系统的基础，为新一代智能制造生产力和生产方式变革提供发展的空间和可靠的保障。

如果将数字化、网络化制造看作新一轮工业革命的开始，那么新一代智能制造的突破和广泛应用将推动形成这次工业革命的高潮，重塑制造业的技术体系、生产模式、产业形态，并将引领真正意义上的智能制造。

知识点 1.1.6　智能制造系统架构

智能制造系统架构是公认且普遍使用的对象描述模型，其定义了系统的基本概念和属性，描述了在其环境中元素、关系及其设计和演化的规则。智能制造系统架构确定了系统内要素间的关系，使应用架构的各方达成统一认知，并探索创新需求，建立可持续发展的生态系统，有利于科学、有效地推进智能制造。智能制造系统架构的另一项重要功能是可作为智能制造相关标准的需求分析依据，推进管理制造综合标准化工作，加速智能制造综合标准体系的建设。

智能制造系统架构如图 1.1.5 所示，智能制造的产品生命周期与传统制造业是类似的，但是在设计等环节与传统制造业相比增加了企业间的协同合作，并实行了水平集成。系统层级从设备到企业的 4 个环节与传统制造业企业也是类似的，只是每个环节的内涵和外延都有了相应的扩展。另外，协同是智能制造相对于传统制造的一个新的特点。智能特征维度则是让产品和工厂更加数字化、网络化、智能化等一系列信息技术的集中体现。整个智能制造系统架构体现了工业化与信息化的深度融合。

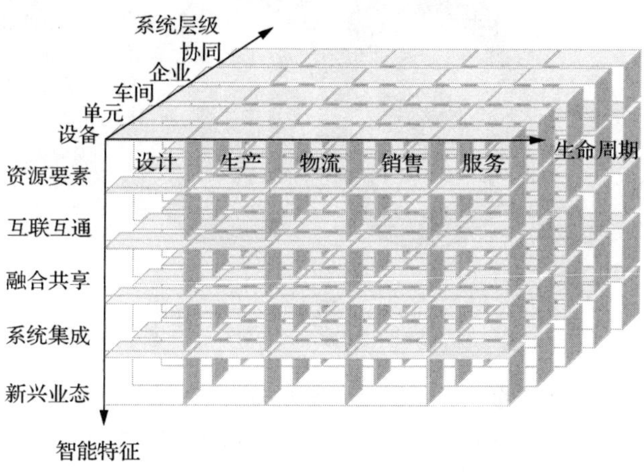

微课：智能制造系统架构

图 1.1.5　智能制造系统架构

举例来讲，产品生命周期维度包括从一张图纸的设计开始，经过生产、物流和销售到最后被消费者使用，系统层级维度包含了制造企业中是如何实施智能制造的，而智能特征维度则给产品和制造企业插上了“智能的翅膀”。智能制造系统架构具有如下特征：

1）由 3 个维度组成，分别是生命周期、系统层级和智能特征。

2）生命周期包含一系列相互连接的价值创造活动。不同行业有不同的生命周期。

3）做简化。相对于工业 4.0 参考架构模型（reference architecture model industrie，RAMI 4.0）系统层级维度做简化，将产品和设备合并为设备层级。

4）生命周期维度细化。具体细化为设计、生产、物流、销售和服务，但同时忽略了样品研制和产品生产的区别。

5）智能特征维度。体现了各个层级的系统集成、数据集成和信息集成。

6）解决问题。重点解决当前推进智能制造工作中遇到的数据集成和互联互通等基础瓶颈等问题。

7）强调 5 种核心技术装备，分别为高档数控机床与工业机器人、增材制造装备、智能传感与控制装备、智能检测与装配装备和智能物流与仓储装备。

8）强调 5 种新模式，分别为离散制造、流程制造、网络协同制造、大规模个性化定制和远程运维服务。

下面主要介绍智能制造系统架构的 3 个维度。

1. 生命周期

生命周期是指从产品原型研发开始到产品回收再制造的各个阶段，包括设计、生产、物流、销售、服务等一系列相互联系的价值创造活动，如图 1.1.6 所示。生命周期的各项活动可进行迭代优化，具有可持续性发展等特点。不同行业的生命周期构成不尽相同。将生命周期与其所包含的增值过程一起考虑，不仅限于单个工厂内部，而是扩展到涉及的所有工厂与合作伙伴，从工程设计到零部件供应商，直至最终客户。将采购、订单、装配、物流、维护、供应商及客户等紧密关联起来，这为改进提供了巨大的可能性。

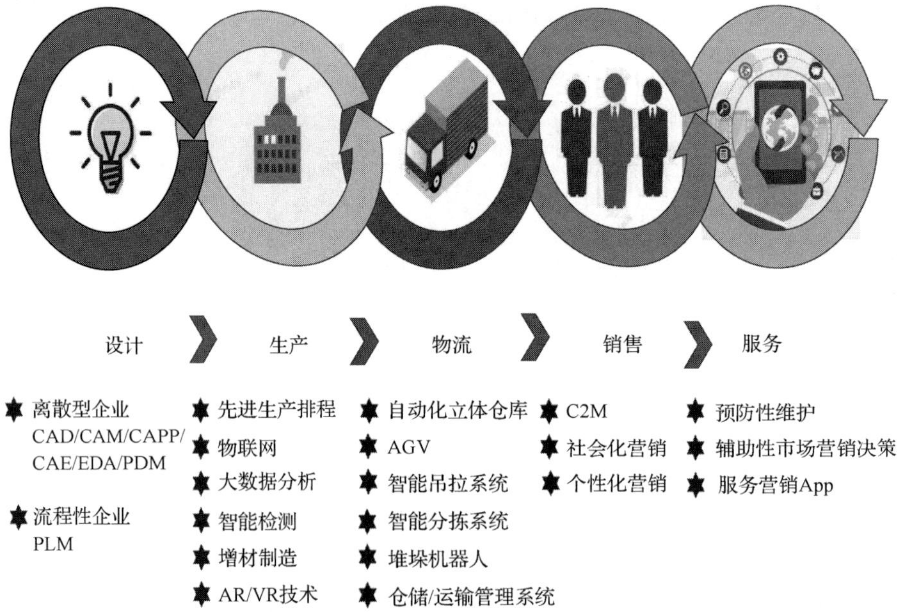

图 1.1.6　生命周期维度

注：EDA（electronic design automation，电子设计自动化），AGV（automated guided vehicle，自动导向车），C2M（customer to manufacturer，从消费者到生产者）。

1）设计指根据企业的所有约束条件及所选择的技术来对需求进行构造仿真、验证、优化等研发活动过程。

2）生产指通过劳动创造所需要的物质资料的过程。

3）物流指物品从供应地向接收地的实体流动过程。

4）销售指产品或商品等从企业转移到客户的经营活动。

5）服务指提供者与客户接触过程中所产生的一系列活动的过程及其结果，包括回收等。

2. 系统层级

系统层级是指与企业生产活动相关的组织结构的层级划分，包括设备层、单元层、车间层、企业层和协同层，如图 1.1.7 所示。智能制造的系统层级体现了装备的智能化和 IP（网络协议）化，以及网络的扁平化趋势。

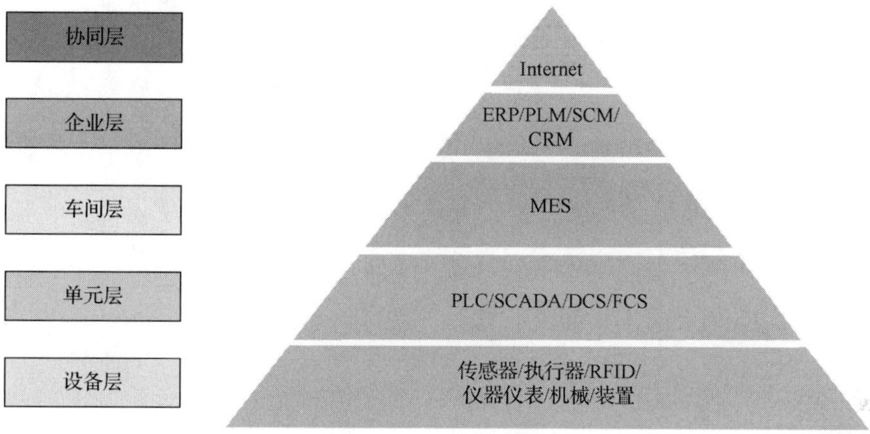

图 1.1.7　系统层级维度

1）设备层指企业利用传感器、仪器仪表、机器、装置等，实现实际物理流程并感知和操控物理流程的层级，是企业进行生产活动的物质技术基础。

2）单元层指用于工厂内处理信息、实现监测和控制物理流程的层级，包括 PLC（programmable logic controller，可编程逻辑控制器）、SCADA、DCS（distributed control system，分散控制系统）和 FCS（fieldbus control system，现场总线控制系统）。

3）车间层是实现面向工厂或车间的生产管理的层级，包括 MES 等。

4）企业层是实现面向企业经营管理的层级，包括 ERP、PLM、供应链管理系统（supply chain management，SCM）和客户关系管理系统（customer relationship management，CRM）等。

5）协同层是企业实现其内部和外部信息互联和共享的层级，让产业链上不同企业通过互联网络共享信息实现协同研发、智能生产、精准物流和智能服务等。

3. 智能特征

智能特征是指基于新一代信息通信技术使制造活动具有自感知、自学习、自决策、自执行、自适应等一个或多个功能的层级划分，包括资源要素、互联互通、融合共享、系统集成和新兴业态 5 层智能化要求。

1）资源要素是指企业对生产时所需要使用的资源或工具进行数字化过程的层级，包括设计施工图纸、产品工艺文件、原材料、制造设备、生产车间和工厂等物理实体，也包括电力、燃气等能源。此外，人员也可视为资源的一个组成部分。

2）互联互通是指通过有线、无线等通信技术实现装备之间、装备与控制系统之间、企业之间相互连接功能的层级。以互联互通为目标的工业互联网实现了物理世界和信息世界的融合，与业界广泛讨论的 CPS 不谋而合，如图 1.1.8 所示。

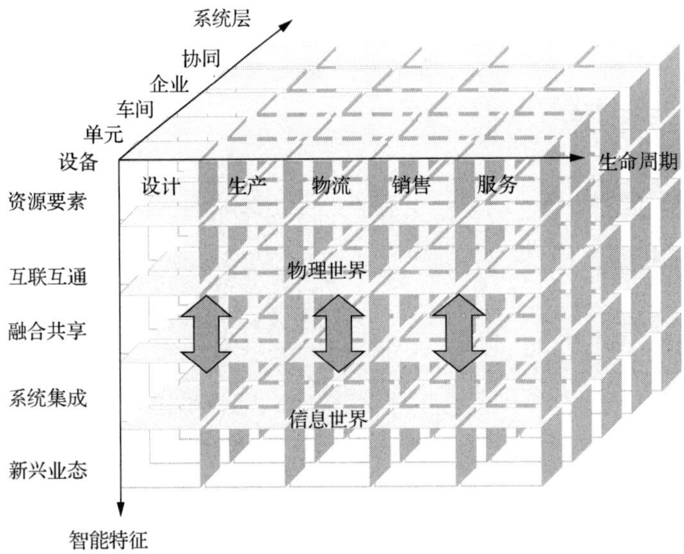

图 1.1.8　互联互通与 CPS

3）融合共享是指在互联互通的基础上，利用云计算、大数据等新一代信息通信技术，在保障信息安全的前提下，实现信息协同共享的层级。

4）系统集成是指通过二维码、射频识别、软件等信息技术集成原材料、零部件、能源、设备等各种制造资源，实现智能装备到智能生产单元、智能生产线、数字化车间、智能工厂乃至智能制造系统集成的层级。

5）新兴业态是企业为形成新型产业形态进行企业间价值链整合的层级。智能制造的关键是实现贯穿企业设备层、单元层、车间层、企业层、协同层不同层面的纵向集成，实现跨资源要素、互联互通、融合共享、系统集成和新兴业态不同层级的横向集成，以及覆盖设计、生产、物流、销售、服务的端到端集成，包括个性化定制远程运维和工业云等服务型制造模式。

知识点 1.1.7　智能制造标准体系结构

智能制造标准体系结构包括 A 基础共性、B 关键技术、C 行业应用 3 个部分，主要反映标准体系各部分的组成关系。智能制造标准体系结构如图 1.1.9 所示。

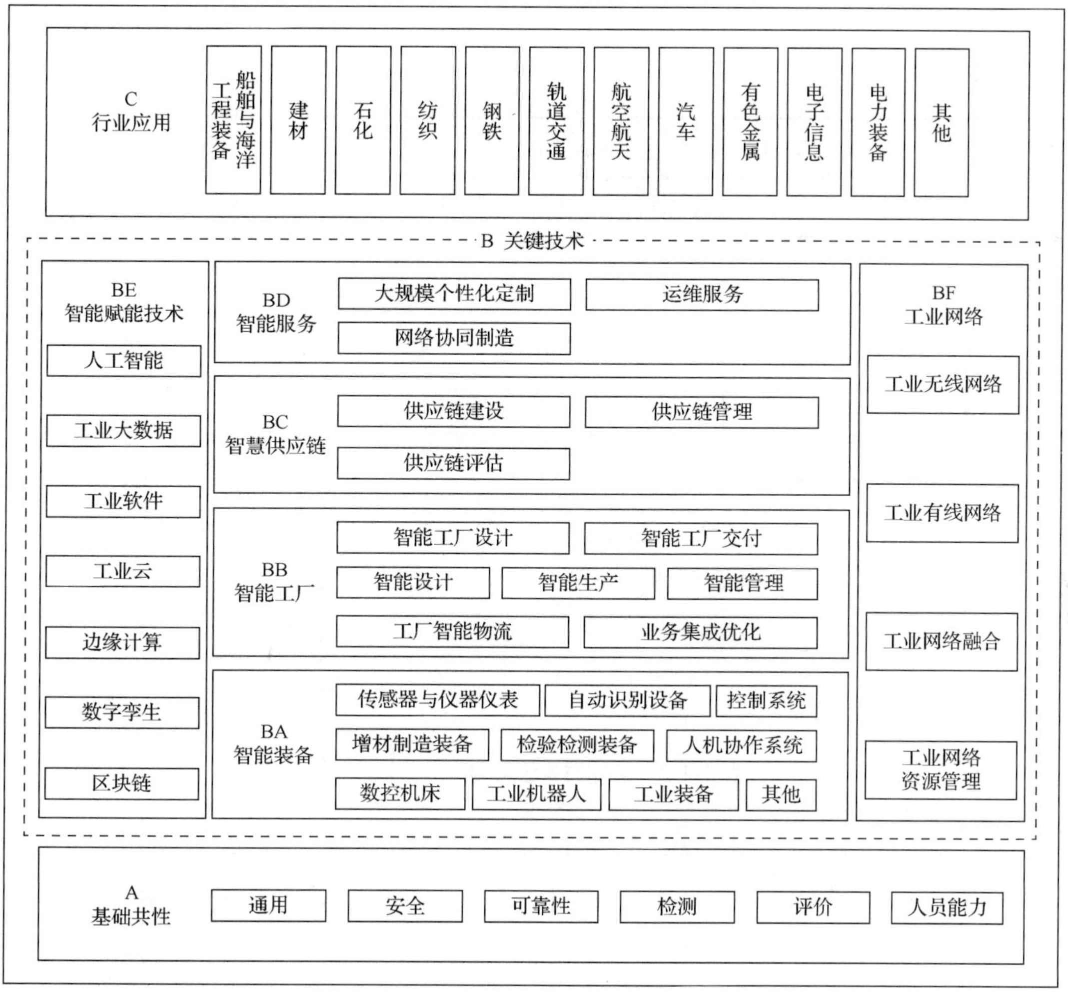

图 1.1.9　智能制造标准体系结构

具体而言，A 基础共性标准包括通用、安全、可靠性、检测、评价、人员能力等六大类，位于智能制造标准体系结构图的底层，是 B 关键技术标准和 C 行业应用标准的支撑。

B 关键技术标准是智能制造系统架构智能特征维度在生命周期维度和系统层级维度所组成的制造平面的投影，其中 BA 智能装备标准主要聚焦于智能特征维度的资源要素，BB 智能工厂标准主要聚焦于智能特征维度的资源要素和系统集成，BC 智慧供应链对应智能特征维度互联互通、融合共享和系统集成，BD 智能服务对应智能特征维度的新兴业态，BE 智能赋能技术对应智能特征维度的资源要素、互联互通、融合共享、系统集成和新兴业态，BF 工业网络对应智能特征维度的互联互通和系统集成。

C 行业应用标准位于智能制造标准体系结构图的顶层，面向行业具体需求，对 A 基础共性标准和 B 关键技术标准进行细化和落地，指导各行业推进智能制造。

工作手册

姓名：	学号：	班级：	日期：

1.1 认知智能制造工作手册

任务接收

表 1-1-1 任务分配表

序号	角色	姓名	学号	分工
1	组长			
2	组员			
3	组员			
4	组员			
5	组员			

任务准备

表 1-1-2 工作方案设计表

序号	工作内容	负责人
1		
2		
3		
4		

表 1-1-3 实训设备、工具与耗材清单

序号	名称	型号与规格	数量	备注
1				
2				
3				
4				
5				
6				
7				
领取人： 归还人：				

课堂笔记

任务实施

（1）区分智能制造与传统制造的异同

表 1-1-4　任务实施表 1

区分智能制造与传统制造的异同			
分类	传统制造	智能制造	智能制造产生的影响
设计			
加工			
制造管理			
产品服务			

（2）描述智能制造的典型特征

表 1-1-5　任务实施表 2

描述智能制造的典型特征	
特征	具体描述
状态感知	
实时分析	
自主决策	
高度集成	
精准执行	

（3）描述智能制造发展内部规律的三范式

表 1-1-6　任务实施表 3

描述智能制造发展内部规律的三范式	
特征	具体描述
数字化制造	
数字化、网络化制造	
数字化、网络化、智能化制造	

（4）描述智能制造系统架构

表 1-1-7　任务实施表 4

描述智能制造系统架构	
架构内容	具体描述
生命周期	
系统层级	
智能特征	

课堂笔记

任务拓展

1）举例详细说明智能制造系统的架构。

2）说一说你所知道的智能制造生产线。

课后作业

小组合作，完成资料的收集、整理，用 PPT 依次答辩以下内容：

1）区分智能制造与传统制造的异同。

2）描述智能制造的典型特征。

3）描述智能制造发展内部规律的三范式。

4）描述智能制造系统架构。

课堂笔记

任务 1.2 认知工业 4.0

任务描述

CP Lab（cyber physical laboratory，网络物理实验室）是一套关于工业 4.0 技术的培训和教学设备，同时也是世界技能大赛工业 4.0 项目官方指定的比赛设备。

CP Lab 的整体功能是模拟手机生产线，由硬件和软件两部分组成。硬件主要由十多台不同应用场景的标准工作站和一些扩展附件组成，软件由 MES、三维仿真软件（CIROS）、能源监控系统、网络商城、数据库等组成。整套设备模拟了一个手机组装的生产线，包含工业现场的各种应用；运用工业 4.0 的概念，实现了 MES 智能化生产；包含智能设备、智能物流、智能生产等知识点。如图 1.2.1 所示，CP Lab 有着不同的配置组合，能够形成教学的不同梯度，满足不同需求。

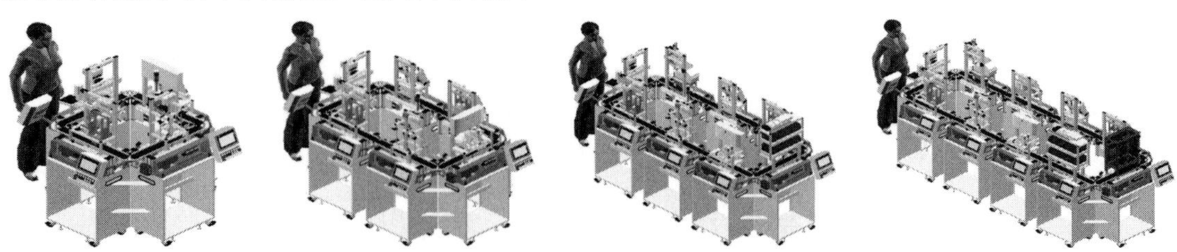

（a）CP Lab-4 站　（b）CP Lab-6 站　（c）CP Lab-8 站　（d）CP Lab-10 站

图 1.2.1　CP Lab

任务要求

1）描述 CP Lab 的结构组成。
2）描述 CP Lab 的线路连接。
3）描述 CP Lab 的单元硬件。

任务准备

1）以 4～6 人为一个小组。
2）各小组使用个人计算机或手机上网查找资料。
3）各小组准备 A3 白纸、勾线笔、12 色以上马克笔、直尺、橡皮擦若干。
4）各小组依次完成以下任务。

任务实施

1）描述工业 4.0 的发展现状。
2）描述工业 4.0 系统的核心技术要素。
3）区分工业 4.0 与工业 3.0 的特点。
4）描述 CP Lab 的结构组成。
5）描述 CP Lab 装配手机的步骤。
6）各小组依次答辩展示。

任务评价

任务评价表如表 1.2.1 所示。

表 1.2.1　任务评价表

基本信息	认知工业 4.0 任务					
	班级		学号		分组	
	姓名		时间		总分	
项目内容	评价标准		分值	自评	小组互评	教师评价
任务考核（60%）	描述工业 4.0 的发展现状		20			
	描述工业 4.0 系统核心技术要素		20			
	区分工业 4.0 与工业 3.0 的特点		20			
	描述 CP Lab 的结构组成		20			
	描述 CP Lab 装配手机的步骤		20			
	总分		100			
素养考核（40%）	操作安全规范		20			
	遵守劳动纪律		20			
	分享、沟通、分工、协作、互助		20			
	资料查阅、文档编写		20			
	精益求精、追求卓越		20			
	总分		100			

任务拓展

1）描述 CP Lab 涉及的软件。

2）说一说你所知道的智能工厂及其特点。

知识链接

知识点 1.2.1 工业 4.0 发展现状

“互联网+制造”就是工业 4.0。“工业 4.0”是德国提出的概念，美国称为“工业互联网”，在我国通常是指制造强国战略，这三者本质内容是一致的，都指向一个核心，就是智能制造。

1. 德国“工业 4.0”

工业 4.0 是德国提出的一个高科技战略计划。如图 1.2.2 所示，工业 4.0 是基于工业发展的不同阶段做出的划分。按照共识，工业 1.0 是蒸汽机时代，蒸汽机的动力取代人力；工业 2.0 是电气化时代，采用电力驱动；工业 3.0 是自动化时代，使制造过程自动化控制程度大幅度提高；工业 4.0 是智能化时代，实体物理世界与虚拟网络世界融合，产品全生命周期、全制造流程数字化及基于信息通信技术的模块集成。

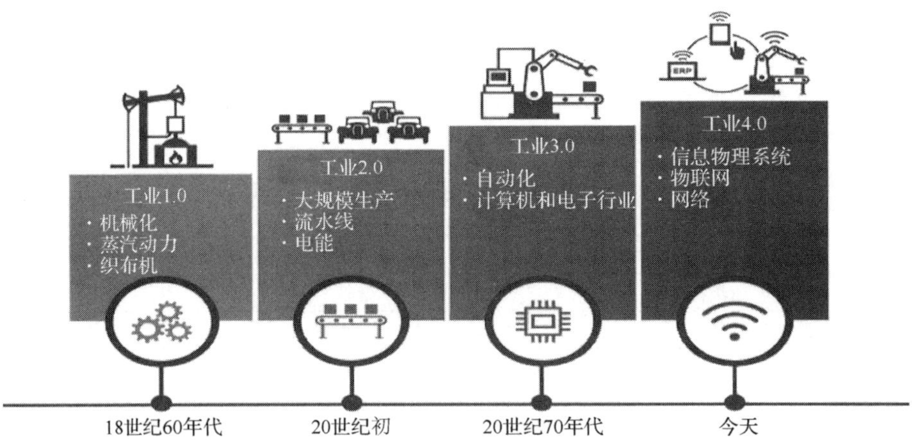

图 1.2.2　工业 4.0 发展历程

工业 4.0 最早出现在德国，于 2013 年在汉诺威工业博览会上被正式推出，其核心目的是提高德国工业的竞争力，在新一轮工业革命中占领先机。工业 4.0 是以智能制造为主导的第四次工业革命，是利用 CPS 将生产中的供应、制造、销售信息数据化、智慧化，最后实现快速、有效、个性化的产品供应。工业 4.0 的最终目标是智能化，是高度自动化、高度数字化（信息化）、高度网络化的集合。

工业 4.0 主要包括 1 个网络、四大主题、3 项集成、8 项计划。其中，1 个网络即建设 CPS；四大主题即智能工厂、智能生产、智能物流和智能服务；3 项集成即纵向集成、横向集成及端对端集成；8 项计划即实现技术标准化和开放标准的参考体系等。

2. 美国“再工业化”战略

2012 年 2 月，为了应对制造业内部空心化、全球市场份额丢失，美国国家科学技术委员会发布《国家先进制造战略规划》，又称“再工业化战略”。此战略用于指导联邦政府支持先进制造研究开发的各项计划和行动。该战略规划明确了先进制造对美国确保经济优势和国家安全的重要基础作用，分析了美国先进制造的现有模式、未来走势及所面临的机遇与挑战。

与德国不同，美国将其“工业 4.0”称为“工业互联网”，它倡导将人、数据和机器连接起来，形成开放、全球化的工业网络。工业互联网系统由智能设备、智能系统和智能决策三大核心要素构成，是数据流、硬件、软件和智能的交互。

工业互联网由美国通用电气（GE）公司发起，并由工业互联网联盟推广，旨在打造开放、智能的工业系统。德国“工业 4.0”与美国工业互联网都是由大企业引领，推动信息通信技术与生产技术融合，致力于打造智能生产和服务模式，抢占全球制造业竞争制高点。但是，“工业 4.0”以西门子、库卡、SAP 这些公司为主导，侧重于生产制造环节，强调生产过程的智能化，希望从硬件出发打通到软件；工业互联网以 GE 公司、IBM 这些公司为主导，侧重于设计、服务环节，强调生产设备的智能化，希望从软件出发打通硬件。无论从软件到硬件，还是从硬件到软件，两者的目标是一致的，即实现智能制造，以及移动互联网和工业的融合。

3. 我国制造强国战略

我国的工业 4.0 是指我国在新一轮科技革命和产业变革中，推动制造业转型升级，实现智能制造的战略发展方向。它与德国提出的“工业 4.0”概念相呼应，旨在通过物联网、大数据、云计算、人工智能、5G 等新兴技术的融合，提升制造业的智能化、数字化和自动化水平。

我国工业 4.0 的核心目标是推动制造业向智能制造转型，具体体现在以下几个方面：

1）智能化生产：通过智能传感器、机器人和自动化设备的应用，优化生产流程，实现生产线的自动化、无人化，提升生产效率和产品质量。

2）数据驱动：借助大数据分析、物联网等技术，实时收集和分析生产过程中的数据，优化决策，降低成本，提升资源利用率。

3）定制化与灵活性：通过智能制造系统，能够实现按需生产，满足客户的个性化需求，实现柔性生产，提升市场响应速度。

4）网络化协同：通过云计算平台和智能供应链系统，企业之间的协同变得更加紧密，能够促进资源共享、跨行业合作，实现生产要素的全球优化配置。

5）绿色制造：注重环境友好，推动清洁生产、节能减排，从而实现可持续发展。

我国为推动工业 4.0 的发展，提出了制造强国战略，这一战略与德国工业 4.0 高度契合。其主要目标是通过技术创新和产业升级，提升我国制造业在全球价值链中的竞争力，从制造大国转型为制造强国。

当前，我国工业 4.0 的推进主要依赖于政策支持、科技创新和企业的实践应用，未来，我国有望在全球智能制造领域占据重要地位。

知识点 1.2.2　工业 4.0 技术支柱

工业 4.0 包括九大技术支柱：工业物联网、云计算（cloud computing）、大数据（big data）、工业机器人、3D 打印、知识工作自动化、工业网络安全、虚拟现实和人工智能（artificial intelligence，AI）。

1. 工业物联网

工业物联网（图 1.2.3）是工业 4.0 的核心基础，有无处不在的传感器，这些传感器进行互联以后就形成了大量的数据，然后回到数字中枢，进行数据的清洗、整理、挖掘，数据再增值。过去的大数据在服务业企业运用比较多，工业企业的很多数据没有被完全挖掘出来，实际上现在一个新的市场正在形成，就是通过工业物联网形成的大量数据来重新产生价值，所以第一个技术领域是工业物联网。

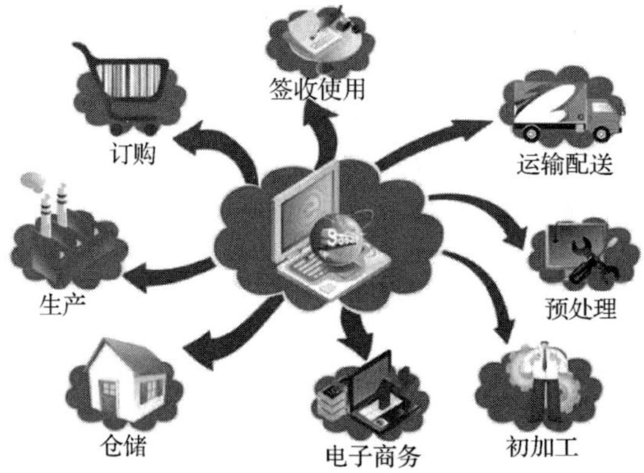

图 1.2.3　工业物联网

图 1.2.4　云计算

2. 云计算

如图 1.2.4 所示，云计算是分布式计算的一种，指通过网络“云”将巨大的数据计算处理程序分解成无数个小程序，然后通过多部服务器组成的系统处理和分析这些小程序，得到结果并返回给用户。从技术上看，大数据与云计算的关系就像一枚硬币的正反面一样密不可分。大数据必然无法用单台的计算机进行处理，必须采用分布式架构，它的特色在于对海量数据进行分布式数据挖掘，但它必须依托云计算的分布式处理、分布式数据库和云存储、虚拟化技术。

在云计算方面，从全球的趋势来看，大家都通过把自己的数据存储到云端来进行运算，可以说，基于大数据的云计算是工业 4.0 最核心的 ID 技术。

3. 大数据

大数据（图 1.2.5）是指无法在一定时间范围内用常规软件工具进行捕捉、管理和处理的数据集合，是需要新处理模式才能具有更强的决策力、洞察发现力和流程优化能力的海量、高增长率和多样化的信息资产。大数据技术的战略意义不在于掌握庞大的数据信息，而在于对这些含有意义的数据进行专业化处理。换言之，如果把大数据比作一种产业，那么这种产业实现盈利的关键在于，提高对数据的“加工能力”，通过“加工”实现数据的“增值”。

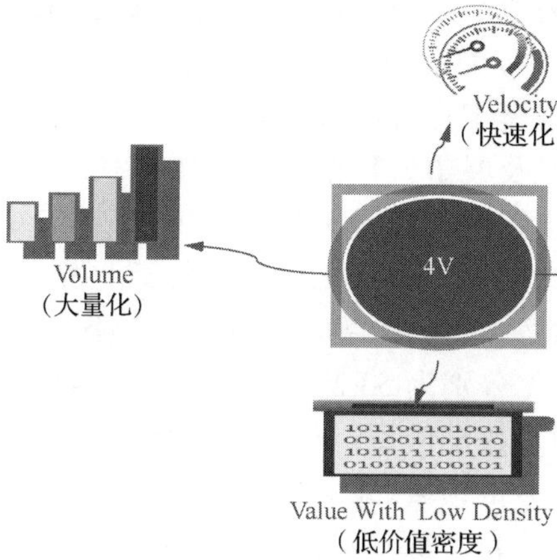

图 1.2.5　大数据

4. 工业机器人

工业机器人（图 1.2.6）是广泛用于工业领域的多关节机械手或多自由度的机器装置，具有一定的自动性，可依靠自身的动力能源和控制能力实现各种工业加工制造功能。工业机器人广泛应用于电子、物流、化工等各个工业领域。

图 1.2.6　工业机器人

随着全球经济的发展及工业智能化水平的不断提升，未来几年全球的工业机器人市场规模将会持续上升。2020 年，全球工厂中运行的工业机器人达到 300 万台以上，同比增长 10%。我国工业机器人保有量增长迅速，占全球比例不断增加。2014 年，我国工业机器人保有量约为 18.94 万台，约占全球工业机器人保有量的 13%；2020 年，我国工业机器人保有量约为 64.32 万台，约占全球工业机器人保有量的 31.29%，相比 2014 年提高了 18.29 个百分点。我国国内工业机器人应用密度低，但增速快，目前仍主要以进口为主。2022 年，我国工业机器人保有量约为 135.7 万台，其中多关节机器人约占 60%，SCARA 机器人约占 40%。《“机器人+”应用行动实施方案》提出：到 2025 年，制造业机器人密度较 2020 年实现翻番。未来，机器人应用的场景更多、敏捷性更强、部署更方便等是重点，发展方向是智能化、轻量化、平台化等。

5. 3D 打印

3D 打印（图 1.2.7）即增材制造，不同于传统制造业通过切削等机械加工方式对材料

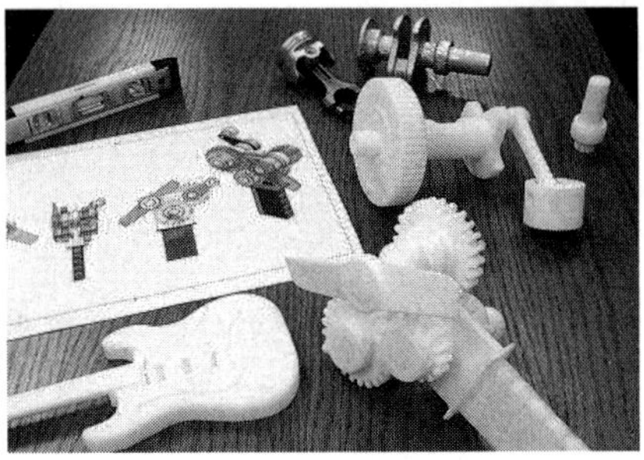

图 1.2.7　3D 打印

去除从而成形的“减”材制造，它是以三维模型数据为基础，通过材料堆积的方式制造零件或实物的工艺。我国增材制造技术发展迅速，并将在未来继续保持较高速度增长。根据工信部数据，2012—2022 年，我国增材制造产业规模自 10 亿元增长至 320 亿元，年复合增长率为 41.42%；2019—2022 年，我国增材制造产业市场规模年复合增长率为 26.52%。根据《增材制造十年发展及展望》数据，我国增材制造产业规模有望于 2027 年超过千亿元，2022—2027 年年复合增长率有望达到 25.59%。根据工信部装备工业发展中心对 50 家行业企业的调研数据，调研企业在装备、服务、材料、零部件（如扫描振镜、三位扫描仪、激光器、过程传感器等）等环节的营收占比分别为 53.2%、26.0%、12.4%和 5.9%。

增材制造技术已经在诸多领域稳步拓展应用。目前，增材制造应用领域已经从早期的航空航天等高端制造领域逐步拓展至多个领域。增材制造产业链主要分为上中下游供应端。其中，上游供应端包括粉末、树脂、线材等原材料供应、核心硬件和辅助运行系统等增材制造设备生产基础设施供应；中游制造端包括不同材料设备及打印服务、多基材料打印技术服务等；下游应用端包括社媒网络服务平台、主要工业应用领域（航空航天、汽车、医疗、文教）、其他特殊应用领域（生物、食品、建筑）。

6. 知识工作自动化

传统工业生产追求生产流程的标准化、生产设备的自动化。未来将会是一个知识工作者联合作战的时代，知识工作者的工作会变得更加自动化，如图 1.2.8 所示。工业时代的管理模式、大师、理论在“互联网+”时代大部分将被颠覆，但目前针对“互联网+”的管理模式尚未形成，知识工作者的形态、标准也还未形成。

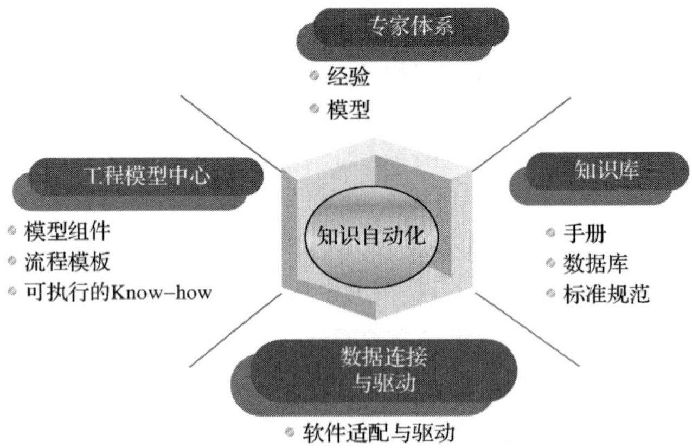

图 1.2.8　知识工作自动化

工业 3.0 时代所形成的工业生产流程、价值链会逐渐被新的管理模式、价值链取代。目前，组织雇佣的界线正在模糊，很多人成为自由工作者，不再受雇于一家公司，他们可能因为某个项目而集合，项目结束就分开，这可能是未来整个企业变革的一个重大方向。

7. 工业网络安全

数据安全通过采用各种技术和管理措施，使网络系统正常运行，从而确保网络数据的可用性、完整性和保密性。建立网络安全保护措施的目的是确保经过网络传输和交换的数据不会发生增加、修改、丢失和泄露等。

在传统服务业的网络安全中，实际是有一定的防范和安全指数的。但在传统工业中，数据是基于 PC 和 PC 互联的，那么未来机器和机器互联，不仅存在接口兼容问题，而且这些数据保存在云端，还存在数据之间的安全问题。可见，工业网络安全是工业 4.0 技术中非常重要的一类服务。

8. 虚拟现实

VR 技术又称虚拟环境、灵境或人工环境，是指利用计算机生成一种可对参与者直接施加视觉、听觉和触觉感受，并允许其交互地观察和操作虚拟世界的技术。VR 应用示例如图 1.2.9 所示。

图 1.2.9　VR 应用示例

VR 系统的基本特征是 3 个“I”：沉浸（Immersion）、交互（Interaction）和想象（Imagination），强调人在 VR 系统中的主导作用，使信息处理系统适合人的需要，并与人感官的感受相一致。VR 系统主要分为沉浸类、非沉浸类、分布式和增强现实 4 类。

近年来，虚拟（增强）现实热潮接连在全球范围内引爆。目前，VR/AR 技术已成功应用于城市治理、军事演习、航空航天、工业生产、建筑施工、会议展览、教育科普、医疗服务、文化旅游、互动娱乐等领域，并为行业赋能，带来新的发展机遇和升级机会。

过去，人们根据图纸把产品生产出来，然后不断进行迭代和改善，未来通过 VR，整个产品在生产前就通过计算机进行几千万次的改善，产品生产效率会大幅提高。

9. 人工智能

人工智能是计算机科学的一个分支，它企图了解智能的实质，并生产出一种新的能以与人类智能相似的方式做出反应的智能机器，该领域的研究包括机器人、语言识别、图像识别、自然语言处理和专家系统等。人工智能自诞生以来，理论和技术日益成熟，应用领域也不断扩大，可以设想，未来人工智能带来的科技产品将会是人类智慧的“容器”。人工智能应用示例如图 1.2.10 所示。

图 1.2.10　人工智能应用示例

在工业 4.0 时代，所有的工厂都是软件企业，也都是数据企业，所有工业软件在这一时代都是至关重要的。

知识点 1.2.3　西门子智能工厂案例

1. 智能工厂的架构与功能定义

智能工厂是实现智能制造的基础与前提，它主要分为企业层、管理层和集成自动化系统三大部分。在企业层，要对产品研发和制造进行统一管控，对 PLM 与 ERP 进行集成，建立统一的顶层研发制造管理系统。管理层、操作层、控制层、现场层通过工业网络（现场总线、工业以太网等）进行组网，实现从生产管理到工业网底层的网络连接，满足管理生产过程、监控生产现场执行、采集现场生产设备和物料数据的业务要求。除要对产品开发制造过程进行建模与仿真外，还要根据产品的变化对生产系统的重组和运行进行仿真，在投入运行前就要了解系统的使用性能，分析其可靠性、经济性、质量、工期等，为生产制造过程中的流程优化和大规模网络制造提供支持。

1）企业层——基于产品全生命周期的管理层。企业层融合了产品设计生命周期和生产生命周期的全流程，对设计到生产的流程进行统一、集成式的管控，实现全生命周期的技术状态透明化管理。通过集成 PLM 系统和 MES、ERP 系统，企业层实现了全数字化，即从设计到生产的全过程高度数字化，从而实现基于产品的、贯穿所有层级的垂直管控。通过对 PLM 和 MES 的融合，实现从设计到制造的连续数字化数据流转。

2）管理层——生产过程管理层。管理层主要实现生产计划在制造职能部门的执行，管理层统一分发执行计划，进行生产计划和现场信息的统一协调管理。管理层通过 MES 与底层工业控制网络进行生产执行层面的管控，操作人员或管理人员提供计划的执行、跟踪，以及所有资源（人、设备、物料、客户需求等）的实时状态，同时获取底层工业网络对设备工作状态、实物生产记录等信息的反馈。

3）集成自动化系统。自动化系统的集成是从底层出发、自下而上的，其跨越现场层、控制层及操作层 3 个层级，基于 CPS 网络方法使用全集成自动化（totally integrated automation，TIA）技术集成现场生产设备，从物理层面创建底层工业网络，在控制层通过 PLC 硬件和工控软件进行设备的集中控制，在操作层有操作人员对整个物理网络层的运行状态进行监控、分析。

智能工厂架构可以实现高度智能化、自动化、柔性化和定制化，研发制造网络能够快速响应市场的需求，实现高度定制化的精益生产。

2. 智能工厂的雏形——安贝格数字化工厂

西门子基于工业4.0概念创建了安贝格数字化工厂，它是为满足工业4.0要求所形成的“数字化企业”解决方案，做到了企业层管理层使用自己的解决方案制造自己的产品，其解决方案的核心是基于Teamcenter平台的PLM、MES及TIA的软件组合，目的是实践工业4.0概念并诠释未来制造业的发展。在产品的设计研发、生产制造、管理调度、物流配送等过程中，安贝格数字化工厂都实现了数字化操作。

安贝格数字化工厂（图1.2.11）的愿景是将生产过程的每一个环节实现自动化，整合制造与研发，以全局视角审视产品开发与生产过程。该工厂不仅推动每个过程步骤与国际化质量标准相对接，还致力于将企业现实和虚拟世界无缝结合。其范围涵盖了从产品设计、生产规划、生产工程到生产实施及后续服务的整个生命周期。安贝格对数字化工厂通过对数字化工厂的深入实践，体现了工业4.0概念的最佳应用，站在了制造业革命的应用前沿。

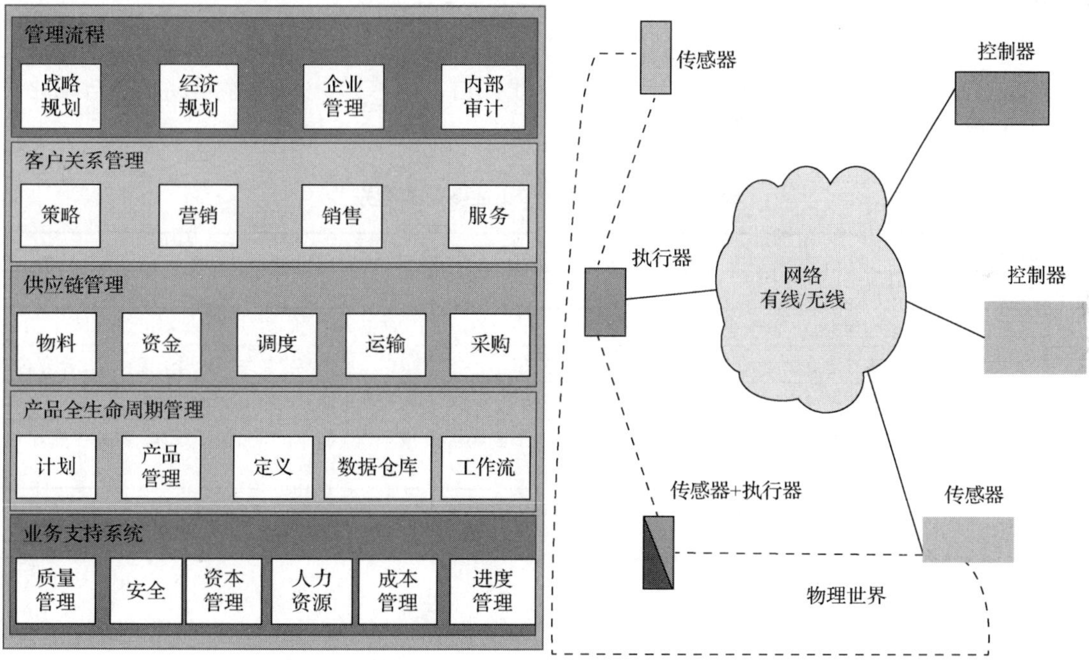

图1.2.11 安贝格数字化工厂

3. 西门子数字化工厂的实现手段

1）建立数字化企业平台。在统一的数字化平台上进行企业资源、企业其他供应链、企业其他系统的融合管理，建立一个跨职能的层级数字化平台，实现资源、供应链设计系统、生产系统的柔性协调和智能化管控。企业所有层级进行全数字化管控，通过数字化数据的层级流转实现对市场需求的高定制化要求，并实时监控企业的资源消耗、人力分配、设备应用、物流流转等生产关键要素，分析这些关键要素对产品成本和质量的影响，以达到智能控制企业研发生产状态、有效预估企业运营风险的目的。

2）建立智能化物理网络。基于信息物理网络基础集成西门子的 IT 平台、工控软件、制造设备的各种软硬件技术，建立西门子的工业网络系统。在创建生产现场物理网络的同时，把生产线的制造设备连接到物理网络中，采集设备运行情况，记录生产物料流转等生产过程数据。

3）研发、生产的每一件新产品都会拥有自己的数据信息。这些数据信息在研发、生产、物流的各个环节中不断丰富，实时保存在数字化企业平台中。基于这些数据，数字化工厂得以柔性运行，生产中的各个产品全生命周期管理系统、车间级制造执行系统、底层设备控制系统、物流管理系统等全部实现了无缝信息互联，并实现了智能生产。

4）在同一数据平台上对企业的各个职能和专业领域进行数字化规划。数字化工厂应用领域包括数字化产品研发、数字化制造、数字化生产、数字化企业管理、数字化维护、数字化供应链管理。通过对企业各个领域的数字化集成，可以实现企业精益文化的建立，实现企业的精益运营。

知识点 1.2.4 智能化生产线与自动化生产线的区别

智能化生产线与自动化生产线的区别即工业 4.0 和工业 3.0 的区别（表 1.2.2）。智能化生产线是自动化生产线的升级版，智能化生产线在自动生产过程中能够通过核心自动化大脑进行自动判断、分析、处理问题。

表 1.2.2 工业 4.0 和工业 3.0 的区别

项目	工业 4.0	工业 3.0
特点	大规模定制	大规模生产
管理理念	以顾客为中心，以快速响应赢得市场	以产品为中心，以低成本赢得市场
驱动方式	根据客户定点安排生产，属于拉动式生产方式	根据市场预测安排生产，属于推动式生产方式
核心	通过灵活性和快速响应来实现多样化和定制化	通过稳定性和控制力实现高效率
战略	差异化战略：通过快速反应、提供个性化的产品获取竞争优势	成本领先战略：通过降低成本、提高生产效率获取竞争优势
目标	以多样化和定制化开发、生产、销售、交付顾客买得起的产品和服务	以低价格开发、生产、销售、交付产品和服务

1. 自动化生产线的特点

采用自动化生产线进行生产的产品应有足够的产量；产品设计和工艺应先进、稳定、可靠，并在较长时间内基本保持不变；能提高劳动生产率、稳定性和产品质量。

2. 智能化生产线的特点

在生产和装配过程中，能够通过传感器或 RFID 自动进行数据采集，并通过电子看板显示实时的生产状态；能够通过机器视觉和多种传感器进行质量检测，自动剔除不合格品，并对采集的质量数据进行统计工序控制（statistical process control，SPC）分析，找出质量问题的成因；能够支持多种相似产品的混线生产和装配，灵活调整工艺，适应小批量、多品种的生产模式；具有柔性，如果生产线上有设备出现故障，能够调整到其他设备生产；针对人工操作的工位，能够给予智能的提示。

汽车、家电、轨道交通等行业的制造业企业对生产和装配线进行智能化改造需求十分旺盛。如今，制造业企业需要的不仅仅是简单的自动化，而是更多地引入智能化手段（如机器视觉、RFID 等）实现智能化生产。

知识点 1.2.5　CP Lab

CP Lab 主要以手机壳作为加工控制对象，以在线订单生成—材料下放—质量检测（视觉检测）—产品组装—射频身份注册—成品贴标单元—物流运输（或入库）为一个工作循环过程，实现加工、装配无人可视化操作。智能生产线能够为客户提供定制化服务，客户可以根据需求，在客户端（手机或计算机）选择所需手机壳的尺寸大小、数量等信息，生产线接到任务后开始自行组织生产，具有高自动化、高效率、高精度、运动稳定性等特点。生产线设备具有人机触摸屏操作界面，友好的人机界面、简单易学的操作按钮，便于操作员快速掌握设备的操作方法。

1. 工作站

CP Lab 完整设备由 10 个工作站组成：前盖料仓工作站、激光测量工作站、钻孔加工工作站、人工组装工作站、视觉检测工作站、后盖料仓工作站、气动压紧工作站、工件翻转工作站、标签打印工作站、工件输出工作站，如图 1.2.12 所示。

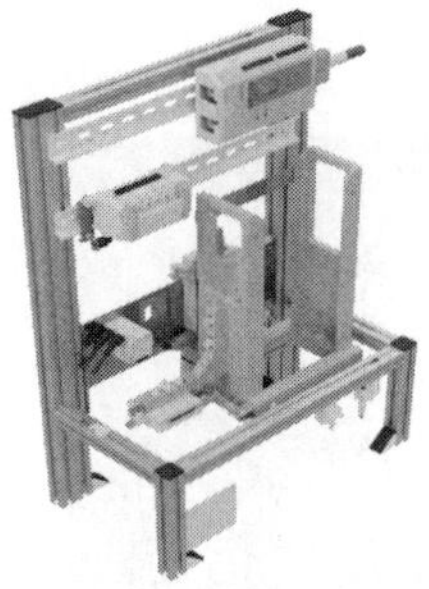

（a）前盖料仓工作站

（b）激光测量工作站

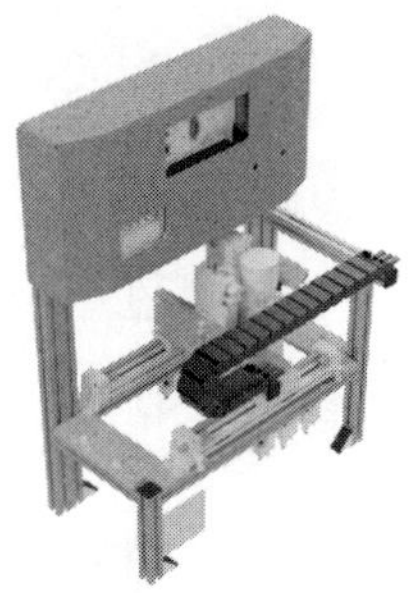

（c）钻孔加工工作站

微课：CP Lab

（d）人工组装工作站

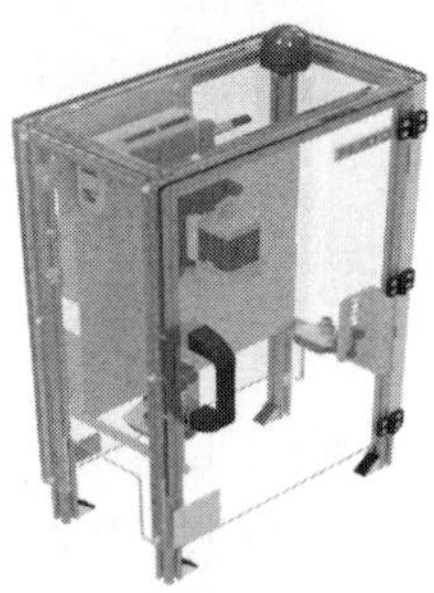

（e）视觉检测工作站

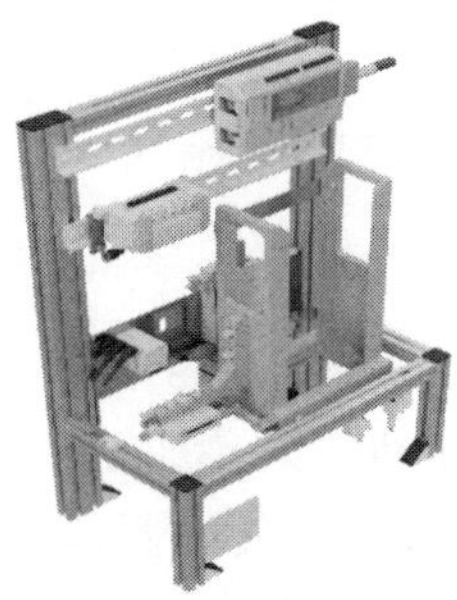

（f）后盖料仓工作站

图 1.2.12　CP Lab 工作站

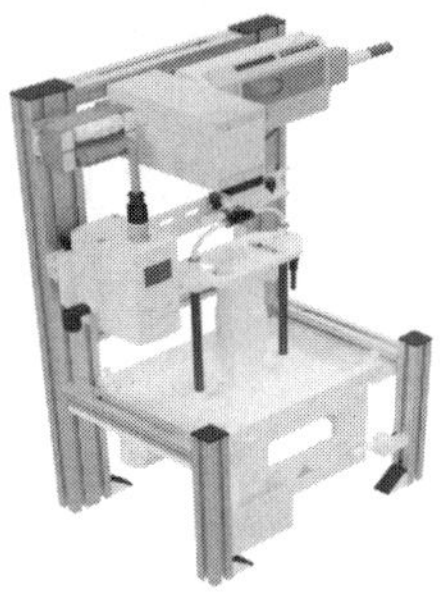

（g）气动压紧工作站

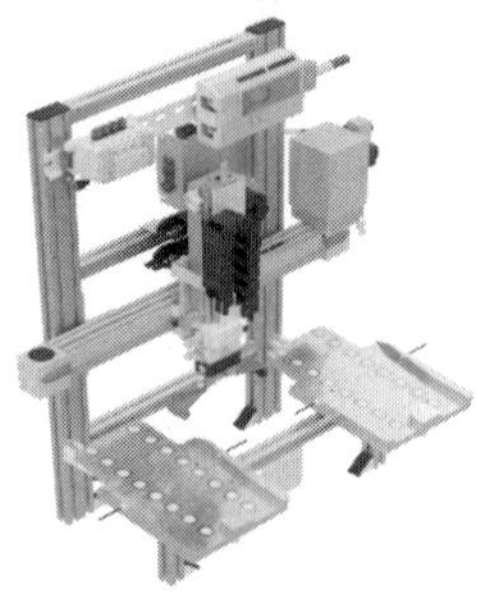

（h）工件翻转工作站

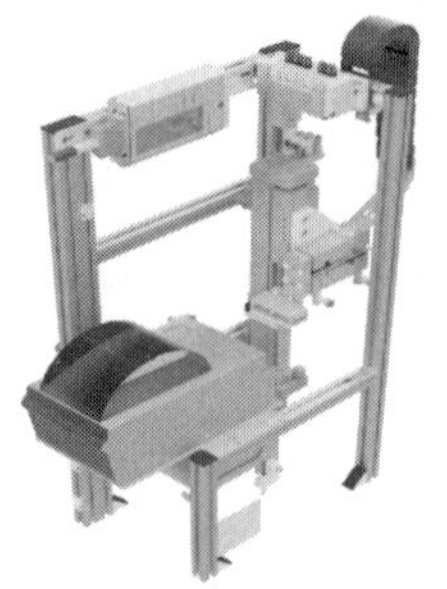

（i）标签打印工作站

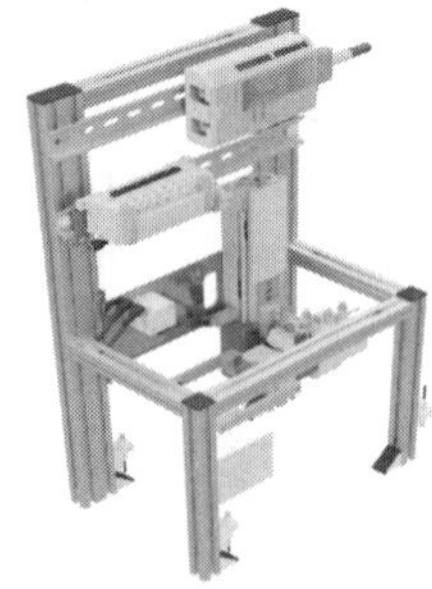

（j）工件输出工作站

图 1.2.12（续）

2. 传输基础组件

传输基础组件（图 1.2.13）包括传输带、直流电机与减速机、阻挡模块、PLC 控制组件、PCB、传感器、气路组件、触摸屏人机接口（human machine interface，HMI）等。HMI 由西门子 TP700、按钮和指示灯组件、支架和调节机构组成。

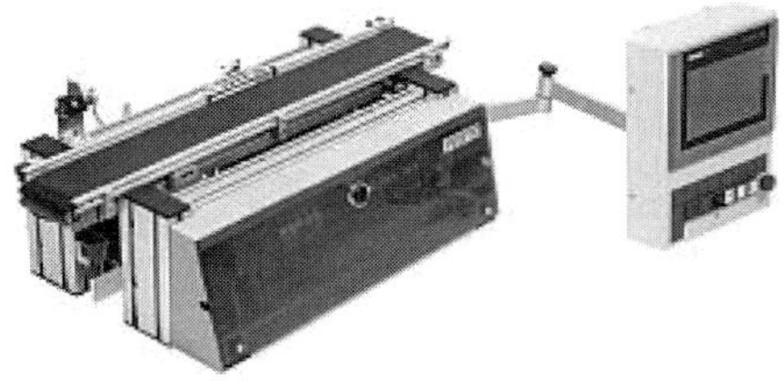

（a）传输基础组件上部（含 HMI）

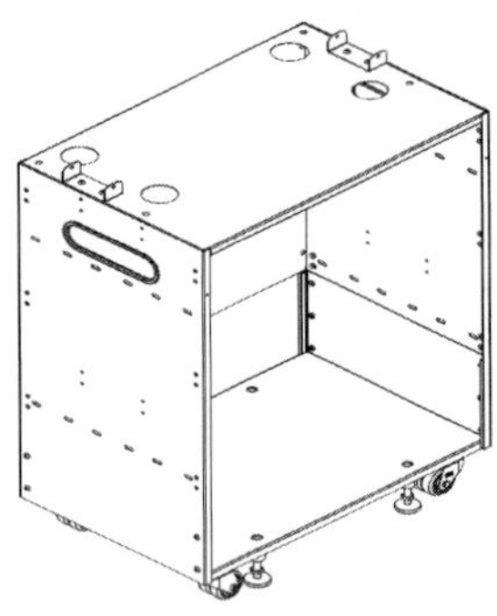

（b）传输基础组件底部车厢

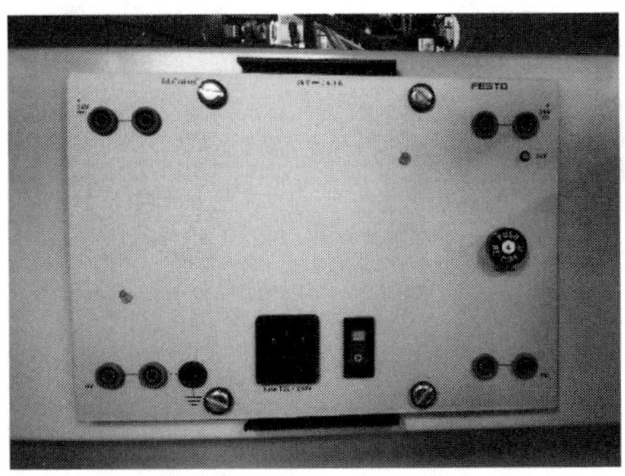

（c）传输基础组件底部车厢内直流稳压电源

图 1.2.13　CP Lab 传输基础组件

虽然 CP Lab 的完整配置为 10 个工作站，但常用的为 4 个工作站，分别为前盖料仓工作站、激光测量工作站、钻孔加工工作站、工件输出工作站。这 4 个工作站在结构上具有相似性。每个工作站都是由传输基础组件+工作站构成的。传输基础组件位于工作站的下方，起到承载工作站、运输小车、编程控制加工等目的。每个工作站的基础传输带可以通过一个圆弧形轨道线连接，以便小车在工作站之间通行；触摸屏 HMI 安装在基础传输带一侧，可以上下左右调整位置，方便操作；传输基础组件中还装有 PLC 控制系统等相关设备。

3. 加工工件与运输小车

CP Lab 中以手机作为加工控制对象，即加工工件。运输小车中含有 RFID，在经过每个工作站时，能够被相应传感器识别；托盘置于托盘载体上，托盘上可放置后盖、前盖、PCB 等工件。加工工件从上到下依次为后盖、熔丝、PCB、前盖，如图 1.2.14 所示。

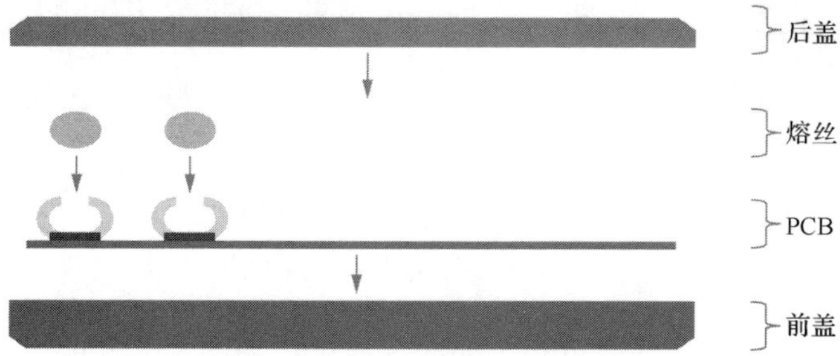

图 1.2.14　CP Lab 加工工件

CP Lab 中待加工的工件放置在小车与托盘上，布置如图 1.2.15 所示。小车底部包含 RFID 标签、用于简便识别小车编号的螺钉孔、触发“小车到达”传感器的螺钉、阻隔器工作的槽等。

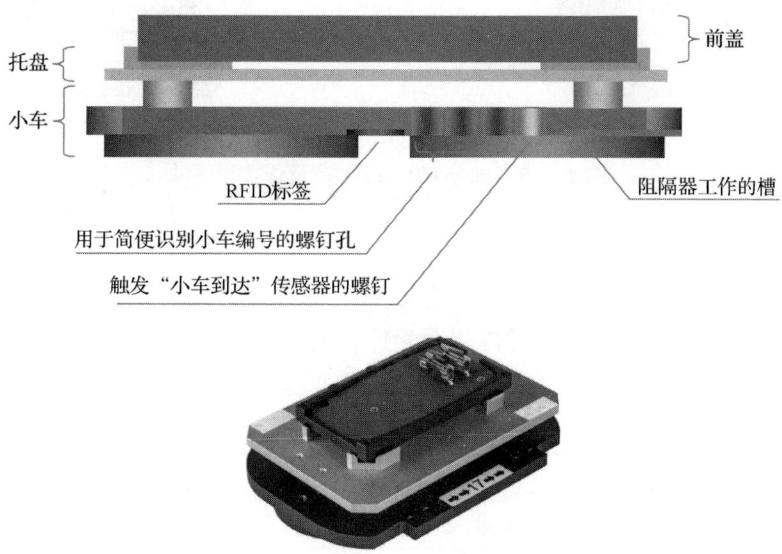

图 1.2.15　CP Lab 运输小车

4. 软件程序

CP Lab 软件程序包括制造执行系统 MES4［图 1.2.16（a）］、三维仿真软件 CIROS［图 1.2.16（b）］、PLC 编程软件 Portal、步进电动机组态程序 FCT、照相机程序 Checkkon、视觉程序 Checkopti、OPC UA、物联网开发工具 NodeRed、Access 数据库、MySQL 数据库、VR/AR。

（a）MES4 系统　　（b）CIROS 系统

图 1.2.16　部分 CP Lab 软件程序

5. 主控及连接设备

主控及连接设备包括个人计算机和无线路由器等，如图 1.2.17 所示。

（a）个人计算机　　（b）无线路由器

图 1.2.17　部分 CP Lab 主控及连接设备

6. 拓展附件

拓展附件包括能源监控模块、能源监控软件、网络安全模块、远程访问模块、物联网（internet of things，IoT）网关、智能传感器套件、网络商城。

工作手册

姓名：	学号：	班级：	日期：	课堂笔记
1.2　认知工业 4.0 工作手册				

任务接收

表 1-2-1　任务分配表

序号	角色	姓名	学号	分工
1	组长			
2	组员			
3	组员			
4	组员			
5	组员			

任务准备

表 1-2-2　工作方案设计表

序号	工作内容	负责人
1		
2		
3		
4		

表 1-2-3　实训设备、工具与耗材清单

序号	名称	型号与规格	数量	备注
1				
2				
3				
4				
5				
6				
7				
领取人：　　　　　归还人：				

任务实施

（1）描述工业 4.0 发展现状

课堂笔记

表 1-2-4　任务实施表 1

描述工业 4.0 发展现状			
分类	德国工业 4.0	美国工业互联网	我国制造强国战略
提出			
内容			
相似点			
不同点			

（2）描述工业 4.0 系统的核心技术要素

表 1-2-5　任务实施表 2

描述工业 4.0 系统的核心技术要素	
项目	具体描述
工业物联网	
云计算	
大数据	

续表

描述工业 4.0 系统的核心技术要素	
项目	具体描述
工业机器人	
3D 打印	
知识工作自动化	
工业网络安全	
虚拟现实	
人工智能	

（3）区分工业 4.0 与工业 3.0 的特点

表 1-2-6　任务实施表 3

区分工业 4.0 与工业 3.0 的特点	
特征	具体描述
概念	
相似点	
不同点	

（4）描述 CP Lab 工作站的结构组成

表 1-2-7　任务实施表 4

描述 CP Lab 工作站的结构组成

（5）描述 CP Lab 装配手机的步骤

表 1-2-8　任务实施表 5

描述 CP Lab 装配手机的步骤

课堂笔记

任务拓展

1）描述 CP Lab 涉及的软件。

2）说一说你所知道的智能工厂及其特点。 **课后作业** 小组合作，完成资料收集、整理，用 PPT 依次答辩以下内容： 1）描述工业 4.0 发展现状。 2）描述工业 4.0 系统核心技术要素。 3）区分工业 4.0 与工业 3.0 的特点。 4）描述 CP Lab 工作站的结构组成。 5）描述 CP Lab 装配手机的步骤。	课堂笔记

项目 2 认知传输基础组件

◎ 项目导入

在古代，由于交通运输工具不发达，运输途径有限，物品的运输通常较为困难，尤其是大批量的物品。《滴露漫录》有云：其腥肉之食，非茶不消；青稞之热，非茶不解。在唐朝时期的藏族地区，由于当地人民日常饮食习惯中以牛羊肉、奶制品等高脂肪食物及青稞制品为主要食物，因此将茶作为“一日不可或缺”的生存必需品。但藏族所居的青藏高原地区，素不产茶，为顺应当地人民需求，一条条以茶叶贸易为主的交通线，在藏汉民族商贩、背侠、驮队马帮“劈荆斩棘”下，被开辟出来，以方便运输商品，加强双方的货品贸易。伴随这些贸易而开通的商道被称为“茶马古道”。

在 CPLab 中，传输基础组件是硬件的基础部分。其中，最主要的传输带是一种应用广泛的物料输送设备，特别适用于煤炭、矿山、港口、电力、冶金、建材等行业。它具有拉伸强度大、寿命长、使用伸长小、成槽性好、耐曲挠性佳等优点，适用于长距离、大跨度、大运量和高速度的物料输送。

◎ 学习目标

知识目标	1. 理解传输带基础组件的功能和结构； 2. 了解传输带基础组件的工作流程
能力目标	1. 能够熟练拆卸、装配传输带基础组件的机械结构； 2. 能够熟练装配传输带基础组件的电气结构
素养目标	1. 树立责任意识、团队意识、效率意识、创新意识； 2. 培养认真负责、精益求精和一丝不苟的工匠精神

任务 2.1 认知传输带基础组件

任务描述

传输带（conveying belt），又称运输带，是起承载和运送物料作用的橡胶与纤维、金属复合制品，或者塑料和织物复合的制品。传输带广泛应用于水泥、焦化、冶金、化工、钢铁等行业中输送距离较短、输送量较小的场合。

微课：初识传输带

某工厂使用一套工业 4.0 系统，其中装配有起承载作用的传输带基础组件。本任务需要认知传输带基础组件，描述传输带基础组件的功能、结构及工作流程，并利用 CP Lab 已有设备完成对工业 4.0 系统传输带模块的控制。

任务要求

1）描述传输带基础组件的整体功能。

2）描述传输带基础组件的硬件结构。

3）描述传输带基础组件的运行工作流程。

4）检查硬件运行前的安全性。

5）手动操作，完成小车在传输带基础组件上的启动、阻挡停止、放行工作流程。

任务准备

1）作业资料：电气原理图、排版图、物料清单（bill of material，BOM）表、工作手册等，保证完整。

2）作业场所：保证作业场所的整齐、规范、有序。

3）电气材料：CP Lab 1 套、万用表 1 只、内六角扳手 1 套、一字螺钉旋具 1 套，如图 2.1.1 所示。作业前，电气材料必须按时到位。

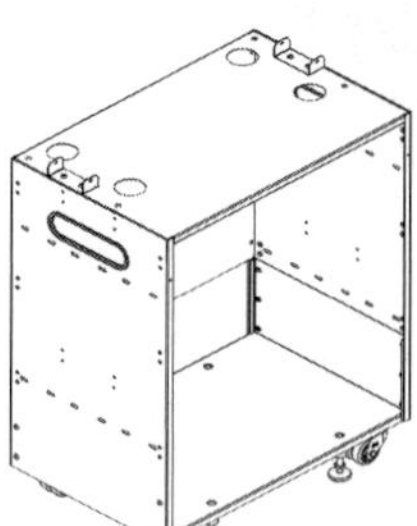

（a）车厢

（b）直流稳压电源

图 2.1.1　任务准备

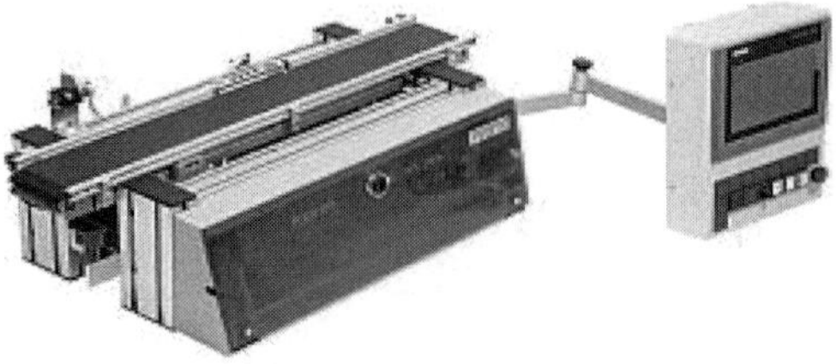

（c）传输带模块与人机界面

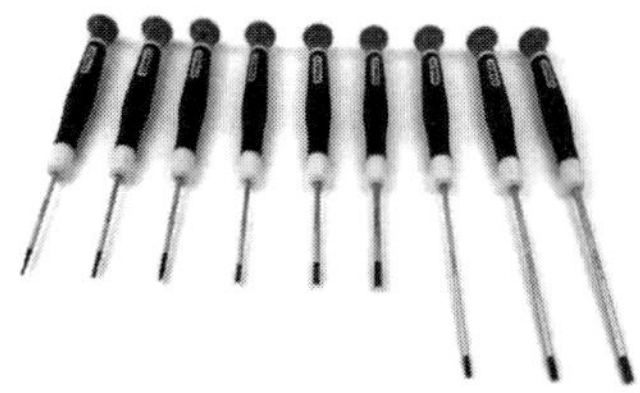

（d）一字螺钉旋具

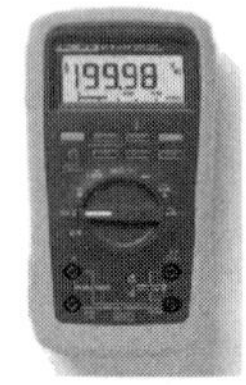

（e）万用表

（f）内六角扳手

图 2.1.1（续）

任务实施

本任务主要认知传输带基础组件，具体为描述传输带基础组件的整体功能、硬件结构、运行工作流程，并手动操作小车工作流程。

任务实施步骤如下：

1）描述传输带基础组件的整体功能。

2）描述传输带基础组件的硬件结构。

如图 2.1.2 和图 2.1.3 所示，硬件包括阻挡模块 1 个、电磁换向阀 1 个、气源开关 1 个、传输带进口电容开关 1 个、传输带出口电容开关 1 个、传输带 1 条、红外光电传感器 2 个、电机控制盒 1 个、电机（DC 36V/230V/400V）1 台、I/O-Link 接口模块 1 个、后 PCB（XZ2）1 个、网络交换机 1 台、触摸屏 1 个、铝合金型材框架 1 套、控制柜 1 套。此外，还需要示波器 1 台、万用表 1 个。

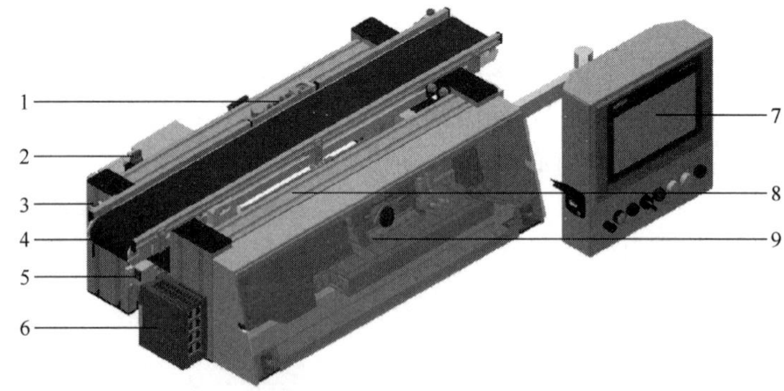

1—阻挡模块；2—气源开关；3—传输带进口电容开关；4—传输带；5—红外光电传感器；6—网络交换机；7—触摸屏；8—铝合金型材框架；9—控制柜。

图 2.1.2　传输带基础组件实物（正面）

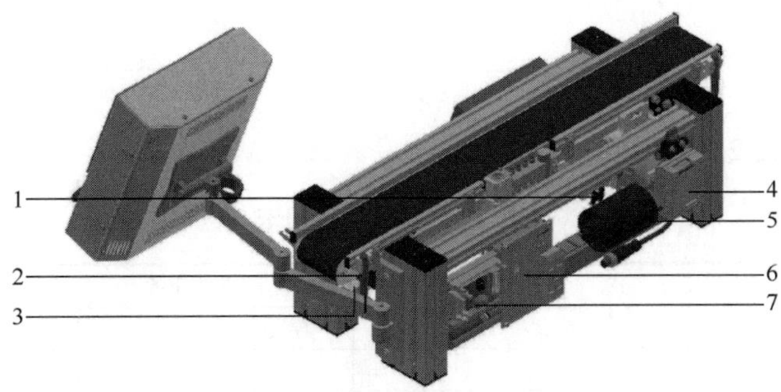

1—电磁换向阀；2—传输带出口电容开关；3—红外光电传感器；4—电机控制盒；5—电机（DC 36V/230V/400V）；6—I/O-Link 接口模块；7—后 PCB（XZ2）。

图 2.1.3　传输带基础组件实物（背面）

3）描述传输带基础组件的运行工作流程。

4）检查硬件运行前的安全性。

检测各电路的正确性，确保无误后再通电使用。

① 检查前盖料仓工作站的传输带基础组件，依次检查工具部件无遗漏、无杂物；硬件安装牢固；无接线错误、接线不牢；流量压力正常、阀门打开、指示正常；设备各部件正常，无损坏、无短路、无发热等不良现象。

② 检查激光测量工作站的传输带基础组件，依次检查工具部件无遗漏、无杂物；硬件安装牢固；无接线错误、接线不牢；流量压力正常、阀门打开、指示正常；设备各部件正常，无损坏、无短路、无发热等不良现象。

③ 检查钻孔加工工作站的传输带基础组件，依次检查工具部件无遗漏、无杂物；硬件安装牢固；无接线错误、接线不牢；流量压力正常、阀门打开、指示正常；设备各部件正常，无损坏、无短路、无发热等不良现象。

④ 检查工件输出工作站的传输带基础组件，依次检查工具部件无遗漏、无杂物；硬件安装牢固；无接线错误、接线不牢；流量压力正常、阀门打开、指示正常；设备各部件正常，无损坏、无短路、无发热等不良现象。

5）手动操作完成小车工作流程。

完成小车在传输带基础组件上的启动、阻挡停止、放行等功能。

① 操作前盖料仓工作站的传输带基础组件，依次手动实现传输带正转、传输带反转、小车进入传输带、阻挡器阻挡小车、阻挡器放行小车、小车离开传输带、传输带停止、传输带减速运行。

② 操作激光测量工作站的传输带基础组件，依次手动实现传输带正转、传输带反转、小车进入传输带、阻挡器阻挡小车、阻挡器放行小车、小车离开传输带、传输带停止、传输带减速运行。

③ 操作钻孔加工工作站的传输带基础组件，依次手动实现传输带正转、传输带反转、小车进入传输带、阻挡器阻挡小车、阻挡器放行小车、小车离开传输带、传输带停止、传输带减速运行。

④ 操作工件输出工作站的传输带基础组件，依次手动实现传输带正转、传输带反转、小车进入传输带、阻挡器阻挡小车、阻挡器放行小车、小车离开传输带、传输带停止、传输带减速运行。

任务评价

任务评价表如表 2.1.1 所示。

表 2.1.1　任务评价表

基本信息	认知传输带基础组件任务					
	班级		学号		分组	
	姓名		时间		总分	
项目内容	评价标准		分值	自评	小组互评	教师评价
任务考核（60%）	描述传输带基础组件的整体功能		20			
	描述传输带基础组件的硬件结构		20			
	描述传输带基础组件的运行工作流程		20			
	手动操作，完成小车在传输带基础组件上的启动、阻挡停止、放行等工作流程		40			
	总分		100			
素养考核（40%）	操作安全规范		20			
	遵守劳动纪律		20			
	分享、沟通、分工、协作、互助		20			
	资料查阅、文档编写		20			
	精益求精、追求卓越		20			
	总分		100			

任务拓展

利用上位机实现传输带减速运行。

知识链接

知识点 2.1.1　传输带通用知识

1. 传输带

传输带是专用于耐燃、抗静电、耐热、耐化学物品和油、耐低温的传输装置。其可按以下方法分类：

1）按表现形状分类：平面形传输带、槽形传输带、深槽形传输带、波状挡边型传输带、夹带型传输带、隔板式传输带、圆管式传输带、扁管式传输带、压花形传输带等。

2）按带芯类型分类：织物型（如棉帆布）运输带、合成纤维（粘胶、聚酰胺、聚酯以及和棉纤维混纺或编制）传输带。

3）按钢铁型分类：钢丝绳传输带、钢纤维传输带、钢带传输带、钢丝帘布传输带。

4）按强度分类：低强度（小于 300kN/m）传输带、中强度（300～1250kN/m）传输带、高强度（大于 1250kN/m）传输带。

2. 传输带使用注意事项

在工业生产中，正确地使用传输带显得尤其重要，传输带在使用时应注意以下事项：

1）避免托辊被物料覆盖造成回转不灵，防止漏料卡于滚筒与胶带之间，注意传输带活动部分的润滑，但不得有油污污染传输带。

2）防止传输带负荷启动。

3）当传输带发生跑偏时，应及时采取措施纠正。

4）当发现传输带局部破损时，应用人造棉及时修补，以免扩大。

5）避免传输带遭受机架、支柱或块状物料的阻滞，防止其被碰破、扯裂。

3. 传输带跑偏故障及处理方法

（1）跑偏故障

跑偏是带式输送机运行时较常见的故障之一。传输带跑偏的原因有多种，主要原因是安装精度低和日常的维护保养不到位。在安装过程中，头尾滚筒、中间托辊之间尽量在同一中心线上，并且相互平行，以确保传输带不偏或少偏。另外，带子接头要正确，两侧周长应相同。

（2）处理方法

如果在使用传输带过程中出现传输带跑偏，则要做以下检查以确定原因，并进行调整。传输带跑偏时常检查的部位和处理方法有：

1）检查托辊横向中心线与带式输送机纵向中心线的不重合度。如果不重合度值超过 3mm，则应利用托辊组两侧的长形安装孔对其进行调整。具体方法是传输带偏向哪一侧，托辊组的哪一侧向传输带前进的方向前移，或者另外一侧后移。

2）检查头、尾机架安装轴承座的两个平面的偏差值。若两平面的偏差大于 1mm，则应将两平面调整在同一平面内。头部滚筒的调整方法：若传输带向滚筒的右侧跑偏，则滚筒右侧的轴承座应当向前移动或左侧轴承座后移；若传输带向滚筒的左侧跑偏，则滚筒左侧的轴承座应当向前移动或右侧轴承座后移。尾部滚筒的调整方法与头部滚筒刚好相反。

3）检查物料在传输带上的位置。物料在传输带横断面上不居中，将导致传输带跑偏。如果物料偏到右侧，则传输带向左侧跑偏，反之亦然。在使用时应尽可能地让物料居中。为减少或避免传输带跑偏，可增加挡料板，改变物料的方向和位置。

知识点 2.1.2　CP Lab 传输基础组件

1. 传输基础组件的主要功能

传输基础组件的主要功能包括承载应用模块、运输小车及工件、控制工作站运行、提供人机界面。

2. 传输基础组件的硬件结构

传输基础组件的硬件结构包括传输带及其他相关部件。在模块的背面，包括电机控制器、直流电机、后 PCB 接线板、I/O-Link 接线模块；在模块的正面，包括 PLC 控制器、4 个扩展 I/O 模块、I/O-Link 模块，前 PCB 接线板，2 个光电传感器，触摸屏和操作面板，以及其他的相关部件等。

3. 传输基础组件的工作原理

CP Lab 中小车进入传输带，触发传输带入口位置的电容传感器，电容传感器输出小车进入信号给 PLC 控制器。小车随着传输带一直前进，直到被阻挡器挡住而停止。小车底部有 RFID 标志卡，与模块的 RFID 读写感应器交互生成订单信息等。其旁边有 4 个电感传感器，用来判别小车是否到位，可输出到位信号并进行小车编码识别等。当小车到位之后，读出 RFID 标志卡的相关信息，PLC 控制器判定是否需要应用模块处理，如果需要，则上方的应用模块进行相应操作，完成之后放行小车；否则直接放行小车。小车继续随传输带前进，直到完全离开传输带，并触发传输带出口位置的电容传感器，电容传感器输出小车离开信号给 PLC 控制器。

工作手册

姓名：	学号：	班级：	日期：
2.1　认知传输带基础组件工作手册			

任务接收

表 2-1-1　任务分配表

序号	角色	姓名	学号	分工
1	组长			
2	组员			
3	组员			
4	组员			
5	组员			

任务准备

表 2-1-2　工作方案设计表

序号	工作内容	负责人
1		
2		
3		
4		
5		
6		
7		

表 2-1-3　实训设备、工具与耗材清单

序号	名称	型号与规格	数量	备注
1				
2				
3				

课堂笔记

续表

序号	名称	型号与规格	数量	备注
4				
5				
6				
领取人：　　　　归还人：				

任务实施

（1）描述传输带基础组件的整体功能

表 2-1-4　任务实施表 1

序号	描述传输带基础组件的整体功能
1	承载__________模块
2	运输__________及__________
3	控制__________运行
4	提供__________界面

（2）描述传输带基础组件的硬件结构

表 2-1-5　任务实施表 2

序号	描述传输带基础组件的硬件结构		
1	传输带基础组件硬件整体结构		
2	传输带基础组件背面硬件元器件		
3	传输带基础组件正面硬件元器件		
4	传输带基础组件侧面硬件元器件		
负责人		验收签字	

（3）描述传输带基础组件的运行工作流程

表 2-1-6　任务实施表 3

描述传输带基础组件的运行工作流程			
负责人		验收签字	

（4）检查硬件运行前的安全性

连接硬件电路，检测各电路的正确性，确保无误后通电使用。

课堂笔记

表 2-1-7　任务实施表 4

检查硬件运行前的安全性					
检查内容（正常打"√"，不正常打"×"）					
检查模块	工具部件无遗漏、无杂物	硬件安装牢固	无接线错误、接线不牢	流量压力正常、阀门打开、指示正常	检查设备各部件正常，无损坏、无短路、无发热等不良现象
前盖料仓工作站的传输带基础组件					
激光测量工作站的传输带基础组件					
钻孔加工工作站的传输带基础组件					
工件输出工作站的传输带基础组件					
负责人				验收签字	

（5）手动操作完成小车工作流程

完成小车在传输带基础组件上的启动、阻挡停止、放行等功能。

课堂笔记

表 2-1-8　任务实施表 5

手动操作完成小车工作流程								
检查内容（正常打"√"，不正常打"×"）								
检查项目	传输带正转	传输带反转	小车进入传输带	阻挡器阻挡小车	阻挡器放行小车	小车离开传输带	传输带停止	传输带减速运行
前盖料仓工作站的传输带基础组件								
激光测量工作站的传输带基础组件								
钻孔加工工作站的传输带基础组件								
工件输出工作站的传输带基础组件								
负责人					验收签字			

任务拓展

利用上位机实现传输带减速运行。

课后作业

小组合作，用 PPT 展示以下任务：

1）描述传输带基础组件的整体功能。 2）描述传输带基础组件的硬件结构。 3）描述传输带基础组件的运行工作流程。 4）手动操作，完成小车在传输带基础组件上的启动、阻挡停止、放行工作流程。	课堂笔记

任务 2.2 认知传输带基础组件的部件结构及电气接线

任务描述

微课：传输带之机械结构

微课：传输带之电气结构

一般产品或设备都是由若干个零件和部件组成的。按照规定的技术要求及图纸规划，将若干个零件接合成部件或将若干个零件和部件接合成产品的劳动过程，称为装配。自动化装配也是以自动化机械代替人工劳动的一种装配技术。

一个标准的电气装配工作流程，能够使工作效率更高、工艺更完善等。各行各业都离不开好的工作流程，只有将工作流程系统化、标准化、合理化，才能更高效地将设备制造出来。自动化设备电气装配流程图如图 2.2.1 所示。

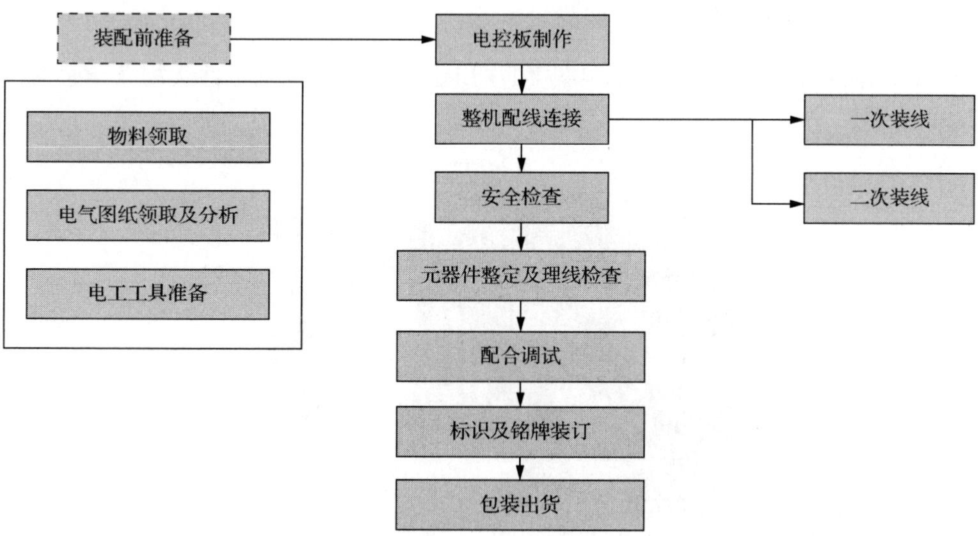

图 2.2.1　自动化设备电气装配流程图

某工厂使用一套工业 4.0 系统，其中装配有起承载作用的传输带基础组件。工厂技术员发现其中一套传输带基础组件运行不畅，需要对其进行维护。在本任务中，需要依托料仓工作站，描述传输带基础组件的电气连接过程并进行传输带基础组件正面电气接线、传输带基础组件背面电气接线、传输带基础组件网络接线、传输带基础组件接线检查。

任务要求

1）描述传输带基础组件的部件结构及电气连接。
2）完成传输带基础组件电源接线。
3）完成传输带基础组件正面电气接线。
4）完成传输带基础组件背面电气接线。
5）完成传输带基础组件网络接线。
6）完成传输带基础组件运行前检查。

任务准备

1）作业资料：电气原理图、排版图、BOM 表、工作手册等，保证完整。
2）作业场所：保证作业场所的整齐、规范、有序。
3）电气材料：料仓工作站 1 套、内六角扳手 1 套、一字螺钉旋具 1 套。作业前，电气材料必须按时到位。

任务实施

本任务主要认知传输带基础组件的部件结构及电气接线，具体为描述传输带基础组件的部件结构，以及完成传输带基础组件电源接线、传输带基础组件正面电气接线、传输带基础组件背面电气接线、传输带基础组件网络接线、传输带基础组件运行前检查。

1. 描述传输带基础组件的部件结构

传输带基础组件实物如图 2.1.2 和图 2.1.3 所示，传输带基础组件实物（传感器模组）如图 2.2.2 所示。

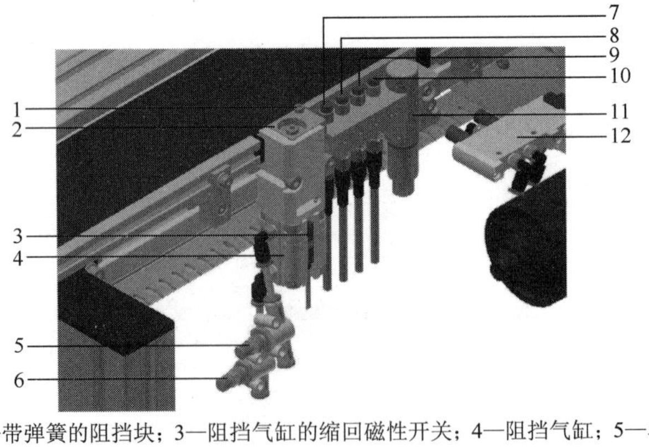

1—阻挡模块的导向螺钉；2—带弹簧的阻挡块；3—阻挡气缸的缩回磁性开关；4—阻挡气缸；5—单向节流阀；6—单向节流阀；7—电感传感器 1；8—电感传感器 2；9—电感传感器 3；10—电感传感器 4；11—RFID 读写头；12—电磁换向阀。

图 2.2.2 传输带基础组件实物（传感器模组）

2. 完成传输带基础组件电源接线

传输带基础组件电源接线如图 2.2.3 和表 2.2.1 所示。

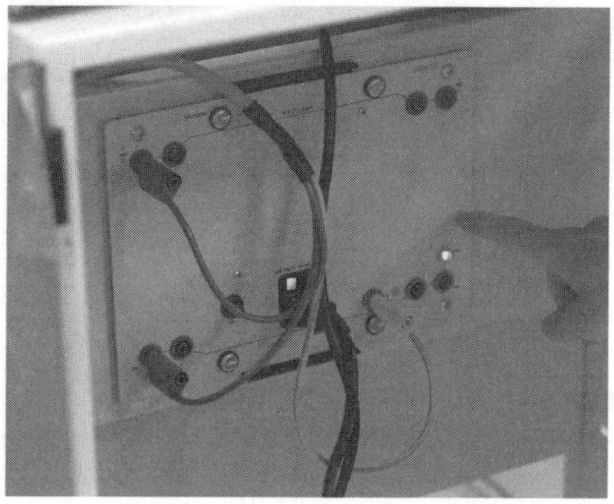

图 2.2.3　传输带基础组件电源接线

表 2.2.1　直流稳压电源接线

输入交流电源线	输出直流电源线
220V 交流插头，1 个	24V 直流插头，3 个 红线接正极、蓝线接负极、黄绿接地

3. 完成传输带基础组件正面电气接线

传输带基础组件正面电气接线如图 2.2.4～图 2.2.6 和表 2.2.2 所示。

图 2.2.4　传输带正面接线

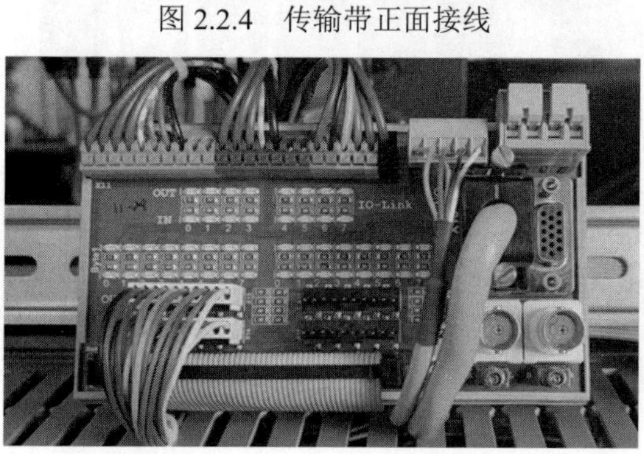

图 2.2.5　前 PCB-XZ1 实物连线

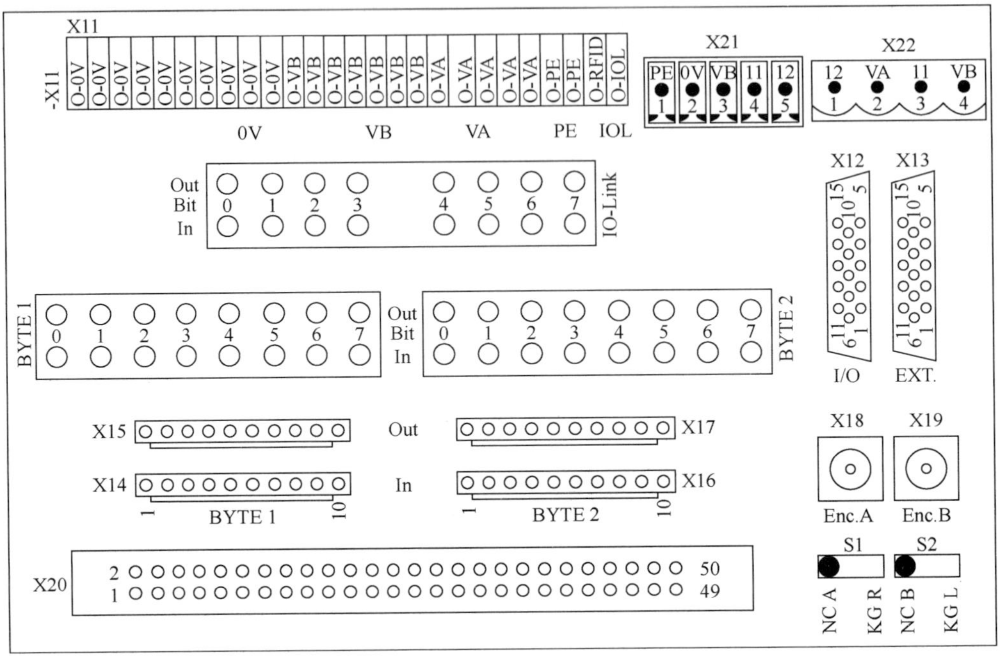

图 2.2.5（续）

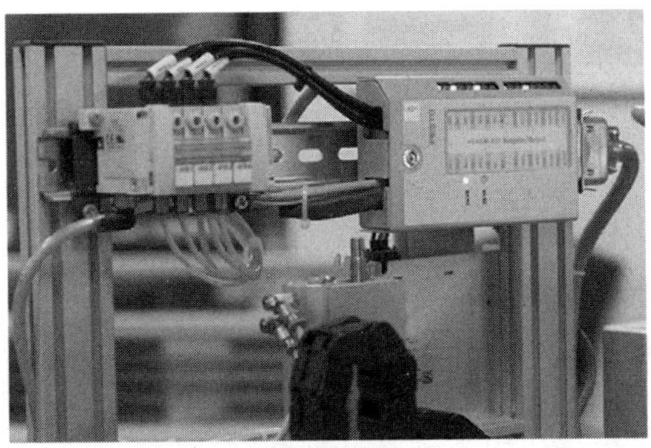

I/O应用模块

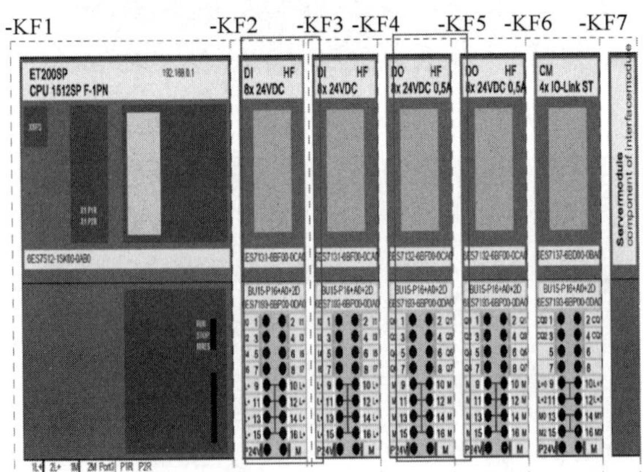

接第1个DI输入模块、第1个DO输出模块

图 2.2.6　I/O 应用模块与 PLC 实物连线

表 2.2.2　前 PCB-XZ1 端子连接

前 PCB-XZ1 端子	连线说明
X11	电源线与 I/O-Link 信号
X12	连接 HMI 触摸屏 15 芯电缆（包括电源、信号等）
X14	PLC 的 I/O 信号口
X15	PLC 的 I/O 信号口
X20	与后 PCB 连接 50 芯排线（包括电源、I/O-Link 信号、I/O 信号等）
X21	HMI 供电
X22	外部急停

4. 完成传输带基础组件背面电气接线

传输带基础组件背面电气接线如图 2.2.7～图 2.2.9 和表 2.2.3 所示。

图 2.2.7　传输带背面接线

图 2.2.8　后 PCB-XZ2 实物连线

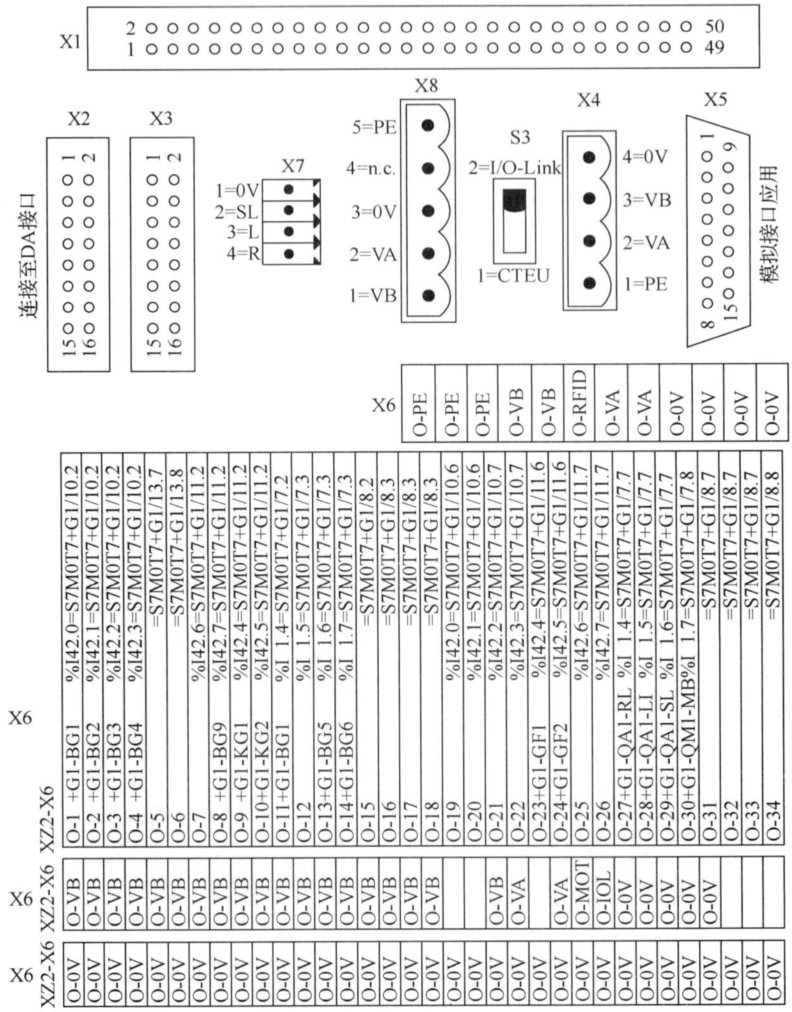

图 2.2.8（续）

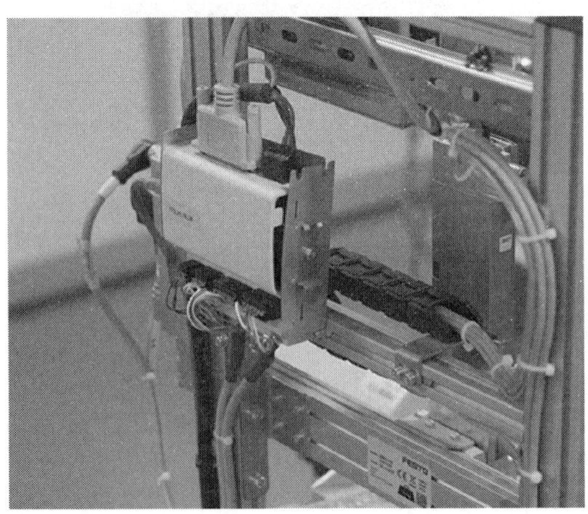

图 2.2.9　大功率应用模块（电机控制器）供电端（接后 PCB X8 端子）

表 2.2.3　后 PCB-XZ2 连接线说明 1

后 PCB-XZ2 端子	连线说明
X1	连接前 PCB 排线（包括电源、I/O-Link 信号、I/O 信号等）
X2	DA 接口连接 1（连接 I/O-Link 模块）
X3	DA 接口连接 2（连接 I/O-Link 模块）
X4	直流稳压电源输入端
X5	应用的模拟信号
X6	模拟量插座，如电容传感器、电感传感器、RFID 读写头等
X8	大功率应用模块供电端

5. 完成传输带基础组件网络接线

传输带基础组件网络接线如图 2.2.10 和表 2.2.4 所示。

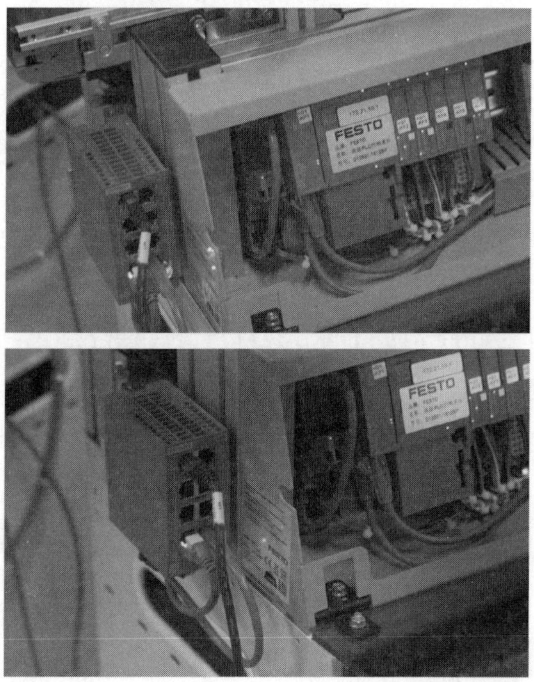

图 2.2.10　传输带基础组件网络接线

表 2.2.4　后 PCB-XZ2 连接线说明 2

后 PCB-XZ2 端子	连线说明
本站 PLC 网络接口	本站网络交换机，1 条
	触摸屏，1 条
	应用模块的电机控制器，1 条（视具体情况而定，可无）
本站网络交换机网络接口	本站 PLC，1 条
	上站交换机，1 条
	下站交换机，1 条
	中心站服务器，1 条（视具体情况而定，整个工业 4.0 实验室只有 1 条）

6. 完成传输带基础组件运行前检查

1）传输带 I/O 信号整体检查。

安装时按照工作流程进行，完成之后按照图 2.2.11 检查整体 I/O 连线。

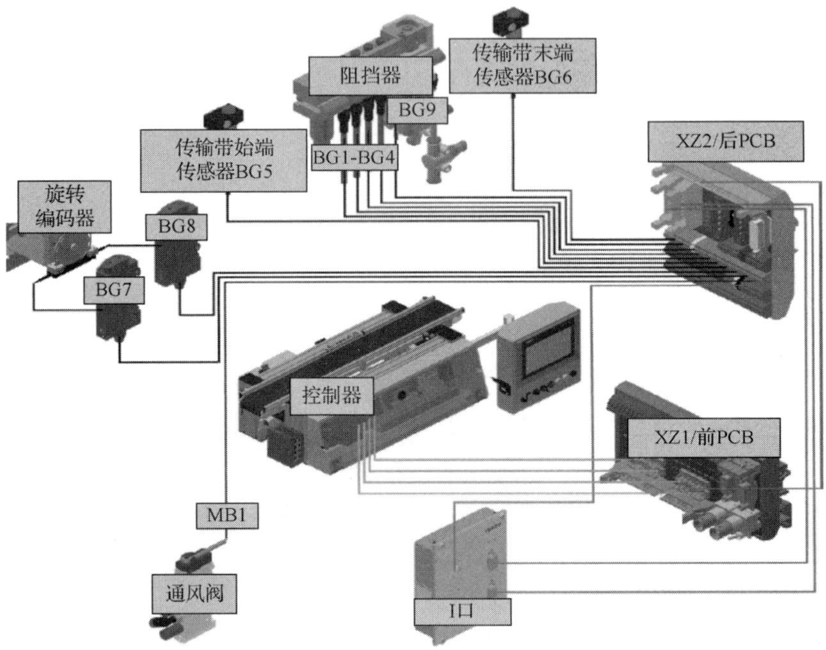

图 2.2.11　传输带 I/O 信号连线整体检查

2）HMI 触摸屏接线检查。

安装时按照工作流程进行，完成之后按照图 2.2.12 检查 HMI 触摸屏整体连线。

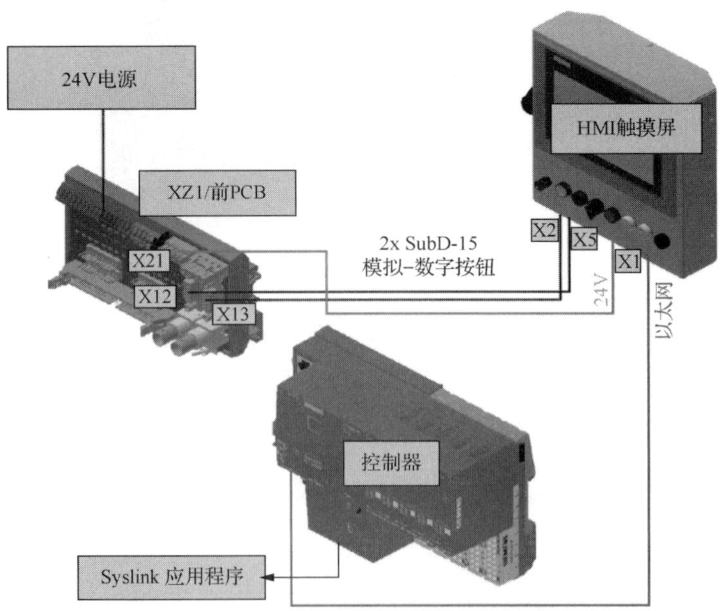

图 2.2.12　HMI 触摸屏连线整体检查

3）检查硬件运行前的安全性。

检测各电路的正确性，确保无误后再通电使用。

① 检查前盖料仓工作站的传输带基础组件，依次检查工具部件无遗漏、无杂物；硬件安装牢固；无接线错误、接线不牢；流量压力正常、阀门打开、指示正常；设备各部件正常，无损坏、无短路、无发热等不良现象。

② 检查激光测量工作站的传输带基础组件，依次检查工具部件无遗漏、无杂物；硬件安装牢固；无接线错误、接线不牢；流量压力正常、阀门打开、指示正常；设备各部件正常，无损坏、无短路、无发热等不良现象。

③ 检查钻孔加工工作站的传输带基础组件，依次检查工具部件无遗漏、无杂物；硬件安装牢固；无接线错误、接线不牢；流量压力正常、阀门打开、指示正常；设备各部件正常，无损坏、无短路、无发热等不良现象。

④ 检查工件输出工作站的传输带基础组件，依次检查工具部件无遗漏、无杂物；硬件安装牢固；无接线错误、接线不牢；流量压力正常、阀门打开、指示正常；设备各部件正常，无损坏、无短路、无发热等不良现象。

任务评价

任务评价表如表 2.2.5 所示。

表 2.2.5　任务评价表

基本信息	认知传输带基础组件的部件结构及电气接线任务					
	班级		学号		分组	
	姓名		时间		总分	
项目内容	评价标准		分值	自评	小组互评	教师评价
任务考核（60%）	描述传输带基础组件的部件结构		10			
	完成传输带基础组件电源接线		10			
	完成传输带基础组件正面电气接线		30			
	完成传输带基础组件背面电气接线		30			
	完成传输带基础组件网络接线		10			
	完成传输带基础组件运行前检查		10			
	总分		100			
素养考核（40%）	操作安全规范		20			
	遵守劳动纪律		20			
	分享、沟通、分工、协作、互助		20			
	资料查阅、文档编写		20			
	精益求精、追求卓越		20			
	总分		100			

任务拓展

1）描述电气结构装配规范。

2）使用电气设计软件 EPLAN 设计传输带基础组件的电源部分。

3）使用电气设计软件 EPLAN 设计传输带基础组件的 I/O 信号部分。

知识链接

知识点 2.2.1 电气装配技术规范

1. 作业前准备

1）作业资料：电气原理图、排版图、BOM 表等。直至项目结束，必须保证图纸的完整性、整洁性、过程信息记录的完整性。

2）作业场所：电气制作必须有固定的作业场所，如果暂时无固定的作业场所，电气组长必须创造作业场所，并保证作业场所的整齐、规范、有序。

3）电气材料：作业前，电气材料必须按时到位，如果有部分非决定性材料没有到位，可以按计划开始作业，然后填写材料催工单。

2. 排版布置

严格按照电气设计提供的排版图进行线槽、导轨、元器件等的排版布置。

（1）线槽

1）线槽应平整、无扭曲变形，内壁应光滑、无毛刺，线槽的连接应连续、无间断。

2）每节线槽的固定点不应少于 2 个，线槽长度在 400mm 以上时固定点不应少于 3 个，在转角、分支处和端部均应有固定点，并紧贴安装板面固定。

3）线槽接口应平直、严密，槽盖应齐全、平整、无翘角，线槽敷设水平允许偏差或垂直允许偏差为其长度的 2%，全长最大允许偏差为±2mm。

（2）导轨

1）导轨裁截口应平直并垂直于导轨，端头应倒角无毛刺。

2）导轨敷设时，两端与线槽间隙为（2±1）mm，同一直线的导轨不允许两段连接，每节导轨的固定点不应少于 2 个，导轨长度在 300mm 以上时固定点不应少于 3 个。

3）导轨敷设水平允许偏差或垂直允许偏差为其长度的 2%，全长最大允许偏差为±1mm。

（3）元件

1）电气元件的安装应符合产品使用说明书的规定。

2）紧固件安装的元件，应做成能在正面紧固及松托，各电气元件应能单独拆装更换，而不影响其他元件及导线束的固定，电气元件的紧固螺钉应符合产品说明书的规定，并设有弹簧垫圈及平垫圈的防松装置，元件的安装倾斜度不得大于 5°。

3）通过导轨卡座安装的元件，卡扣应完全卡住导轨，元件装卸卡扣应位于元件下方。

4）在元件安装过程中，应保持元件的整洁、无损伤，不受任何油污污染或受到额外的导线拉力，元件附件应齐全、完好。

5）元件安装后，应先用铅笔在安装板上相应位置写出代号，防止接线时引起错误，接线完成设上槽盖后，在槽盖上贴上元件标签，并擦除事先用铅笔写好的代号。

（4）端子排

1）端子排固定在安装板下方，采用 45° 导轨支撑铝型材，使端子排安装导轨与安装板和柜体下底板的夹角均为 45°，端子排与柜体下底板的直线距离为 30mm。

2）强弱电端子应分开布置，动力端子与线槽的直线距离为 30mm，控制端子与线槽的直线距离为 20mm。

3）端子排固定后，应穿上端子编号。

3. 接线

导线应严格按照图纸标识，被正确地接到指定的接线柱上。

（1）导线

1）主电路的导线截面面积按照图纸标识，控制电路的导线截面面积为 $1mm^2$，多芯电缆导线的截面面积为 $0.3mm^2$。

2）$4mm^2$（含）以上的导线为黑色 RV 类型，$4mm^2$ 以下的导线为白色 RV 类型，电缆的外皮颜色选择黑色。

3）剥除导线绝缘应采用专用剥线工具，不得损伤线芯，也不得损伤未剥除的绝缘，切口应平整。

4）设导线端部的绝缘剥除长度为 L，当导线端部插入端子时，L 取线芯插入管状接头套筒的长度 L_1 再加上 1～2mm，即 $L=L_1+$（1～2）。导线剥离后与端子压接时，所有的铜丝都必须穿过端子套筒，$0.5mm^2$ 以下的导线必须对折后穿过端子套筒。

5）无法使用端子的导线接头，绝缘剥除后应敷上焊锡，导线敷设时不得中间对接，在特殊场合需要对接时，必须使用焊接的方式，焊接后加热缩管保护。

6）导线与元件连接时，应选择最短路径，柜内 PLC 输入回路的布线尽量不与主回路及其他电压等级回路的控制线同线槽敷设。

7）导线与面板元件连接，面板无线槽的，应使用缠绕管保护。面板线束与柜内连接，应考虑柜门开关时线束不得有受到摩擦的现象。

8）避免将几根导线接到同一接线柱上，元件上同一接线柱的导线接头不得超过 2 个，当 2 个导线接头接到同一接线柱上时，接触应平贴、良好。

9）同一线号的导线较多而无法全部在接线柱上紧固时，可以使用结束端子多根压接，但这种做法只适合控制导线。

10）导线与接插件之间的焊接，应在导线与接插件上先敷上焊锡，焊接均应牢固可靠，焊接处必须使用热缩管保护。

11）导线在线槽中敷设应平整、放松，不得使导线受到额外的拉力和压力，也不得将导线在线槽中挤成一团。

（2）端子

1）导线与元件连接处，必须压上冷压端子，除特殊情况外，不得将导线剥除后，直接接到器件上。

2）端子的线号管直径必须和导线相匹配，连接口形状必须和元件接线柱相匹配，控制电路可使用叉形端子；电机端子、加热电源端子、接地端子和一些主电路端子必须使用环形端子，以增大接触面积；有些接插件必须使用针形端子。

3）端子压接必须使用专用的端子压钳，压接时使用的压接口必须和端子相匹配，压接后，导线与端子之间必须接触良好、牢固。

4）导线端子压接后，与元件连接时，应穿过最近距离的线槽齿，与元件端面夹角保持在 90°，倾斜度不得超过 5°。

5）端子与元件接线柱连接时，应尽量插入接线柱，接触应平贴、良好，螺钉紧固使用的扭力应恰当。

6）所有的端子上都必须套上线号套管，主回路端子压接后无法套上套管的，应使用热缩管保护。

（3）线号套管

1）线号套管有两个作用：一是保护裸端子压接部分的绝缘，二是标记导线线号。

2）线号套管的选择必须与导线截面相匹配，打印导线编号时，选择的字体大小必须与套管的管径相匹配。

3）控制电路线号长度一般为 25mm，主电路套管直径为 5mm 的线号长度为 30mm。

4）端子压接前，必须首先套上打印好的线号套管，套管应套住裸端子套筒部分超出 1～1.5mm，字体方向与元件正面平行。

5）端子紧固后，对应的线号从竖直方向看时，呈从下向上的阅读流向；从水平方向看时，呈从左向右的阅读流向。

6）每一条导线两端的线号是唯一的，严禁一条导线套有不同的线号。

7）当导线截面较大而无法选择相应的套管时，可使用尼龙扎带将套管固定在导线上，阅读流向同 5)，电缆的标记也采用相同的方法。

4. 外部元件与线缆敷设

1）柜体外部元件通过端子排或电缆接插件与柜体构成电气连接。

2）外部元件的固定位置应准确、牢固，连接线缆固定位置要避免受到运动机械零件的摩擦。

3）加热元件的连接必须使用高温线，并使用耐高温接插件连接。

4）外部元件必须通过中间端子盒，中间端子盒再通过电缆与柜体连接，严禁采用导线直接对接的方式连接外部元件。

5）自带导线的元件，当其导线较短时，可使用公母型子弹头端子连接。

6）电缆剥离后，其剥离处必须使用热缩管加以保护，所有连接导线都必须压有端子并标记线号。

7）线缆应使用匹配的电缆套管保护，布置时应排列整齐、编号清晰、避免交叉，并应固定牢固，不得使所接的端子排受到机械力。

8）电缆与接插件连接时，与接插件出线夹的夹合力要恰当，过松会使导线拽脱，过紧会夹断导线。

5. 检查工作

1）检查连接导线的型号、规格、使用的正确性。

2）检查各个元件型号和图纸是否与材料表相符，元件整定值是否与保护值相符。

3）检查线端接头的制作质量，连接应牢固。

4）检查紧固螺钉及接线柱螺钉是否有松动。

5）检查线端标记的正确性及完整性。

6）检查导线布置和捆扎的质量。

7）当用万用表电阻挡检查线路时，应检查一路断开一路，以防止假回路的产生。

8）当用万用表电阻挡检查线路时，要断开变压器端子的一端。

9）检查主电路的相位连接，以及接地线的连接。

10）作业完成后必须清洁柜内的铁屑、线皮等杂物，不得采用压缩空气吹洗，应使用吸尘器或磁铁的方式清理。

11）通电时必须至少有两人在场，初次通电检查时，不要同时合上两个回路。

12）先检查所有电源回路电压，再检查控制电路传感器动作情况。

知识点 2.2.2 电气装配工作流程

1. 装配前的准备工作

在装配一个电气设备时，准备工作尤为重要，这里主要介绍装配前需要哪些准备工作。一般包括 BOM 物料领取、电气工具准备、电气图纸领取及识图分析。

1）BOM 物料领取：需要对照 BOM 物料清单核对电气物料的各项信息，包括名称、规格、数量、单位。如出现不匹配，应立即和发料人进行确认核对。

2）电气工具准备：需要将自己需要的电工工具进行提前检查，主要检查工具有无损坏、有无缺失，以免在工作过程中找不到而降低效率。特别是电动工具（如手电钻、打磨机）、电烙铁等，检查插头有无损坏，防止触电或其他重大事故的发生。

3）电气图纸领取及识图分析：拿到图纸后仔细、认真地查看电气图纸的主电路图、布局图和接线图，查看每个元器件的型号规格、图纸上的工艺要求标准，查看控制接线图 I/O、电源等有无错误，特别是 PLC 输入和输出的电源线。

2. 电控板制作

按照电气图纸中的布局图，将各个元器件安全合理地安装在电控底板上，严格按照安装工艺、接线工艺完成电控板的制作，并将其安装在电控柜内。

3. 整机配线连接

整机配线是在电控板制作完成后，需要将整台设备的其他所有线接进电控柜内，用以控制整个设备。首先要做的是一次接线，指的是先将主控电路按照图纸完成接线，如 24V 电源线、按钮控制等；其次是二次接线，主要是将各个工位的 I/O 信号线接进电控柜内。

4. 安全检查

当完成整机接线工作后，用万用表检查强弱电有无短路，检查 PLC、继电器等元器件的电源是否接反。

5. 元器件整定及理线检查

元器件整定及理线检查主要是对安装的所有元器件进行再一次整理和安全检查，查看元器件的安装是否牢固，接线端子是否牢固，接线工艺是否标准；整机的走线、布线要合理、安全，确保不露线、不掉线、不断线。

6. 配合调试

将各个工位的感应器（如磁性开关、光电开关）调试到工作位置，调试各个 I/O 信号，确保无接错。

7. 安全标识及铭牌安装

设备安全标识一般是警示类标识，如在电源开关、门把手等位置安装“防止触电”标识，在机械设备常动作的位置安装“当心夹手”标识，以及安装代表设备身份的铭牌。

8. 设备收尾

做好设备 6S 管理工作，对设备进行清扫、清洁，对移动的工位进行固定，将设备触摸屏、蘑菇头按钮等进行包裹固定，设备上下 4 个角也需要用泡棉包好。

知识点 2.2.3 电气设备制图软件 EPLAN

EPLAN 是一款电气绘图软件，EPLAN 作为电气计算机辅助设计时代的先锋，为电气规划、工程设计和项目管理领域提供智能化软件解决方案和专业化服务。EPLAN 可适用多种多样电气设备标准，如国际电工委员会（International Electrotechnical Commission，IEC）电气符号标准、德国标准化学会（Deutsches Institut für Normung e.V.，DIN）电气符号标准等，而且每一种标准下边都有相应的电路原理图符号库，如各种各样汽车继电器电磁线圈、接触点等。

EPLAN 是以电气设计为基础的跨专业的设计平台，包括电气设计、流体设计、仪表设计等。EPLAN 拥有一个家族系列产品，其产品系列丰富，主要有 EPLAN Electric P8、EPLAN Fluid、EPLAN PPE 和 EPLAN Pro Panel 等，这 4 个产品被认为是面向工厂自动化设计的，也形象地被称为工厂设计自动化的帮手。从标准来看，EPLAN 符合几大国际设计标准，如 IEC、GB 等。

EPLAN 的优势在于：包含多种标准的模板、符号库、图框及表格数据，能帮助工程师快速完成电气原理图的标准化设计；具备自动检查功能，能帮助工程师在设计过程中检查人为错误及电气逻辑错误；具有自动生成各类工程报表的功能，能帮助工程师减少复杂而烦琐的工程数据统计工作。

EPLAN Electric P8：面向电气及自动化系统集成的设计工具。

EPLAN Fluid：液压、气动、冷却和润滑设计工具。

EPLAN PPE：面向过程控制和仪表控制设计的软件。

EPLAN Pro Panel：盘柜 3D 设计、仿真工具。

工作手册

姓名：	学号：	班级：	日期：
2.2　认知传输带基础组件的部件结构及电气接线工作手册			

任务接收

表 2-2-1　任务分配表

序号	角色	姓名	学号	分工
1	组长			
2	组员			
3	组员			
4	组员			
5	组员			

任务准备

表 2-2-2　工作方案设计表

序号	工作内容	负责人
1		
2		
3		
4		
5		

表 2-2-3　实训设备、工具与耗材清单

序号	名称	型号与规格	数量	备注
1				
2				
3				
4				
5				
6				
7				
领取人：　　　　归还人：				

课堂笔记

任务实施

（1）描述传输带基础组件的部件结构

表 2-2-4　任务实施表 1

序号	描述传输带基础组件的部件结构
1	
2	
3	
4	
5	

（2）完成传输带基础组件的电源接线

安装时按照工作流程进行，每个步骤确保检查无误后再进行下一步的安装。

表 2-2-5　任务实施表 2

过程检查				
检查内容（正常打“√”，不正常打“×”并检查更正）				
项目	安装过程中无器件遗漏、无杂物	硬件安装正确	直流稳压电源安装牢固	电源输出线安装牢固
传输带基础组件的电源接线				

（3）完成传输带基础组件正面电气接线

安装时按照工作流程进行，每个步骤确保检查无误后再进行下一步的安装。

表 2-2-6　任务实施表 3

过程检查				
检查内容（正常打“√”，不正常打“×”并检查更正）				
项目	安装过程中无器件遗漏、无杂物	硬件安装正确	所有部件安装牢固	相关输出线安装牢固
传输带基础组件正面电气接线				

（4）完成传输带基础组件背面电气接线

安装时按照工作流程进行，每个步骤确保检查无误后再进行下一步的安装。

课堂笔记

表 2-2-7 任务实施表 4

过程检查				
检查内容（正常打“√”，不正常打“×”并检查更正）				
项目	安装过程中无器件遗漏、无杂物	硬件安装正确	所有部件安装牢固	相关输出线安装牢固
传输带基础组件背面电气接线				

（5）完成传输带基础组件网络接线

安装时按照工作流程进行，每个步骤确保检查无误后再进行下一步的安装。

表 2-2-8 任务实施表 5

过程检查				
检查内容（正常打“√”，不正常打“×”并检查更正）				
项目	安装过程中无器件遗漏、无杂物	硬件安装正确	所有部件安装牢固	相关输出线安装牢固
传输带基础组件网络接线				

课堂笔记

（6）完成传输带基础组件的运行前检查

连接硬件电路，检测各电路的正确性，确保无误后通电使用。

表 2-2-9 任务实施表 6

完成传输带基础组件的运行前检查					
检查内容（正常打“√”，不正常打“×”）					
检查模块	工具部件无遗漏、无杂物	硬件安装牢固	无接线错误、接线不牢	流量压力正常、阀门打开、指示正常	检查设备各部件正常，无损坏、无短路、无发热等不良现象
前盖料仓工作站的传输带基础组件					
激光测量工作站的传输带基础组件					
钻孔加工工作站的传输带基础组件					
工件输出工作站的传输带基础组件					
负责人				验收签字	

<table>
<tr><td>

任务拓展

1）描述电气结构装配规范。

2）使用电气设计软件 EPLAN 设计传输带基础组件的电源部分。

3）使用电气设计软件 EPLAN 设计传输带基础组件的 I/O 信号部分。

课后作业

小组合作，用 PPT 展示以下任务：

1）描述传输带基础组件的硬件结构。

2）描述及连接电源供电连接。

3）描述及连接传输带 I/O 信号。

4）描述及连接 HMI 触摸屏 I/O 信号。

5）描述及连接网络信号。

</td><td>课堂笔记</td></tr>
</table>

项目3 认知料仓工作站

>>>>

◎ 项目导入

自“十四五”规划纲要提出“制造业要补链强链延链”以来，工业产业链、供应链的安全与稳定一直备受关注。我国2022年政府工作报告中指出，“增强制造业核心竞争力，促进工业经济平稳运行，加强原材料、关键零部件等供给保障，实施龙头企业保链稳链工程，维护产业链、供应链安全稳定。”

在工业领域，由于行业自身的特殊性，工业供应链体系高度复杂，需要更加合理与高效的产业协同和资源配置来维护产业链、供应链的安全与稳定。

本项目将详细介绍工业4.0之前盖料仓工作站。料仓工作站是指输出物料的设备，为了保证其供给稳定、可靠，在生产时需要爱惜物料，经常保养设备。

◎ 学习目标

知识目标	1. 理解前盖料仓工作站的功能和结构； 2. 了解前盖料仓工作站的工作流程
能力目标	1. 能够熟练拆卸、装配前盖料仓工作站的机械结构； 2. 能够熟练装配前盖料仓工作站的电气结构
素养目标	1. 树立安全意识、环保意识、数据意识、质量意识； 2. 培养遵规守纪、认真负责、严于律己的职业精神

任务 3.1 认知前盖料仓工作站

任务描述

某工厂使用一套工业 4.0 系统，其中装配有前盖料仓工作站（图 3.1.1）。前盖料仓工作站为 CP Lab 系统生产工序中的第一个工作站。

微课：初识料仓工作站

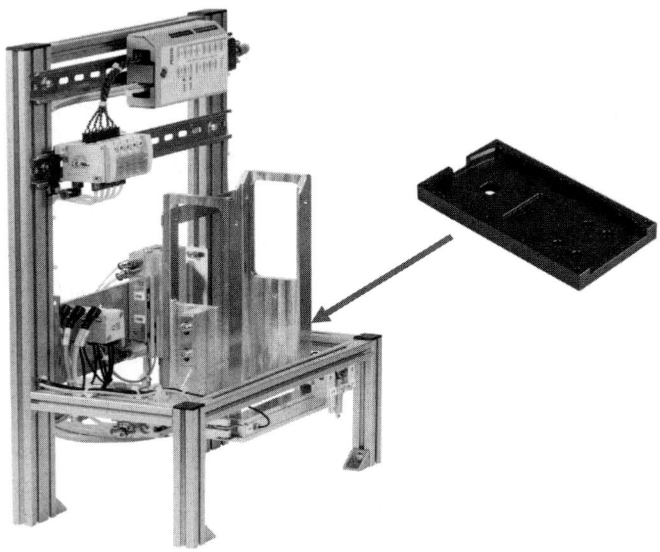

图 3.1.1　前盖料仓工作站

在本任务中，需要描述前盖料仓工作站的整体功能、硬件结构、运行工作流程，完成小车在前盖料仓工作站上的启动、阻挡停止、下料、放行工作流程。

注意： 工件需要被手动加入料仓中；料仓为垂直结构，工件垂直叠放；工件手动加入时，正反、前后方向有要求；料仓每次释放一个工件；传输带上的小车和托盘到位后，方可释放工件。

任务要求

1）描述前盖料仓工作站的整体功能。

2）描述前盖料仓工作站的硬件结构。

3）描述前盖料仓工作站的运行工作流程。

4）手动操作，完成小车启动、阻挡停止、下料、放行工作流程。

任务准备

1）作业资料：电气原理图、排版图、BOM 表、工作手册等，保证完整。

2）作业场所：保证作业场所的整齐、规范、有序。

3）电气材料：料仓工作站 1 套、内六角扳手 1 套、一字螺钉旋具 1 套。作业前，电气材料必须按时到位。

任务实施

本任务主要认知前盖料仓工作站，具体为描述前盖料仓工作站的整体功能、硬件结构、运行工作流程，手动操作完成料仓下料的工作流程。

任务实施步骤如下：

1）描述前盖料仓工作站的整体功能。

2）描述前盖料仓工作站的硬件结构。

3）描述前盖料仓工作站的运行工作流程。

4）检查硬件运行前的安全性。

检测各电路的正确性，确保无误后再通电使用。

① 检查前盖料仓工作站，依次检查工具部件无遗漏、无杂物；硬件安装牢固；无接线错误、接线不牢；流量压力正常、阀门打开、指示正常；设备各部件正常，无损坏、无短路、无发热等不良现象。

② 检查激光测量工作站，依次检查工具部件无遗漏、无杂物；硬件安装牢固；无接线错误、接线不牢；流量压力正常、阀门打开、指示正常；设备各部件正常，无损坏、无短路、无发热等不良现象。

③ 检查钻孔加工工作站，依次检查工具部件无遗漏、无杂物；硬件安装牢固；无接线错误、接线不牢；流量压力正常、阀门打开、指示正常；设备各部件正常，无损坏、无短路、无发热等不良现象。

④ 检查工件输出工作站，依次检查工具部件无遗漏、无杂物；硬件安装牢固；无接线错误、接线不牢；流量压力正常、阀门打开、指示正常；设备各部件正常，无损坏、无短路、无发热等不良现象。

5）手动操作完成小车工作流程。操作前盖料仓工作站的传输带基础组件，依次手动实现传输带正转、传输带反转、小车进入传输带、阻挡器阻挡小车、阻挡器放行小车、小车离开传输带、传输带停止、传输带减速运行。

任务评价

任务评价表如表 3.1.1 所示。

表 3.1.1　任务评价表

基本信息	认知前盖料仓工作站任务					
	班级		学号		分组	
	姓名		时间		总分	
项目内容	评价标准		分值	自评	小组互评	教师评价
任务考核（60%）	描述前盖料仓工作站的整体功能		20			
	描述前盖料仓工作站的硬件结构		20			
	描述前盖料仓工作站的运行工作流程		20			
	手动操作完成前盖料仓工作站的工作流程		40			
	总分		100			
素养考核（40%）	操作安全规范		20			
	遵守劳动纪律		20			
	分享、沟通、分工、协作、互助		20			
	资料查阅、文档编写		20			
	精益求精、追求卓越		20			
	总分		100			

任务拓展

利用上位机实现前盖料仓工作站运行。

知识链接

知识点 3.1.1　料仓工作站的主要功能

料仓工作站的主要功能为存储工件（即手机前盖），并向小车上释放、供给工件。

知识点 3.1.2　料仓工作站的硬件结构

料仓工作站的整体实物如图 3.1.2 所示，其硬件结构包括料仓（图 3.1.3）、滑台气缸（图 3.1.4）、电磁阀岛、料仓对射型传感器、托盘对射型传感器、进给分离器（分料气爪）（图 3.1.5）、I/O 接口盒，以及其他的相关部件等。

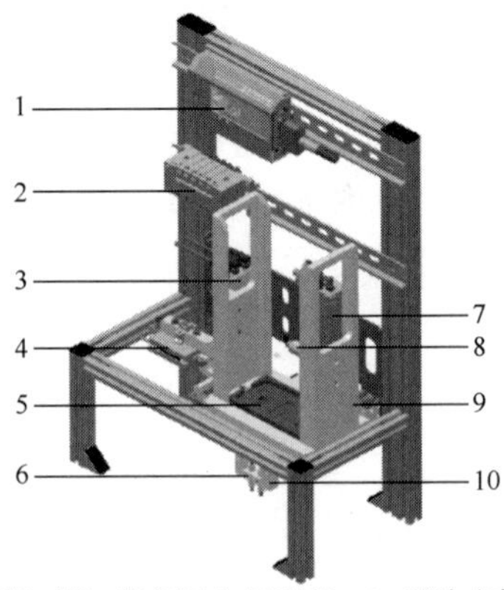

1—I/O 接口盒；2—电磁阀岛；3—料仓对射型传感器（检测料仓有无料）；4—进给分离器（分料气爪）；5—料仓中工件；6—托盘对射型传感器（检测托盘上是否有工件）；7—滑台气缸；8—末端锁定气缸；9—料仓；10—小车对射型传感器（检测小车上是否有托盘）。

图 3.1.2　料仓工作站的整体实物

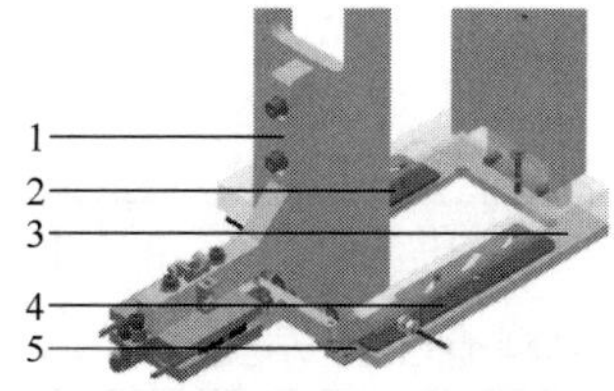

1—气缸安装支架；2—左嵌入垫片；3—框架；4—右嵌入垫片；5—分离片（包括分料片和放料片，两者形状完全一样）。

图 3.1.3　料仓实物

注：前盖料仓与后盖料仓的硬件组成相同，只是由于前后盖厚度不同（后盖薄），后盖料仓模块需要把黄铜嵌入垫片放置到最下层。

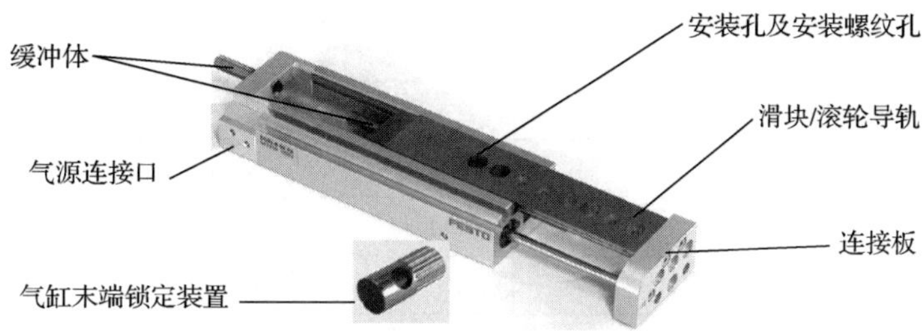

图 3.1.4　料仓滑台气缸模块实物

主要技术参数		
规格	10	14
气接口	M5/M3	M5/M5
工作模式	双作用	
工作介质	压缩空气，润滑或未润滑	
结构特点	双活塞	
	活塞杆	
	锁定机构	
	看扭转	
抗扭转/导轨	方形柱塞	
最大可互换性 [mm]	0.3	
缓冲	无	
位置感测	通过接近开关	
安装方式	通过通孔	
	通过内螺纹	
安装位置	任意	

图 3.1.5　进给分离器 HPV 实物

不锈钢制的进给分离活塞相当于手指，特别适用于需耐腐蚀的应用场合。最重要的一点是，进给分离器 HPV（high pressure volumetric，高压容积）只需一个阀就可驱动。其内部结构能保证其自动控制整个分离过程。

工作手册

姓名：	学号：	班级：	日期：
3.1　认知前盖料仓工作站工作手册			

任务接收

表 3-1-1　任务分配表

序号	角色	姓名	学号	分工
1	组长			
2	组员			
3	组员			
4	组员			
5	组员			

任务准备

表 3-1-2　工作方案设计表

序号	工作内容	负责人
1		
2		
3		
4		
5		
6		

课堂笔记

表 3-1-3　实训设备、工具与耗材清单

序号	名称	型号与规格	数量	备注
1				
2				
3				
4				
5				
6				
7				
领取人：　　　　归还人：				

任务实施

（1）描述前盖料仓工作站的整体功能

表 3-1-4　任务实施表 1

序号	描述前盖料仓工作站的整体功能
1	存储__________
2	释放__________
3	控制__________运行
4	提供__________界面
5	其他注意事项：

（2）描述前盖料仓工作站的硬件结构

表 3-1-5　任务实施表 2

序号	描述前盖料仓工作站的硬件结构	
1	前盖料仓工作站硬件整体结构	
2	前盖料仓工作站背面硬件元器件	
3	前盖料仓工作站正面硬件元器件	
4	前盖料仓工作站侧面硬件元器件	

（3）描述前盖料仓工作站的运行工作流程

表 3-1-6　任务实施表 3

描述前盖料仓工作站的运行工作流程			
负责人		验收签字	

（4）检查硬件运行前的安全性

连接硬件电路，检测各电路正确性，确保无误后通电使用。

表 3-1-7　任务实施表 4

检查硬件运行前的安全性					
检查内容（正常打“√”，不正常打“×”）					
检查模块	工具部件无遗漏、无杂物	硬件安装牢固	无接线错误、接线不牢	流量压力正常、阀门打开、指示正常	检查设备各部件正常，无损坏、无短路、无发热等不良现象
前盖料仓工作站					
激光测量工作站					
钻孔加工工作站					
工件输出工作站					
负责人				验收签字	

课堂笔记

（5）手动操作完成小车工作流程

完成小车启动、阻挡停止、下料、放行等功能。

表 3-1-8 任务实施表 5

手动操作完成小车工作流程							
检查内容（正常打“√”，不正常打“×”）							
检查项目	小车进入传输带	阻挡器阻挡小车	料仓下降至放料位置	前盖料仓放置在工件载体上	料仓上升至起始位置	阻挡器放行小车	小车离开传输带
料仓中有前盖 小车中有托盘 托盘中有工件							
料仓中有前盖 小车中有托盘 托盘中无工件							
料仓中有前盖 小车中无托盘 托盘中无工件							
料仓中无前盖 小车中有托盘 托盘中有工件							
其他							

任务拓展

利用上位机实现前盖料仓工作站运行。

课后作业

小组合作，用 PPT 展示以下任务：

1）描述前盖料仓工作站的整体功能。

2）描述前盖料仓工作站的硬件结构。

3）描述前盖料仓工作站的运行工作流程。

4）手动操作，完成小车启动、阻挡停止、下料、放行工作流程。

课堂笔记

任务 3.2

前盖料仓工作站之料仓组装

任务描述

在本任务中，需要描述料仓的组成并安装料仓。

微课：料仓工作站之料仓组装

任务要求

1）描述前盖料仓工作站料仓的组成。

2）描述前盖料仓工作站料仓的安装工作流程。

3）安装前盖料仓工作站的料仓。

任务准备

料仓工作站 1 套、内六角扳手 1 套、斜口钳 1 把、扎带若干只（3×200mm）。部分材料如图 3.2.1 所示。

（a）部分料仓原材料　　（b）扎带

图 3.2.1　任务准备

任务实施

本任务主要组装前盖料仓工作站，具体为描述前盖料仓工作站的组成并安装料仓。

任务实施步骤如下：

1）描述前盖料仓工作站的组成。

2）描述前盖料仓工作站料仓的安装工作流程。

3）安装料仓。

安装时按照工作流程进行，每个步骤确保检查无误后再进行下一步的安装。

任务评价

任务评价表如表 3.2.1 所示。

表 3.2.1　任务评价表

基本信息	前盖料仓工作站之料仓组装任务					
	班级		学号		分组	
	姓名		时间		总分	
项目内容	评价标准		分值	自评	小组互评	教师评价
任务考核（60%）	描述前盖料仓工作站的组成		20			
	描述前盖料仓工作站料仓的安装工作流程		30			
	安装料仓		50			
	总分		100			
素养考核（40%）	操作安全规范		20			
	遵守劳动纪律		20			
	分享、沟通、分工、协作、互助		20			
	资料查阅、文档编写		20			
	精益求精、追求卓越		20			
	总分		100			

任务拓展

先拆卸前盖料仓工作站，并再次装配前盖料仓工作站。

知识链接

知识点 3.2.1　料仓工作站实现分料

料仓内部的垂直方向上可以放置工件。通常，工件的放置方法是孔朝左；如果孔朝右，那么下一站检测时会认为该工件不合格。将工件放置进去后，前盖工件在料仓底部被卡住，落不下去。料仓工作站在垂直方向可以叠放多个前盖工件。

分料时，首先分料气爪动作，然后由分料气爪驱动分料片（即其中的铁片）动作来实现分料。分料片共有上、下两组，每组左、右各一片。通过分料片的张开、闭合动作，把堆叠在一起的工件逐个释放到料仓工作站模块下方的小车上。综上，料仓工作站是通过这两组分料片及其驱动机构（即分料气爪）来实现分料的。

分料气爪磁性开关实物如图 3.2.2 所示。单向节流阀实物如图 3.2.3 所示。

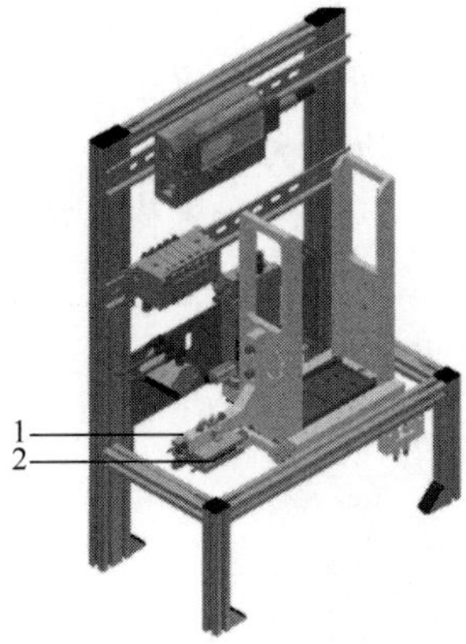

1—分料气爪打开位置磁性开关；
2—分料气爪关闭位置磁性开关。

图 3.2.2　分料气爪磁性开关实物

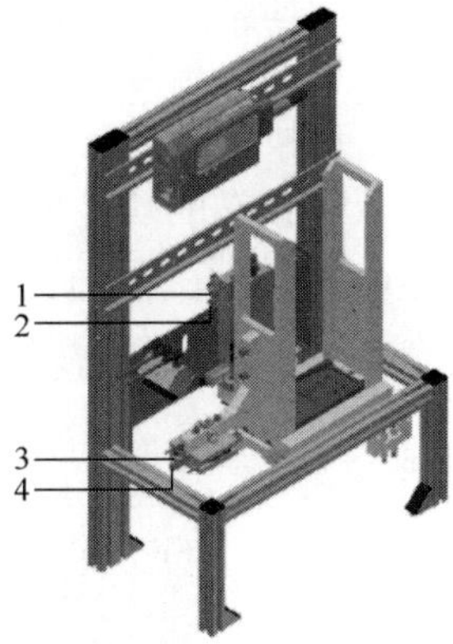

1—垂直气缸单向节流阀-1；2—垂直气缸单向节流阀-2；
3—分料气爪单向节流阀-1；4—分料气爪单向节流阀-2。

图 3.2.3　单向节流阀实物

知识点 3.2.2　滑台气缸及料仓气缸磁性开关

在料仓的后方有垂直安装的料仓滑台气缸，用于驱动料仓的上升和下降。在默认情况下，料仓停在滑台的上方。当小车到达料仓正下方并需要供料时，滑台气缸就驱动整个料仓向下移动，靠近小车；然后分料气爪动作，并带动分料片动作实现分料，把料落到小车上。

料仓气缸磁性开关实物如图 3.2.4 所示。

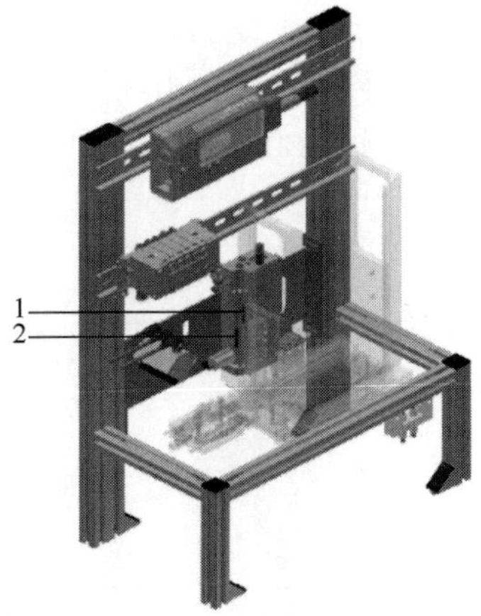

1—料仓气缸上位置磁性开关；2—料仓气缸下位置磁性开关。

图 3.2.4　料仓气缸磁性开关实物

知识点 3.2.3　电磁阀岛

气抓手、滑台气缸等执行元件的相应动作是由它们上方的电磁阀岛来控制实现的。PLC 给电磁阀岛电信号，由电磁阀岛控制外部气体的通断来实现执行元件的相应动作，即把电信号转换成气体的通断来驱动执行装置（如分料气爪、滑台气缸）动作，以此来实现料仓的上升与下降，以及分料等具体动作。为了方便调试，电磁阀岛上设置了手动按钮，可以使用工具操作手动按钮切换信号的方向，来切换执行装置的动作状态。

电磁阀岛从左到右的功能依次为：料仓上移、料仓下移、分料片工作、放料片工作、夹紧装置工作，如图 3.2.5 所示。

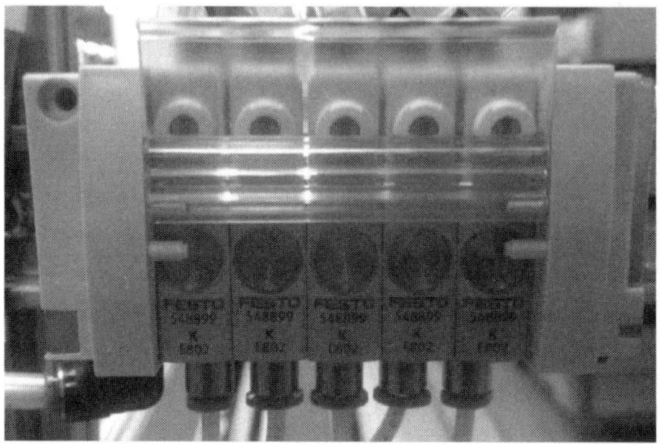

图 3.2.5　电磁阀岛实物

知识点 3.2.4　光纤传感器

除了垂直气缸及分料气爪，还有两对光纤传感器（图 3.2.6 和图 3.2.7）。它们是发红光的对射型传感器，分别是 BG7、BG8。BG7 传感器用来检测小车上有无托盘。事实上，小车上首先会放置托盘，再在其上放置工件。当小车上有托盘时，BG7 传感器能检测到。BG8 传感器用来检测托盘上有无工件，即托盘上是否已经有手机前盖工件。如果已经有前盖工件，那么 BG8 传感器就能检测到，这样就不满足出料条件。出料条件是，BG7 传感器检测并确认小车上有托盘，同时 BG8 传感器检测并确认小车上无工件。这样，才能满足出料的加工条件，料仓就可以向小车释放一个工件。这是料仓工作站的加工流程。

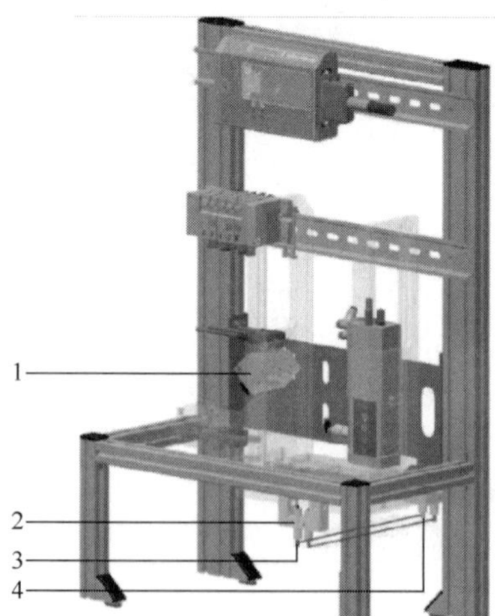

1—光纤传感器本体；2—光纤头安装架（可调节高度和角度）；3—发射头；4—接收头。

图 3.2.6　光纤传感器实物

1—检测料仓是否有工件；2—检测托盘上是否有工件；3—检测小车上是否有托盘。

图 3.2.7　光纤传感器的布置使用

知识点 3.2.5　I/O 接口盒

在料仓工作站上方有一个 I/O 接口盒，其作用是把电磁阀岛、光电传感器、气缸上的磁性传感器等的 I/O 信号转换成一个 Syslink 电缆信号，即将 8 入 8 出的数字量信号电缆连接输出到 PLC，实现信号的电气连接。

安装应用模块时，先将 M5 弹簧螺母放入型材槽，然后调整螺母到合适距离将其固定，连接气源到电磁阀岛。

I/O 接口盒的安装布置如图 3.2.8 所示。

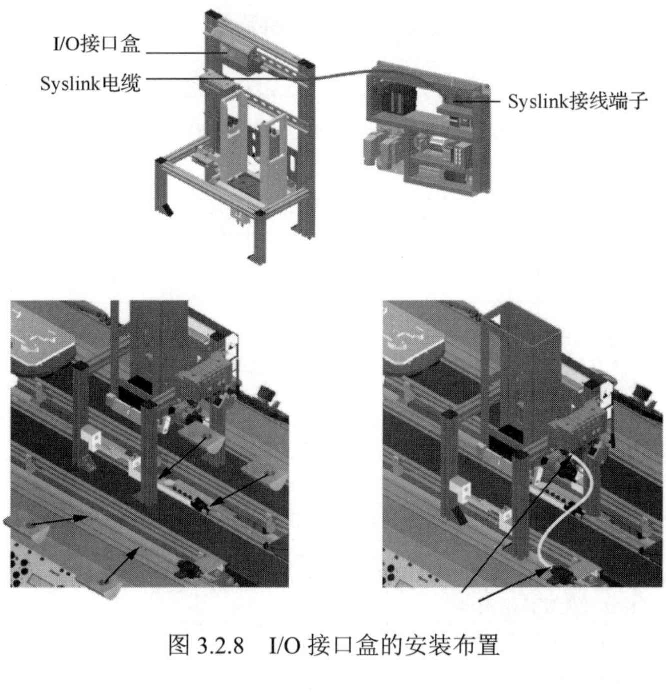

图 3.2.8　I/O 接口盒的安装布置

工作手册

姓名：	学号：	班级：	日期：
3.2　前盖料仓工作站之料仓组装工作手册			

课堂笔记

任务接收

表 3-2-1　任务分配表

序号	角色	姓名	学号	分工
1	组长			
2	组员			
3	组员			
4	组员			
5	组员			

任务准备

表 3-2-2　工作方案设计表

序号	工作内容	负责人
1		
2		
3		
4		

表 3-2-3　实训设备、工具与耗材清单

序号	名称	型号与规格	数量	备注
1				
2				
3				
4				
5				
6				
7				
领取人：　　　　　　归还人：				

任务实施

（1）描述前盖料仓工作站的组成

表 3-2-4　任务实施表 1

序号	描述前盖料仓工作站的组成	
1	前盖料仓工作站硬件整体结构	
2	前盖料仓工作站背面硬件元器件	
3	前盖料仓工作站正面硬件元器件	
4	前盖料仓工作站侧面硬件元器件	

（2）描述前盖料仓工作站料仓安装工作流程

表 3-2-5　任务实施表 2

描述前盖料仓工作站料仓安装工作流程
（1）准备料仓元件 步骤：
（2）安装料仓托板 步骤：
（3）安装料仓支架 步骤：
（4）安装分料气爪 步骤：
（5）安装滑台气缸 步骤：
（6）固定料仓 步骤：

（3）安装料仓

安装时按照工作流程进行，每个步骤确保检查无误后再进行下一步的安装。

表 3-2-6　任务实施表 3

安装料仓过程检查				
检查内容（正常打“√”，不正常打“×”并检查更正）				
安装项目	安装过程中无器件遗漏、无杂物	硬件安装正确	硬件安装牢固	分离片可拉出、收回，活动自如无阻碍
准备料仓元件				
安装料仓托板				
安装料仓支架				
安装分料气爪				
安装滑台气缸				
固定料仓				

课堂笔记

任务拓展

先拆卸前盖料仓工作站，并再次装配前盖料仓工作站。

课后作业

小组合作，用 PPT 展示以下任务：

1）描述前盖料仓工作站的组成。

2）描述前盖料仓工作站料仓的安装工作流程。

3）呈现前盖料仓工作站料仓的安装过程。

课堂笔记

任务 3.3 认知 RFID 传感器

任务描述

在 CP Lab 系统中，每个工作站均配有 RFID 传感器，这些传感器安装在传输带基础组件的传输带旁边，用于在信息标签之间进行非接触式的数据通信，达到识别加工目标的目的。在本任务中，需要依托料仓工作站，描述 RFID 传感器的工作原理并安装 RFID 传感器。

微课：料仓工作站之 RFID 传感器

任务要求

1）描述 RFID 传感器的工作原理。

2）安装 RFID 传感器。

任务准备

料仓工作站 1 套（图 3.3.1）、RFID 传感器 1 个（图 3.3.2）、内六角扳手 1 套。

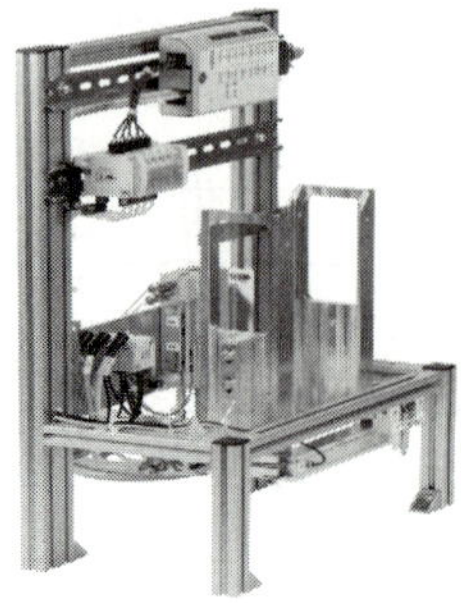

图 3.3.1　前盖料仓工作站

图 3.3.2　RFID 传感器

任务实施

本任务主要安装 RFID 传感器，具体为描述 RFID 传感器的工作原理并安装 RFID 传感器。

任务实施步骤如下：

1）描述 RFID 传感器的工作原理。

2）描述 RFID 传感器的安装工作流程。

3）安装 RFID 传感器，如图 3.3.3 所示。

安装 RFID 传感器时按照工作流程进行，每个步骤确保检查无误后再进行下一步的安装。

图 3.3.3　安装 RFID 传感器

4）检查硬件运行前的安全性。

检测各电路的正确性，确保无误后再通电使用。

① 连接 RFID 读写头传感器输出线，依次检查工具部件无遗漏、无杂物；硬件安装正确；传感器本体安装牢固、传感器输出线安装牢固；无接线错误、接线不牢；流量压力正常、阀门打开、指示正常；设备各部件正常，无损坏、无短路、无发热等不良现象。

② 固定 RFID 读写头传感器，依次检查工具部件无遗漏、无杂物；硬件安装正确；传感器本体安装牢固、传感器输出线安装牢固；无接线错误、接线不牢；流量压力正常、阀门打开、指示正常；设备各部件正常，无损坏、无短路、无发热等不良现象。

③ 固定 RFID 读写头传感器输出线，依次检查工具部件无遗漏、无杂物；硬件安装正确；传感器本体安装牢固、传感器输出线安装牢固；无接线错误、接线不牢；流量压力正常、阀门打开、指示正常；设备各部件正常，无损坏、无短路、无发热等不良现象。

任务评价

任务评价表如表 3.3.1 所示。

表 3.3.1　任务评价表

基本信息	认知 RFID 传感器任务					
	班级		学号		分组	
	姓名		时间		总分	
项目内容	评价标准		分值	自评	小组互评	教师评价
任务考核（60%）	描述 RFID 传感器的工作原理		20			
	描述 RFID 传感器的安装工作流程		30			
	安装 RFID 传感器		50			
	总分		100			
素养考核（40%）	操作安全规范		20			
	遵守劳动纪律		20			
	分享、沟通、分工、协作、互助		20			
	资料查阅、文档编写		20			
	精益求精、追求卓越		20			
	总分		100			

任务拓展

1）描述工业 4.0 系统中的其他传感器。

2）说明电容传感器控制传输带的工作流程，并安装电容传感器。

知识链接

知识点 3.3.1　RFID 技术简介

射频识别即 RFID 技术，又称电子标签、无线射频识别，是一种通信技术，可通过无线电信号识别特定目标并读写相关数据，无须识别系统与特定目标之间建立机械或光学接触。

在识别系统中，通过电磁波实现电子标签的读写与通信。通信根据距离可分为近场通信和远场通信，为此读/写设备和电子标签之间的数据交换方式也对应地分为负载调制和反向散射调制。

完整的 RFID 系统一般由读写器、电子标签与应用软件系统组成。

1）读写器是将标签中的信息读出，或者将标签所需要存储的信息写入标签的装置。读写器是 RFID 系统的信息控制和处理中心。在 RFID 系统工作时，由阅读器在一个区域内发送射频能量形成电磁场，区域的大小取决于发射功率。在读写器覆盖区域内的标签被触发后，会发送存储在其中的数据，或根据读写器的指令修改存储在其中的数据，并通过接口与计算机网络进行通信。读写器的基本构成通常包括收发天线、频率产生器、锁相环、调制电路、微处理器、存储器、解调电路和外设接口。

① 收发天线：发送射频信号给标签，并接收标签返回的响应信号及标签信息。

② 频率产生器：产生系统的工作频率。

③ 锁相环：产生所需的载波信号。

④ 调制电路：把发送至标签的信号加载到载波并由射频电路送出。

⑤ 微处理器：产生要发送至标签的信号，同时对标签返回的信号进行译码，并把译码所得的数据回传给应用程序。若是加密的系统，则还需要进行解密操作。

⑥ 存储器：存储用户程序和数据。

⑦ 解调电路：解调标签返回的信号，并交给微处理器处理。

⑧ 外设接口：与计算机进行通信。

2）电子标签主要由收发天线、AC/DC 电路、解调电路、逻辑控制电路、存储器和调制电路等组成。

① 收发天线：接收来自阅读器的信号，并把所要求的数据送回给阅读器。

② AC/DC 电路：利用读写器发射的电磁场能量，经稳压电路输出，为其他电路提供稳定的电源。

③ 解调电路：从接收的信号中去除载波，解调出原信号。

④ 逻辑控制电路：对来自读写器的信号进行译码，并依读写器的要求回发信号。

⑤ 存储器：作为系统运作及存放识别数据的位置。

⑥ 调制电路：逻辑控制电路所送出的数据经调制电路后加载到天线送给读写器。

知识点 3.3.2 RFID 的基本工作原理

标签进入读写器磁场范围后，接收读写器发出的射频信号，凭借感应电流所获得的能量发送存储在芯片中的产品信息（passive tag，无源标签或被动标签），或者由标签主动发送某一频率的信号（active tag，有源标签或主动标签），读写器读取信息并解码后，送至中央信息系统进行有关数据处理。

知识点 3.3.3 RFID 技术分类

RFID 根据其标签的供电方式可分为 3 类，即无源 RFID、有源 RFID 与半有源 RFID。

1. 无源 RFID

在 3 类 RFID 产品中，无源 RFID 出现时间最早，最成熟，其应用也最为广泛。在无源 RFID 中，电子标签通过接收射频识别阅读器传输来的微波信号及通过电磁感应线圈获取能量来对自身短暂供电，从而完成此次信息交换。因为省去了供电系统，所以无源 RFID 产品的体积可以达到厘米级甚至更小，而且自身结构简单，成本低，故障率低，使用寿命较长。但无源 RFID 的有效识别距离通常较短，一般用于近距离的接触式识别。无源 RFID 主要工作在较低频段 125kHz、13.56MHz 等，其典型应用有公交卡、二代身份证、食堂餐卡等。无源 RFID 应用实例如图 3.3.4 所示。

图 3.3.4　无源 RFID 应用实例

2. 有源 RFID

有源 RFID（图 3.3.5）兴起的时间不长，但已在各个领域，尤其是在高速公路电子不停车收费系统中发挥着不可或缺的作用。有源 RFID 通过外接电源供电，主动向射频识别阅读器发送信号。其体积相对较大。但也因此拥有较长的传输距离与较高的传输速度。一个典型的有源 RFID 标签能在百米之外与射频识别阅读器建立联系，读取率可达 1700 次/s。有源 RFID 主要工作在 900MHz、2.45GHz、5.8GHz 等较高频段，可以同时识别多个标签。有源 RFID 的远距性、高效性使得它在一些需要高性能、大范围的射频识别应用场合里必不可少。

3. 半有源 RFID

无源 RFID 自身不供电，但有效识别距离太短。有源 RFID 识别距离足够长，但需外接电源，体积较大。而半有源 RFID（图 3.3.6）就是为解决这一矛盾而出现的产物。半有源 RFID 又称低频激活触发技术。在通常情况下，半有源 RFID 产品处于休眠状态，仅对标签中保持数据的部分进行供电，因此耗电量较小，可维持较长时间。当标签进入射频识别阅读器的识别范围后，阅读器先以 125kHz 低频信号在小范围内精确激活标签使之进入工作状态，再通过 2.4GHz 微波与其进行信息传递。也就是说，先利用低频信号精确定位，再利用高频信号快速传输数据。其通常应用场景为：在一个高频信号所能覆盖的大范围内，在不同位置安置多个低频阅读器用于激活半有源 RFID 产品。这样既完成了定位，又实现了信息的采集与传递。

图 3.3.5　有源 RFID

图 3.3.6　半有源 RFID

知识点 3.3.4　RFID 技术特征

1）非接触识别。RFID 是通过电磁耦合方式实现的非接触自动识别技术，它能在雨、雾、雪、涂料、尘垢等恶劣环境下阅读 RFID 标签。

2）读取速度快。RFID 阅读器的读取速度非常快，大多数情况下读取时间不超过 100ms，并且可同时读取数个 RFID 标签。

3）体积小型化、形状多样化。RFID 在读取时不受标签尺寸大小与形状的限制。因此，可向小型化与多样化发展，以应用于不同产品。

4）可重复使用。RFID 标签可以重复新增、修改、删除标签存储的数据，方便数据的更新。

5）安全性高。由于 RFID 标签承载的是电子信息，其数据内容可经由密码保护，使其内容不易受伪造，因此安全性较高。

此外，RFID 技术还具有数据的记忆容量大、抗污染能力强和耐久性强、无屏障读取等特征。

工作手册

姓名：	学号：	班级：	日期：

3.3　认知 RFID 传感器工作手册

课堂笔记

任务接收

表 3-3-1　任务分配表

序号	角色	姓名	学号	分工
1	组长			
2	组员			
3	组员			
4	组员			
5	组员			

任务准备

表 3-3-2　工作方案设计表

序号	工作内容	负责人
1		
2		
3		
4		

表 3-3-3　实训设备、工具与耗材清单

序号	名称	型号与规格	数量	备注
1				
2				
3				
4				
5				
6				
7				
领取人：　　　　归还人：				

任务实施

（1）描述 RFID 传感器的工作原理

表 3-3-4　任务实施表 1

序号	描述 RFID 传感器的工作原理
1	
2	
3	
4	

（2）描述 RFID 传感器的安装工作流程

表 3-3-5　任务实施表 2

描述 RFID 传感器的安装工作流程
（1）准备 RFID 传感器及工具 步骤：
（2）连接 RFID 读写头传感器输出线 步骤：
（3）固定 RFID 读写头传感器 步骤：
（4）固定 RFID 读写头传感器输出线 步骤：

课堂笔记

（3）安装 RFID 传感器

安装 RFID 传感器时按照工作流程进行，每个步骤确保检查无误后再进行下一步的安装。

表 3-3-6　任务实施表 3

安装 RFID 传感器					
检查内容（正常打“√”，不正常打“×”并检查更正）					
安装项目	安装过程中无器件遗漏、无杂物	硬件安装正确，设备各部件正常、无损坏	传感器本体安装牢固	传感器输出线安装牢固	无短路、无发热等不良现象
准备 RFID 传感器及工具					
连接 RFID 读写头传感器输出线					
固定 RFID 读写头传感器					
固定 RFID 读写头传感器输出线					

课堂笔记

任务拓展

1）描述工业 4.0 系统中的其他传感器。

2）说明电容传感器控制传输带的工作流程，并安装电容传感器。

课后作业

小组合作，用 PPT 展示以下任务：

1）描述 RFID 传感器的工作原理。

2）描述 RFID 传感器的安装工作流程。

3）呈现 RFID 传感器的安装过程。

任务 3.4　前盖料仓工作站的 HMI 操作

任务描述

HMI 是指人与计算机之间建立联系、交换信息的 I/O 设备的接口，这些设备包括键盘、显示器、打印机、鼠标等。

微课：料仓工作站之 HMI 操作

在工业场合中，HMI 能助力人们实现自动化控制。HMI 通常以屏幕的形式出现，如计算机屏幕，更多的是触摸屏。操作员或维护人员可以通过 HMI 操作和监视设备。通过特定的软件和硬件支撑，在 HMI 界面可以调节或监控温度、压力、工艺步骤和材料计数等参数，显示出容器中液体的精确高度和设备的精确位置，在一个屏幕上查看多个设备的数据等等。

在本任务中，需要依托前盖料仓工作站，描述 HMI 界面结构、描述使用 HMI 手动控制设备的工作流程、使用 HMI 手动控制设备。

任务要求

1）描述 HMI 界面结构。

2）描述使用 HMI 手动控制设备的工作流程。

3）使用 HMI 手动控制设备。

任务准备

前盖料仓工作站 1 套、传输基础组件 1 套，如图 3.4.1 所示。

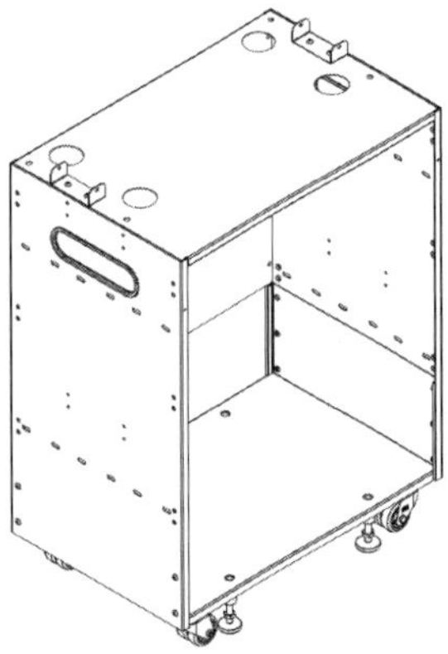

（a）传输带车厢

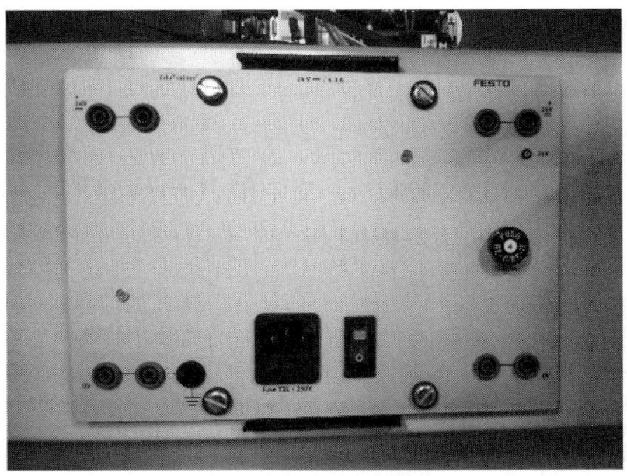

（b）直流稳压电源

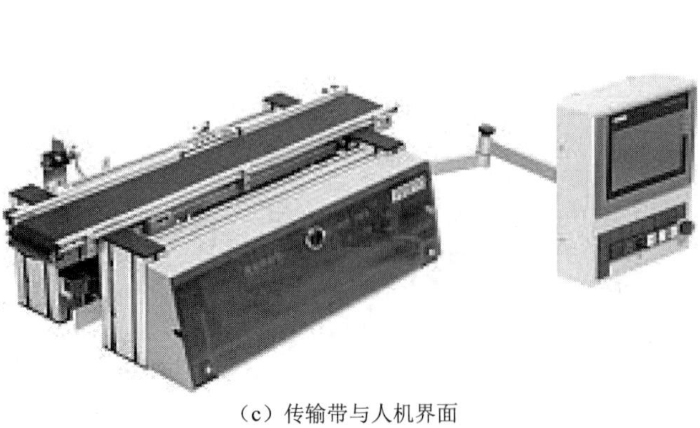

（c）传输带与人机界面

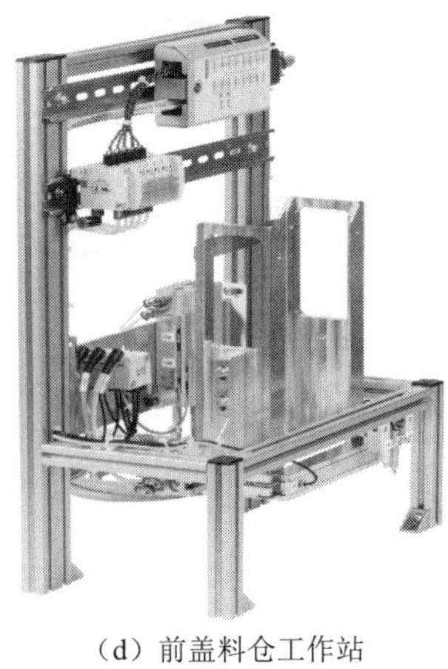

（d）前盖料仓工作站

图 3.4.1　任务准备

任务实施

本任务主要利用 HMI 操作前盖料仓工作站，具体为描述 HMI 界面结构、使用 HMI 手动控制设备的工作流程并使用 HMI 手动控制设备。

任务实施步骤如下。

1. 描述 HMI 界面结构

HMI 界面（Home 界面）如图 3.4.2 所示，各个界面中的参数及其功能如表 3.4.1 所示，对其进行口头描述。

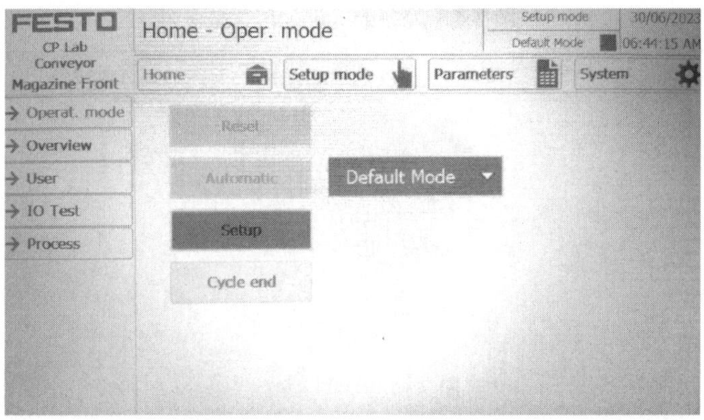

图 3.4.2 HMI 界面（Home 界面）

表 3.4.1 HMI 界面

<table>
<tr><th colspan="3">模式界面切换</th></tr>
<tr><th>Home（主页）界面</th><th>Setup mode（计划模式）界面</th><th>Parameters（参数）界面</th></tr>
<tr><td>Operat. mode（工作模式）</td><td>Application（应用）：手动测试输入/输出</td><td rowspan="5">控制前盖料仓工作站的加工过程</td></tr>
<tr><td>Overview（总体概览）</td><td>Belt（传输带）：手动控制传输带</td></tr>
<tr><td>User（用户）</td><td>Stopper（阻挡器）：手动控制阻挡器模块</td></tr>
<tr><td>IO Test（I/O 测试）</td><td>RFID（传感器）：手动读写小车芯片中的 RFID 数据</td></tr>
<tr><td>Process（过程预留）</td><td></td></tr>
</table>

2. 描述使用 HMI 手动控制设备的工作流程

对照设备，口头描述使用 HMI 手动控制设备的工作流程。

3. 使用 HMI 手动控制设备

按照上述工作流程进行手动操作，如图 3.4.3 和图 3.4.4 所示。

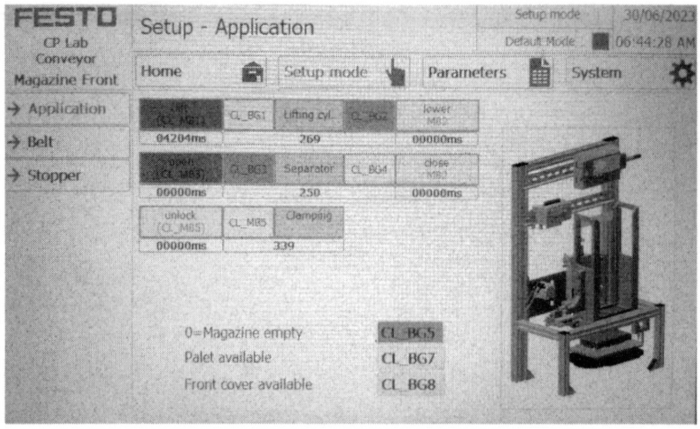

图 3.4.3　Setup mode 界面操作

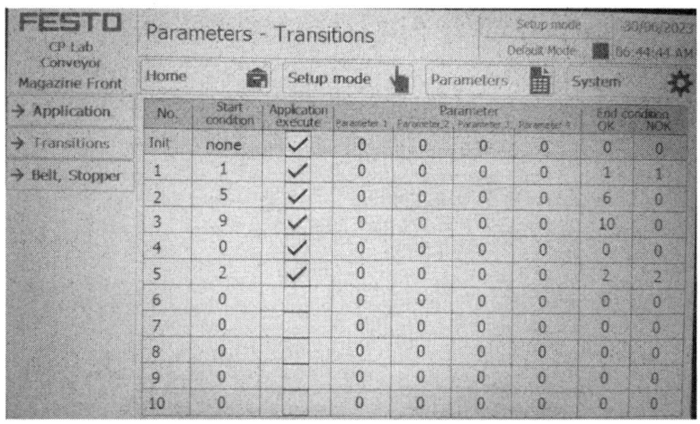

图 3.4.4　Parameters 界面操作

任务评价

任务评价表如表 3.4.2 所示。

表 3.4.2　任务评价表

基本信息	前盖料仓工作站的 HMI 操作任务					
	班级		学号		分组	
	姓名		时间		总分	
项目内容	评价标准		分值	自评	小组互评	教师评价
任务考核（60%）	描述 HMI 界面结构		20			
	描述使用 HMI 手动控制设备的工作流程		30			
	使用 HMI 手动控制设备		50			
	总分		100			
素养考核（40%）	操作安全规范		20			
	遵守劳动纪律		20			
	分享、沟通、分工、协作、互助		20			
	资料查阅、文档编写		20			
	精益求精、追求卓越		20			
	总分		100			

任务拓展

手动操作，在本站中完成编号为 6 的小车加工流程，加工完成后，将小车中 RFID 芯片与 HMI 的参数设定值均恢复为默认状态。

知识链接

知识点 3.4.1 HMI 简介

HMI 是 human machine interface 的英文首字母缩写，即人机接口，也称人机界面，是系统和用户之间进行交互和信息交换的媒介。人机界面产品由硬件和软件两部分组成。

人机界面硬件包括处理器、显示单元、输入单元、通信接口、数据存储单元等，其中处理器的性能决定了 HMI 产品的性能高低，是 HMI 的核心单元。根据 HMI 的产品等级不同，可分别选用 8 位、16 位、32 位的处理器。

人机界面软件一般分为两部分，即运行于 HMI 硬件中的系统软件和运行于个人计算机操作系统中的画面组态软件。使用者必须先使用 HMI 的画面组态软件制作“工程文件”，再通过个人计算机和 HMI 产品的通信接口，把编制好的“工程文件”下载到 HMI 的处理器中运行。

HMI 的广义解释是“使用者与机器间沟通、传达及接收信息的一个接口”。例如，在一座工厂里，搜集工厂各个区域的温度、湿度及工厂中机器的状态等信息，通过一台主控器监视并记录这些参数，并在一些意外状况发生时加以处理。这便是一个很典型的 SCADA/HMI 的运用。一般而言，HMI 系统必须有以下基本能力：

1）实时的资料趋势显示——把撷取的资料立即显示在屏幕上。

2）自动记录资料——自动将资料储存至数据库中，以便日后查看。

3）历史资料趋势显示——把数据库中的资料进行可视化的呈现。

4）报表的产生与打印——能把资料转换成报表的格式，并能够打印出来。

5）图形接口控制——操作者能够通过图形接口直接控制机台等装置。

6）警报的产生与记录——使用者可以定义一些警报产生的条件。例如，当温度超出范围或压力超过临界值时，系统会发出警报，通知作业员处理。

知识点 3.4.2 HMI 的工作原理

触摸屏是通过触摸式工业显示器把人和机器连为一体的智能化界面。它是替代传统控制按钮和指示灯的智能化操作显示终端。它可以用来设置参数、显示数据、监控设备状态，以及以曲线/动画等形式描绘自动化控制过程。触摸屏表现力强，可简化为 PLC 的控制程序，实现了友好的人机界面。触摸屏作为一种特殊的计算机外设，是目前非常简单、方便、自然的一种人机交互方式。它赋予了多媒体以崭新的面貌，是极富吸引力的全新多媒体交互设备。

触摸屏的工作原理如下：

触摸屏系统一般包括触摸屏控制器（卡）和触摸检测装置两个部分。其中，触摸屏控制器（卡）的主要作用是从触摸点检测装置上接收触摸信息，并将它转换成触点坐标，再送给中央处理器（central processing unit，CPU），同时能接收 CPU 发来的命令并加以执行。触摸检测装置一般安装在显示器的前端，主要作用是检测用户的触摸位置，并传送给触摸屏控制卡。触摸屏具有很强的扩展性，可以按照设计要求更换或增加功能模块，满足复杂的工艺控制过程，甚至可以直接通过网络系统与 PLC 通信，极大地方便了控制数据的处理与传输，减少了维护量。

在控制系统运行时，HMI 和 PLC 之间通过建立通信来交换信息，从而实现 HMI 的各种功能。将画面上的图形对象与 PLC 变量的地址联系起来，就可以实现控制系统运行时 PLC 与 HMI 之间的自动数据交换。因此，需要在博途软件中对 HMI 进行组态，并实现 PLC 与 HMI 之间的通信，如图 3.4.5 所示。

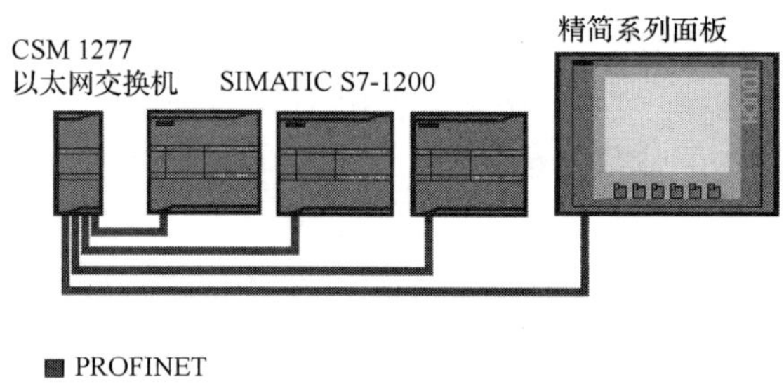

图 3.4.5　HMI 通信连接

工作手册

姓名：	学号：	班级：	日期：	课堂笔记
3.4　前盖料仓工作站的 HMI 操作工作手册				

任务接收

表 3-4-1　任务分配表

序号	角色	姓名	学号	分工
1	组长			
2	组员			
3	组员			
4	组员			
5	组员			

任务准备

表 3-4-2　工作方案设计表

序号	工作内容	负责人
1		
2		
3		
4		

表 3-4-3　实训设备、工具与耗材清单

序号	名称	型号与规格	数量	备注
1				
2				
3				
4				
5				
6				
7				
领取人：　　　　归还人：				

课堂笔记

任务实施

（1）描述 HMI 界面结构

表 3-4-4　任务实施表 1

序号	HMI 界面主菜单	详细描述
1	Home（主页）界面	包括内容：
2	Setup mode（计划模式）界面	包括内容：
3	Parameters（参数）界面	包括内容：

（2）描述使用 HMI 手动控制设备的工作流程

表 3-4-5　任务实施表 2

描述使用 HMI 手动控制设备的工作流程
（1）Home（主页）界面 步骤：

续表

（2）Setup mode（计划模式）界面 1）Application 应用模块手动测试步骤：   2）Belt 传输带手动测试步骤：   3）Stopper 阻挡器手动测试步骤：   4）RFID 传感器读写手动测试步骤：   （3）Parameters（参数）界面 步骤：

课堂笔记

（3）使用 HMI 手动控制设备

按照上述的工作流程进行手动操作。

表 3-4-6 任务实施表 3

使用 HMI 手动控制设备				
检查内容（正常打“√”，不正常打“×”并检查更正）				
项目		操作描述正确	操作无误	操作安全
Home（主页）界面操作	Home（主页）界面手动操作			
Setup mode（计划模式）界面操作	Application（应用）模块手动测试			
	Belt（传输带）手动测试			
	Stopper（阻挡器）手动测试			
	RFID（传感器）读写手动测试			
Parameters（参数）界面操作	Start condition（开始条件）满足手动测试			
	Start condition（开始条件）不满足手动测试			

任务拓展

手动操作，在本站中完成编号为 6 的小车加工流程，加工完成后，将小车中 RFID 芯片与 HMI 的参数设定值均恢复为默认状态。

课后作业

1）完成自动模式下的供料操作。

2）手动完成传感器信号采集操作。 3）手动完成执行元件控制操作。 4）对 RFID 的加工代码进行读写操作。 5）在修改加工条件的情况下，说明工作原理并实现功能。	课堂笔记

注：1．传感器说明：BG5—料仓中是否有盖子检测；BG7—托盘检测；BG8—前盖检测。

2．由于光线从工件中穿过，有时盖子不能被 BG5 检测到。解决方法：降低传感器的灵敏度，下降的速度调整得要比上升的速度慢（气缸）。

3．工件不和传输带平行，因为阻挡器只在一侧。解决方法：调整应用模块的安装位置，使盖板正好在托盘正上方，最多 6bar（$1bar=10^5Pa$）压力，7bar 可能损坏阀。

4．布置好电源和气源，并打开；在初始化模式下，熟悉传输带和挡块；测试应用模块；调整气缸速度；调整传感器的位置。

5．Sm@rtServer/Client：在计算机或手机上显示 HMI 的画面，每个 HMI 上的用户都会得到 Sm@rtClient 授权，需要安装和激活 Sm@rtClient。

6．授权在盒装 Siemens WinCC（HMI）中的 USB stick 中，称为“WinCC Sm@rtServer for Simatic Comfort/Mobile Panels”。

7．当项目打开后可以使用 Automation License Manager 或 TIA Portal 传送授权。右击屏幕左边（项目 视图）树形图中的 HMI，在“HMI Device maintenance”选项下选择“Authorize/License”选项。

8．在程序下载到 HMI 之前检查是否选中“Start Sm@rtServer”复选框。

9．在 HMI 桌面上打开“WinCC Internet Settings”。

10．在远程桌面上，设置密码 1（festo），密码 2 可以设置为只读模式。

项目 4 认知测量工作站

◎ 项目导入

假如你新入职某公司，并负责该公司产品的质量把控，而该公司成立时间较短，没有系统的质量管理体系，也没有通过 ISO 9001，更没有按照 ISO 9001 的体系进行运作。但该公司生产的产品属于行业创新产品，同时也没有历史数据可供参考。产品没有进行过可靠性试验，生产过程也没有采用质量信息系统。面对如此情况，你会采取什么样的措施来保证产品的质量呢？

没有历史数据，意味着不知道风险在哪里。因此，你需要做的第一件事，就是安排质检人员模拟客户的使用操作，不停地测试，并尽量在极限条件下使用测试老化设备。

测试的主要目的是发现问题、拦截问题，测试本身并不能解决问题，问题的解决还得依靠制造过程本身的改善。例如，增加传感检测设备、导入工装治具、采用半自动或自动化设备等，这些均可以提高制造过程能力，降低问题产生的风险。如果问题是由原材料导致的，那么就需要在供应商处设置质量检查测试点，同时提高供应商的制造能力来减少问题的发生。

◎ 学习目标

知识目标	1. 了解机械结构硬件的组成和组装步骤； 2. 了解电气连接及气动端口连接的方法和步骤； 3. 理解激光测距传感器的测量原理； 4. 了解激光测距传感器的校准方法； 5. 了解激光测量模块之人机界面（HMI）的组成
能力目标	1. 能够手动完成机械结构硬件的组装； 2. 能够手动操作完成激光测距传感器的校准； 3. 能够手动操作完成激光测量模块之人机界面设置
素养目标	1. 树立标准意识，强化质量意识，践行创新思维； 2. 培养科学思维、数据思维、产品思维，争优创优

任务 4.1

认知激光测量模块

任务描述

激光测量模块（图 4.1.1）主要用于对工件进行质量控制。使用传感器对工件进行检测时，若小车上工件放置的方式不正确，或者被测工件的误差超出了预期设定的范围，则表明该工件有缺陷。

微课：初识激光测量模块

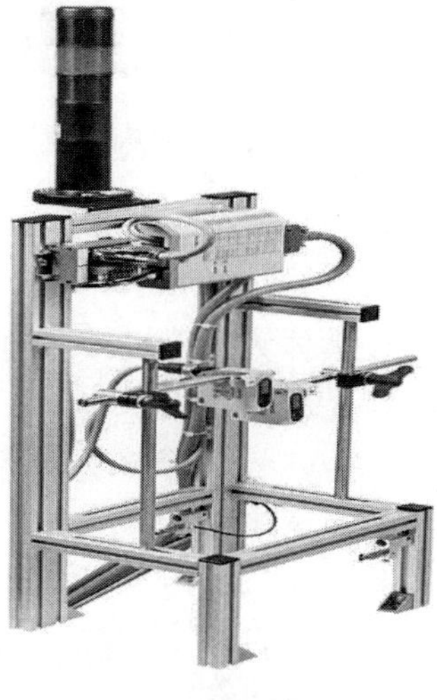

图 4.1.1　激光测量模块

激光测量模块的核心部件为两个激光测距（laser distance measuring）传感器。这两个传感器分别测量工件的两个关键部位点，并用这两个部位点的高度差作为测量输入值，与预定设置的满足要求的工件误差值范围进行比较，依此来判断工件“合格”或“不合格”。测试过程中，若测量工作站的 LED 灯显示为绿色，则表示“合格”；若 LED 灯显示为黄色，则表示“检测中”；若 LED 灯显示为红色，则表示“不合格”。

任务要求

1）描述机械结构硬件的组成和组装步骤。

2）描述电气连接及气动端口连接的方法和步骤。

3）描述激光测距传感器的测量原理。

任务准备

1）作业资料：电气原理图、排版图、BOM 表、工作手册等，保证完整。

2）作业场所：保证作业场所的整齐、规范、有序。

3）电气材料：CP Lab 1 套、万用表 1 只、内六角扳手 1 套、一字螺钉旋具 1 套。作业前，电气材料必须按时到位。其中，核心的部件有长调节杆（2 根）、短调节杆（2 根）、激光测距传感器（2 只）、固定调节器（2 只），如图 4.1.2 所示。

图 4.1.2　激光测量模块核心部件

任务实施

本任务主要认知激光测量模块，具体为描述机械结构硬件的组成和组装步骤、电气连接及气动端口连接的方法和步骤、测量原理。

任务实施步骤如下：

（1）描述机械结构硬件的组成和组装步骤

1）描述如图 4.1.3 所示的激光测量模块机构结构硬件的组成。

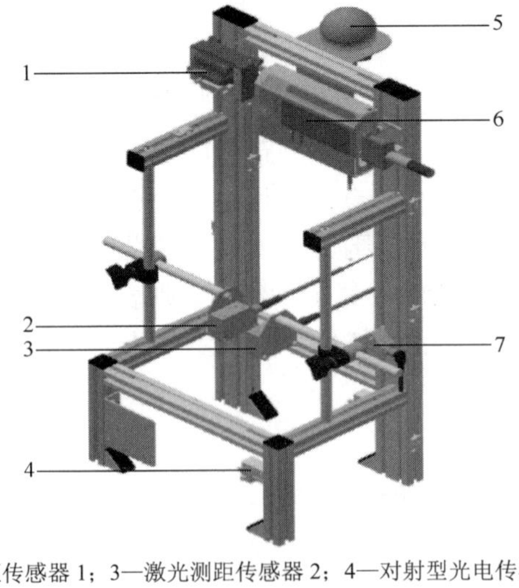

1—模拟量接线端子；2—激光测距传感器 1；3—激光测距传感器 2；4—对射型光电传感器；5—三色灯；6—I/O 接线盒；7—光电传感器本体。

图 4.1.3　激光测量模块

2）激光测量模块的组装主要是将激光传感器、调节杆和紧固件连接与固定。

① 组装短调节杆与激光传感器，如图 4.1.4 所示。

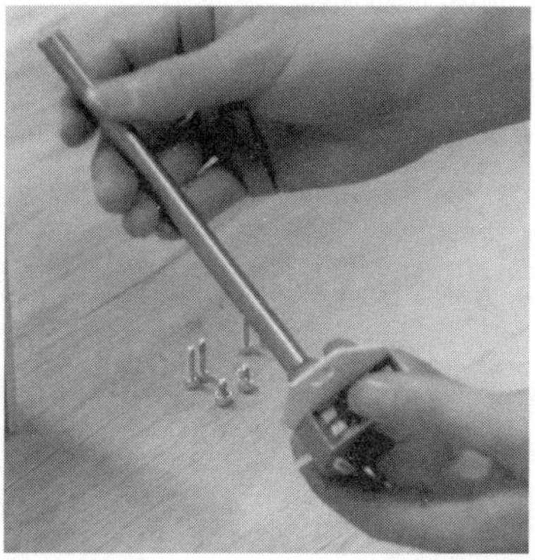

图 4.1.4　组装短调节杆与激光传感器

② 组装长调节杆与激光传感器，并进行固定（图 4.1.5）。然后固定短调节杆组件（图 4.1.6）。

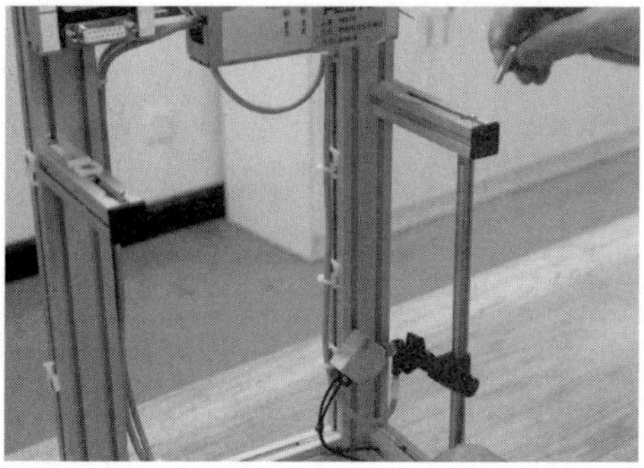

图 4.1.5　固定长调节杆

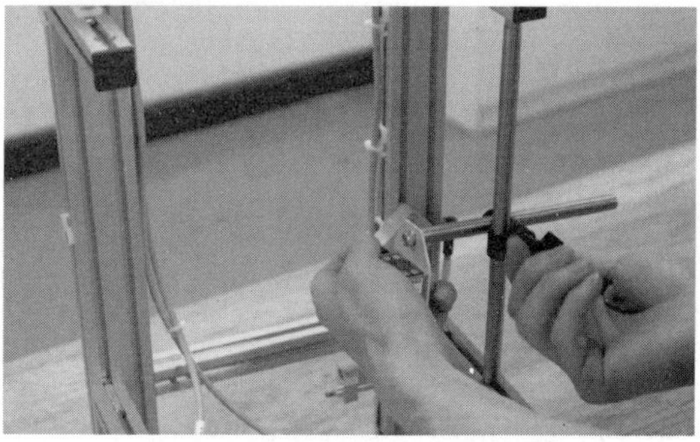

图 4.1.6　固定短调节杆组件

③ 组装两组激光传感器并调节激光传感器的高度，如图 4.1.7 所示。

④ 连接两只激光传感器的线缆，如图 4.1.8 所示。

图 4.1.7　组装两组激光传感器并调节激光传感器的高度

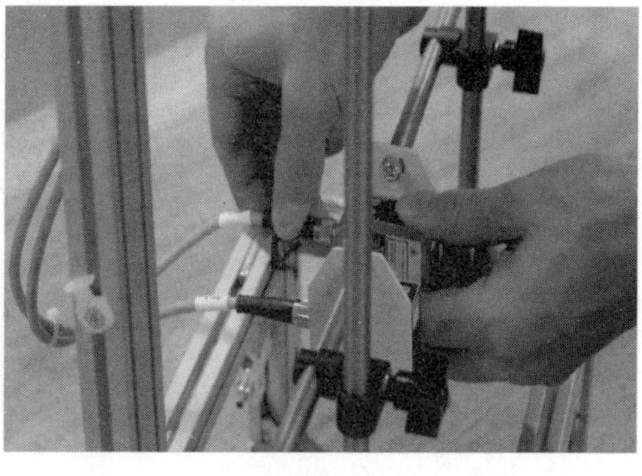

图 4.1.8　连接两只激光传感器的线缆

3）将激光测量模块固定在整体设备上，按照如下方式连接：

① 先将两个 M5 槽螺母放入前十字轮廓的前槽中，然后将另外两个 M5 槽螺母放入前十字轮廓的后槽中，如图 4.1.9 所示。

② 安装应用程序模块，如图 4.1.10 所示。将插槽螺母放置在安装支架下，以便能使用螺钉固定。

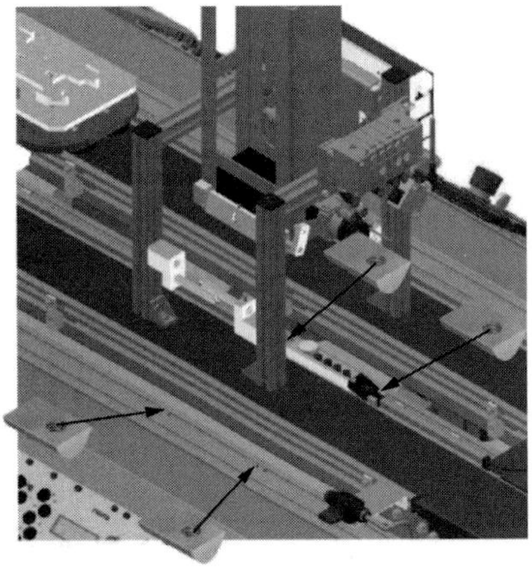

图 4.1.9　安装步骤一

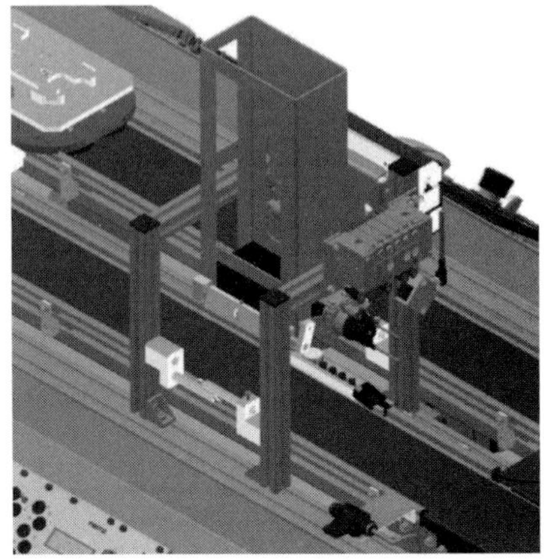

图 4.1.10　安装步骤二

③ 使用螺钉固定安装支架。将应用程序模块的安装支架放置到横梁上，放置所有螺钉后，仍然可以将应用程序模块移动到所需的位置。这个位置一旦被固定好，只需要拧紧螺钉并将盖子安装在安装支架上即可。

（2）描述电气连接及气动端口连接的方法和步骤

1）连接到同步链路接头。

将应用程序模块的 I/O 盒连接到该模块的电气板的 I/O 端子上。当连接到另一个模块时，I/O 端子的终端名称可能发生偏差。应用程序模块的模拟端子与基本模块的电气板上的模拟端子相连。应用程序模块同步连接示意图如图 4.1.11 所示。

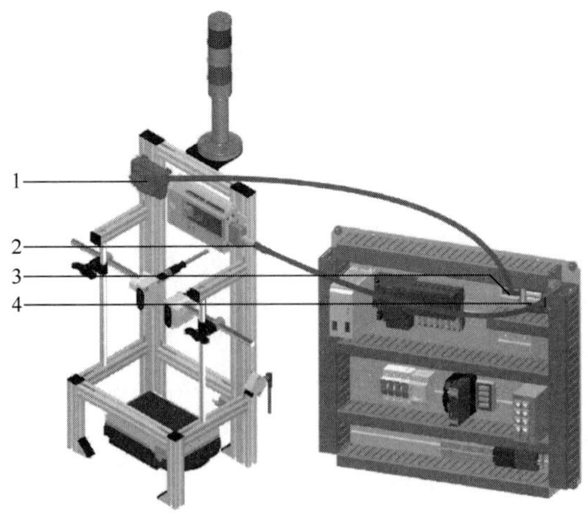

1—应用程序模块模拟端子；2—应用程序模块的 I/O 盒；3—电气板上的 I/O 端子；4—电气板上的模拟端子。

图 4.1.11　应用程序模块同步连接示意图

2）连接应用程序模块的气动端口。

将应用程序模块从阀门端子连接到输送机处的开关阀，只需要将气管插入 QS 插头即可，如图 4.1.12 所示。

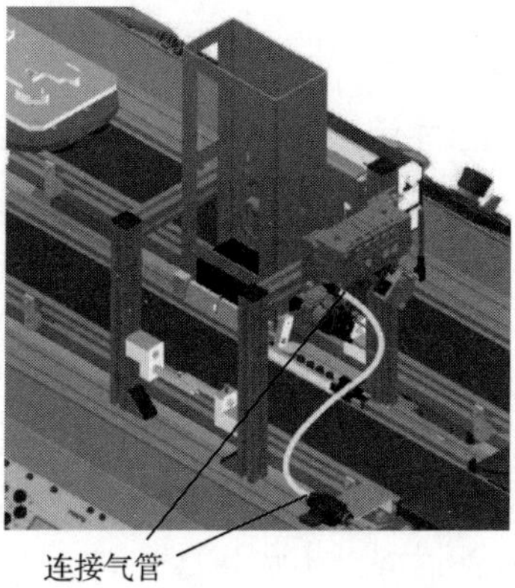

图 4.1.12　应用程序模块气动端口连接示意图

（3）描述测量原理

描述激光测量模块的测量原理。

任务评价

任务评价表如表 4.1.1 所示。

表 4.1.1　任务评价表

基本信息	认知激光测量模块任务					
	班级		学号		分组	
	姓名		时间		总分	
项目内容	评价标准		分值	自评	小组互评	教师评价
任务考核（60%）	描述机械结构硬件的组成和组装步骤		30			
	手动操作完成硬件的组装		30			
	描述电气连接及气动端口连接的方法和步骤		20			
	描述测量原理		20			
	总分		100			
素养考核（40%）	操作安全规范		20			
	遵守劳动纪律		20			
	分享、沟通、分工、协作、互助		20			
	资料查阅、文档编写		20			
	精益求精、追求卓越		20			
	总分		100			

任务拓展

使两个模拟量传感器根据三角测量法工作。

知识链接

知识点 4.1.1　传感器的现状

在工业控制过程中，传感器能替代人类五官感知外在信息。例如，在高温、高压强、腐蚀等环境下的参数，大都是人类无法直接感知的，可通过传感器进行测量。传感器能够对自动化生产过程中的各种控制参量进行精确的测量，为系统采集原始信息，保证工业生产的自动化、智能化。

传感器技术是现代科技的前沿技术，是发展物联网及其应用的关键和瓶颈，是发展我国装备制造业的关键基础元器件。它为提升我国现代化信息技术发展，推动产业化发展提供了一个突破点。在国内，传感器技术直接关系到我国自动化产业的发展形势，有人认为“传感器技术强，则自动化产业强”。由此可见，传感器技术对自动化产业乃至整个国家工业建设是十分重要的。传感器产业也是国内外公认的具有良好发展前途的高技术产业，从技术研发、设计方案到落地制造，传感器产业已经发展成为一个完整的产业链体系。

现阶段，本土传感器技术与世界水平相比仍存在较大差距。传感器行业作为科技实业，在走向市场化的过程中，必将面临着诸多挑战，而随着国家对此科研领域支持政策的增多，在不久的将来，国内的传感器行业将会迎来全面的蓬勃发展。

知识点 4.1.2　激光测距传感器的测量原理

激光测距传感器的工作过程：载有前盖工件的小车进入传输带；阻挡器伸出阻挡小车，使其停止；光电传感器检测是否有工件；根据两个激光测距传感器检测的高度差，判断工件是否合格。点亮绿灯或红灯，小车放行。

激光测距传感器的测量原理：两个传感器根据三角测量法工作。传感器应在各自的工作区域内示教调试，两个点的高度差的模拟量值就是需要检测的值。

测量构件示意如图 4.1.13 所示。

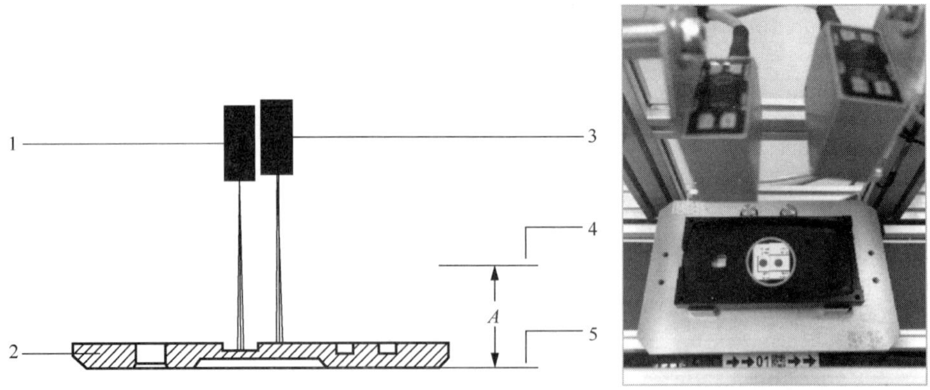

1—BG2；2—前盖工件；3—BG3；4—最大测量高度 A=40mm；5—最小测量高度 0mm。

图 4.1.13　测量构件示意

测量原理示意如图 4.1.14 所示。

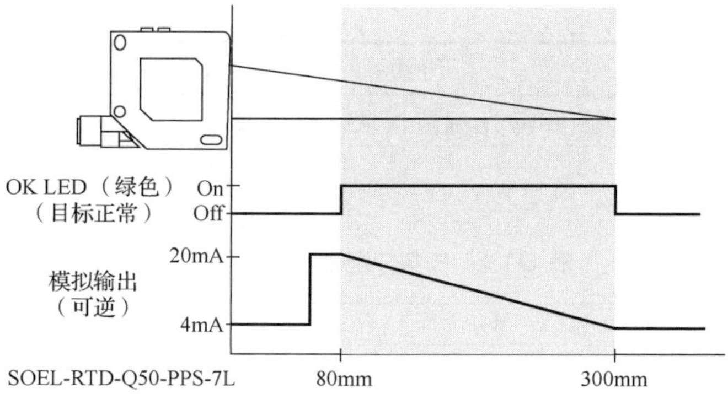

图 4.1.14　测量原理示意

测量示教工具如图 4.1.15 所示。

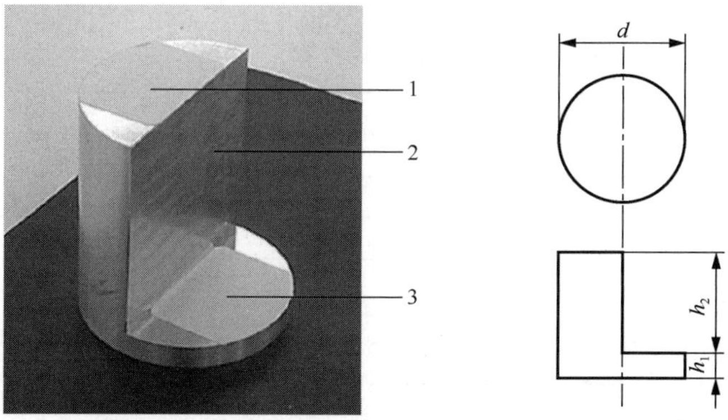

1—空白标签：用于设置 100% -value 的示教对象的上方测量面；2—示教对象；3—空白标签：用于设置 0%-value 的示教对象的下方测量面；直径 $d = 40$mm；高度 $h_1 = 5$mm；高度 $h_2 = 40$mm。

图 4.1.15　测量示教工具

高低台面分别如图 4.1.16 和图 4.1.17 所示。

图 4.1.16　高台面

图 4.1.17　低台面

工作手册

姓名：	学号：	班级：	日期：

4.1 认知激光测量模块工作手册

任务接收

表 4-1-1 任务分配表

序号	角色	姓名	学号	分工
1	组长			
2	组员			
3	组员			

任务准备

表 4-1-2 工作方案设计表

序号	工作内容	负责人
1		
2		
3		
4		
5		
6		
7		

表 4-1-3 实训设备、工具与耗材清单

序号	名称	型号与规格	数量	备注
1				
2				
3				
4				
5				
6				
7				
领取人： 归还人：				

课堂笔记

任务实施

（1）描述机械结构硬件的组成和组装步骤

表 4-1-4　任务实施表 1

序号	描述机械结构硬件的组成和组装步骤		
1	机械结构硬件包括__________		
2	描述机械结构硬件的组装步骤__________		
3	其他注意事项：		
负责人		验收签字	

（2）描述电气连接及气动端口连接的方法和步骤

表 4-1-5　任务实施表 2

描述电气连接及气动端口连接的方法和步骤			
负责人		验收签字	

（3）描述激光测距传感器的测量原理

表 4-1-6　任务实施表 3

描述激光测距传感器的测量原理			
负责人		验收签字	

任务拓展

使两个模拟量传感器根据三角测量法工作。

课后作业

小组合作，用 PPT 展示以下任务：

1）描述机械结构硬件的组成和组装步骤。

2）手动完成机械结构硬件的组装。

3）描述电气连接及气动端口连接的方法和步骤。

4）描述激光测距传感器的测量原理。

课堂笔记

任务 4.2

认知激光测距传感器

微课：激光测量模块之传感器机械装调

微课：激光测量模块之传感器参数校准

微课：激光测量模块之料仓工作站 HMI 操作

任务描述

激光在检测领域中的应用十分广泛，对社会生产和生活的影响也十分明显。激光测距是激光较早的应用之一，这是基于激光方向性强、亮度高、单色性好等特性实现的。远距离激光测距仪在工作时向目标射出一束很细的激光，由光电元件接收目标反射的激光束，计时器测定激光束从发射到接收的时间，计算出从观测者到目标的距离。本任务要求在 CP Lab 上利用激光传感器的测距功能实现零件误差的识别。

任务要求

1）描述激光测距传感器的测量原理。

2）描述激光测距传感器的校准方法。

3）描述激光测量模块之人机界面的组成。

4）手动操作完成激光测距传感器的校准。

5）手动操作完成激光测量模块之人机界面的设置。

任务准备

1）作业资料：示意图、工作手册等，保证完整。

2）作业场所：保证作业场所的整齐、规范、有序。

3）电气材料：CP Lab 1 套、螺钉旋具 1 套、万用表 1 只。作业前，电气材料必须按时到位。

任务实施

本任务主要认知激光测距传感器，具体为描述激光测距传感器的测量原理、激光测距传感器的校准方法及手动操作完成激光测量模块之人机界面的设置。

任务实施步骤如下。

1. 描述激光测距传感器的测量原理

激光测距传感器 SICK OD1 Mini 的测量原理：发射器发出激光脉冲，激光遇到物体后被漫反射，接收器接收到反射回来的激光，利用光速、发射接收时间差、光束夹角，再根据三角函数关系计算出物体的实际距离。激光测距示意图如图 4.2.1 所示。

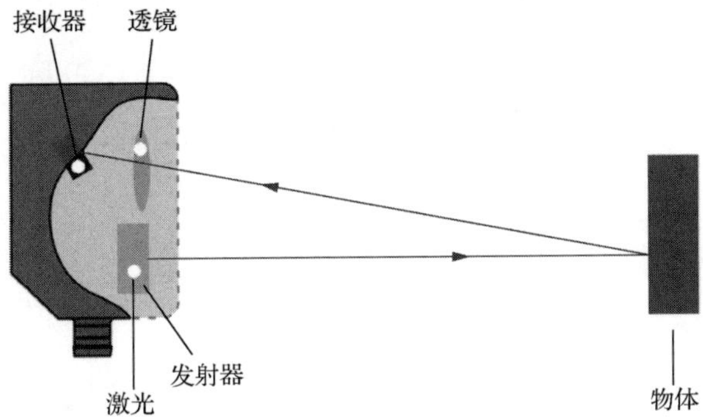

图 4.2.1　激光测距示意图

信号与距离的对应关系和接线图如图 4.2.2 所示。

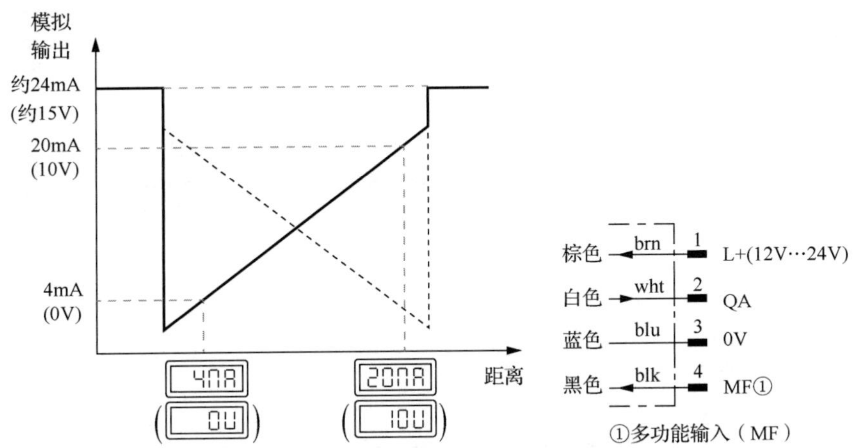

图 4.2.2　信号与距离的对应关系和接线图

激光测距传感器电路图可使用 EPLAN 软件绘制，共包含以下 3 个电路图。

1）传感器 BG1 电路图：IN0～IN3 为数字量输入，检测 BG1 工件是否到位。其中，BG1 第 1 脚连接 24V 正电源，第 3 脚连接 24V 负电源，第 2 脚连接 PLC 输入触点 IN0，如图 4.2.3 所示。

2）信号输出灯电路图：OUT0～OUT3 为数字量输出，COL 1 为三色灯 1，COL 2 为三色灯 2，COL 3 为三色灯 3，Flashing 表示三色灯闪烁，如图 4.2.4 所示。

3）传感器 BG2、BG3 电路图：如图 4.2.5 所示。输出线如下：1-BN（Brown）棕色，电源线；2-WH（White）白色，信号输出线；3-BU（Blue）蓝色，地线；4-BK（Black）黑色，多功能输入线。

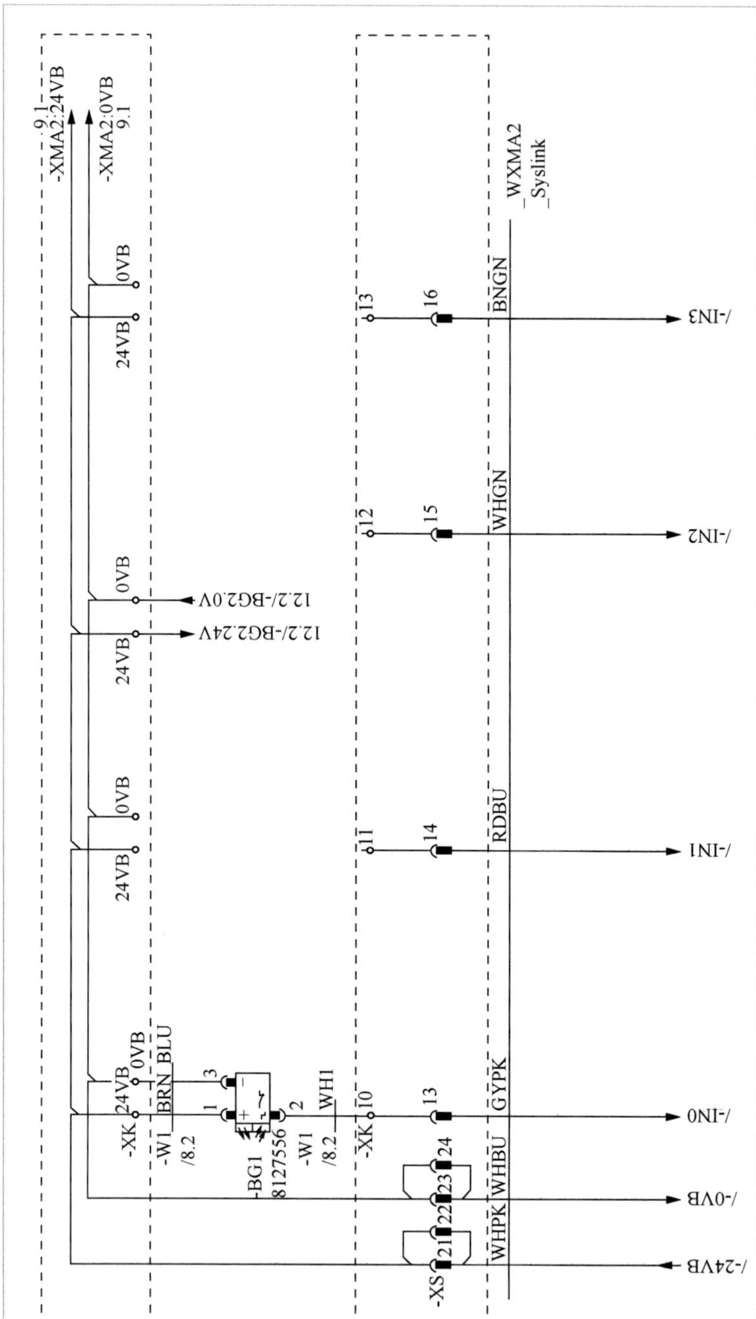

图 4.2.3 传感器 BG1 电路图

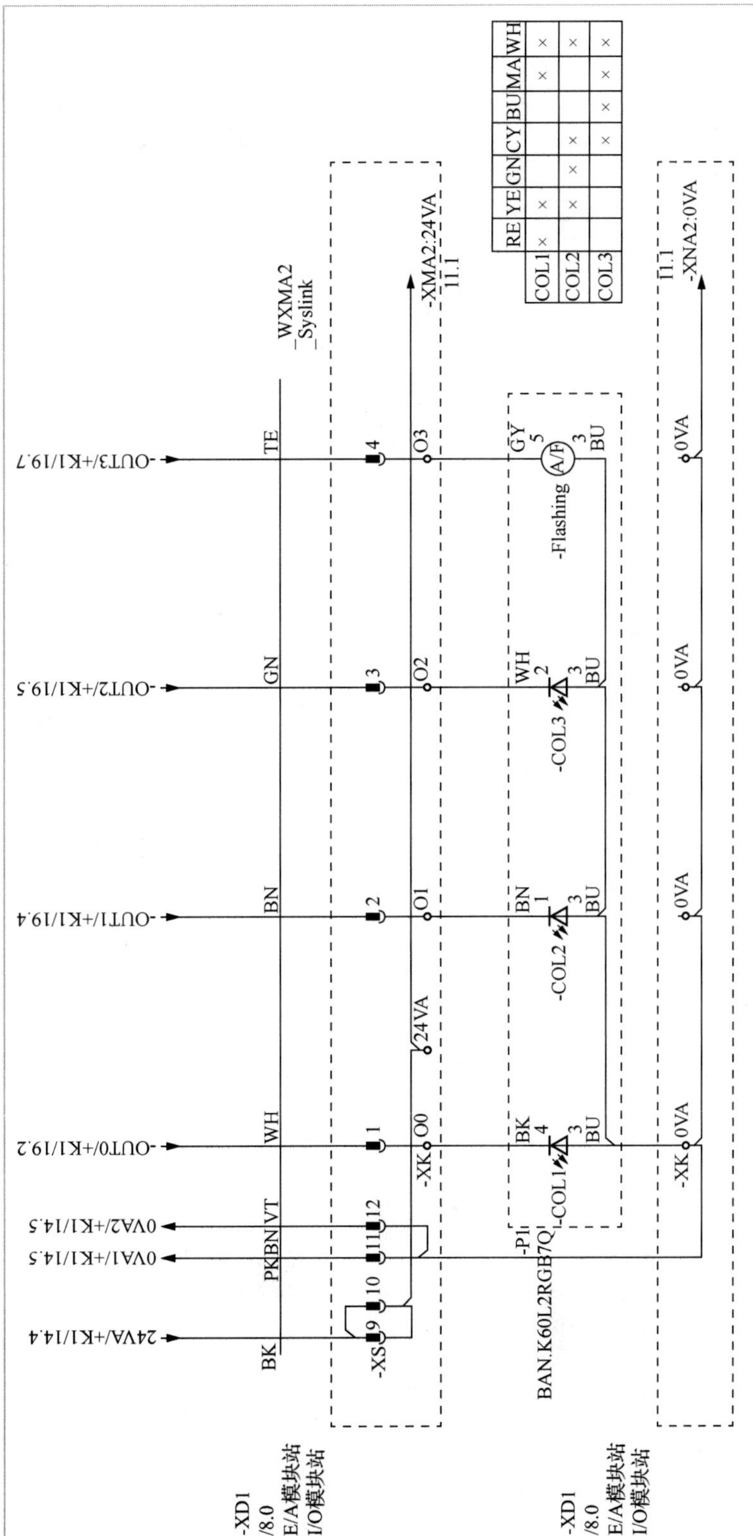

图 4.2.4　信号输出灯电路图

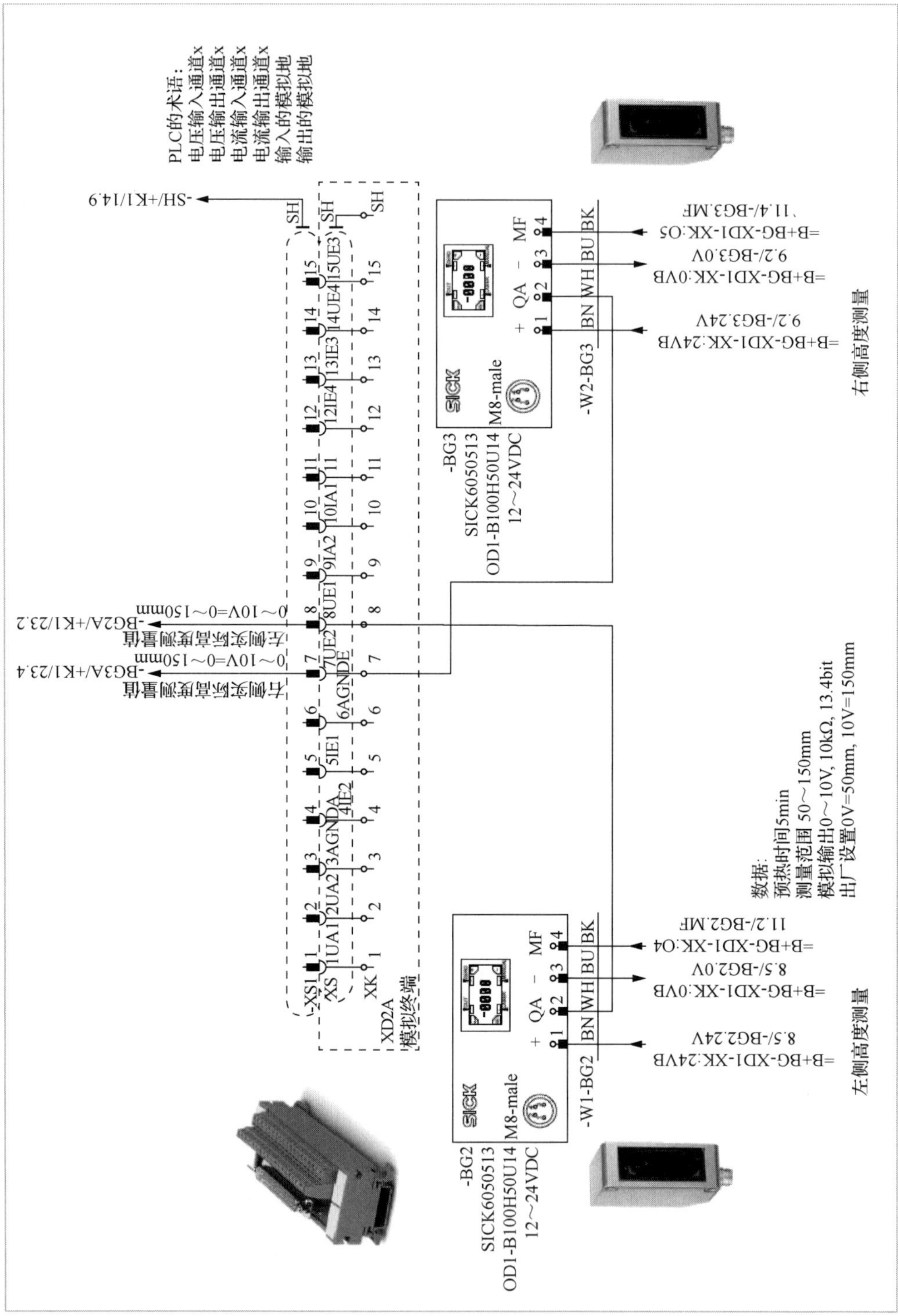

图 4.2.5 传感器 BG2、BG3 电路图

2. 描述激光测距传感器的校准方法

1）放置校准块，如图 4.2.6 所示。

图 4.2.6　放置校准块

2）调节 BG2 激光测距传感器，如图 4.2.7 所示。

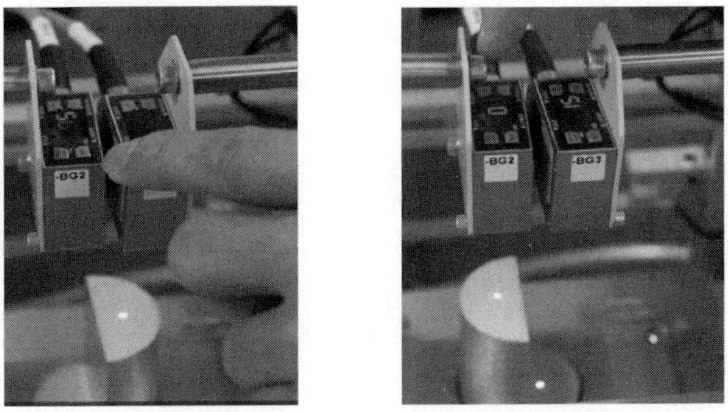

图 4.2.7　调节 BG2 激光测距传感器

3）调节 BG3 激光测距传感器。方法与 BG2 激光测距传感器的相同。

4）校准测量范围，如图 4.2.8 所示。

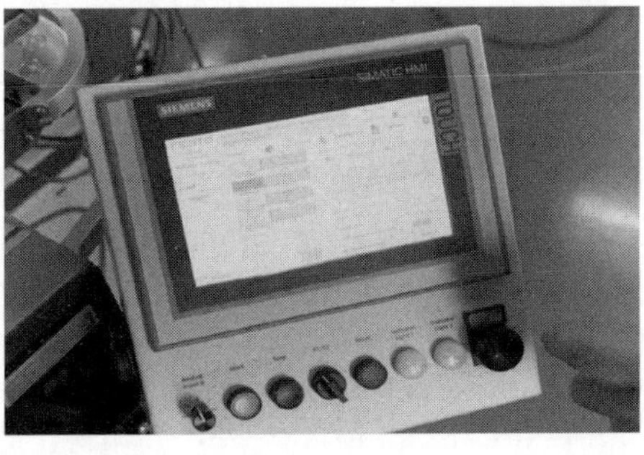

图 4.2.8　校准测量范围

3. 手动操作完成激光测量模块之人机界面的设置

要使用激光测量模块，首先应将模块设置为 Default 模式，如图 4.2.9 所示。

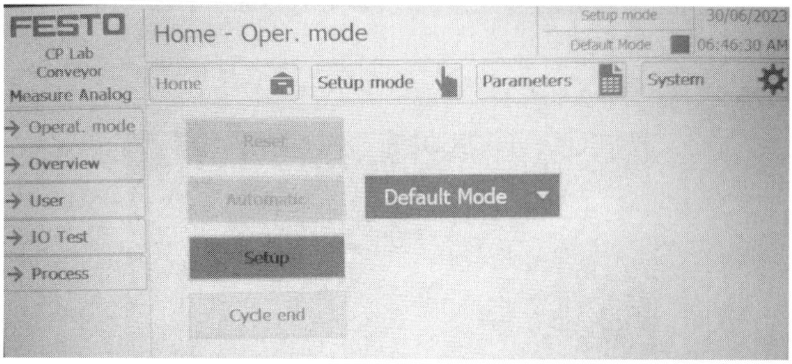

图 4.2.9　Default 模式的设置

如图 4.2.10 所示，依次单击 Setup mode→Application 按钮，进入 HMI 测距界面，如图 4.2.11 所示。关于参数及界面的介绍，读者可自行根据 HMI 界面了解。

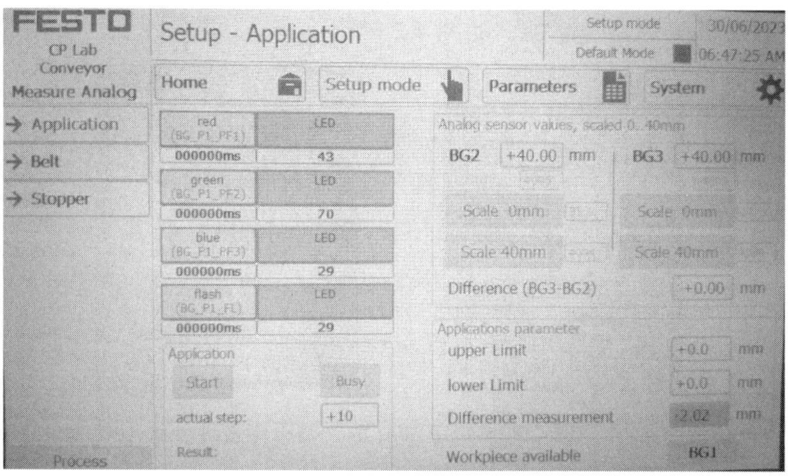

图 4.2.10　HMI 测距界面 1

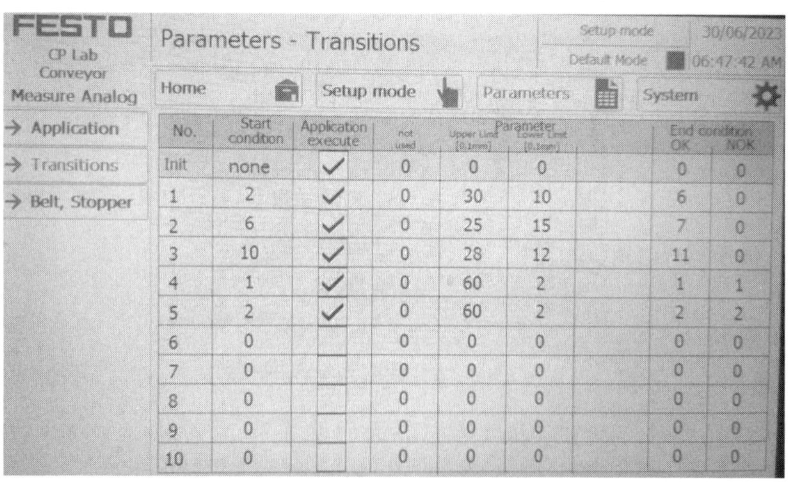

图 4.2.11　HMI 测距界面 2

任务评价

任务评价表如表 4.2.1 所示。

表 4.2.1　任务评价表

<table>
<tr><td rowspan="3">基本信息</td><td colspan="6">认知激光测距传感器任务</td></tr>
<tr><td>班级</td><td></td><td>学号</td><td></td><td>分组</td><td></td></tr>
<tr><td>姓名</td><td></td><td>时间</td><td></td><td>总分</td><td></td></tr>
<tr><td>项目内容</td><td colspan="2">评价标准</td><td>分值</td><td>自评</td><td>小组互评</td><td>教师评价</td></tr>
<tr><td rowspan="6">任务考核
（60%）</td><td colspan="2">描述激光测距传感器的测量原理</td><td>20</td><td></td><td></td><td></td></tr>
<tr><td colspan="2">描述激光测距传感器的校准方法</td><td>20</td><td></td><td></td><td></td></tr>
<tr><td colspan="2">描述激光测量模块之人机界面的组成</td><td>20</td><td></td><td></td><td></td></tr>
<tr><td colspan="2">手动操作完成激光测距传感器的校准</td><td>20</td><td></td><td></td><td></td></tr>
<tr><td colspan="2">手动操作完成激光测量模块之人机界面的设置</td><td>20</td><td></td><td></td><td></td></tr>
<tr><td colspan="2">总分</td><td>100</td><td></td><td></td><td></td></tr>
<tr><td rowspan="6">素养考核
（40%）</td><td colspan="2">操作安全规范</td><td>20</td><td></td><td></td><td></td></tr>
<tr><td colspan="2">遵守劳动纪律</td><td>20</td><td></td><td></td><td></td></tr>
<tr><td colspan="2">分享、沟通、分工、协作、互助</td><td>20</td><td></td><td></td><td></td></tr>
<tr><td colspan="2">资料查阅、文档编写</td><td>20</td><td></td><td></td><td></td></tr>
<tr><td colspan="2">精益求精、追求卓越</td><td>20</td><td></td><td></td><td></td></tr>
<tr><td colspan="2">总分</td><td>100</td><td></td><td></td><td></td></tr>
</table>

任务拓展

按照不同方位放置手机前盖，如正反调换位置、前后调换位置等，调节激光传感器的测量误差范围值，并保存数据。再次使用激光传感器进行识别。

知识链接

知识点　激光测距

激光测距是以激光器作为光源进行测距的。激光器根据激光工作的方式分为连续激光器和脉冲激光器。氦氖、氩离子、氪镉等气体激光器工作于连续输出状态，用于相位式激光测距；双异质砷化镓半导体激光器用于红外测距；红宝石、钕玻璃等固体激光器用于脉冲式激光测距。得益于激光的单色性好、方向性强，同时电子线路实现了半导体化、集成化，激光测距仪不仅可以日夜作业，而且能提高测距精度。

激光测距传感器的工作范围为 50～300mm，它与测量仪之间的距离必须在这个范围内。因此，必须机械调整传感器，才能校准传感器的模拟输出信号。

在操作过程中，为了确保传感器能够正确工作，首先需要将传感器的距离调整到合适的操作范围，并将调色板作为测量的坐标原点。实际操作中，常用的传感器与工件之间的距离为 200～250mm。虽然两个传感器可以调整到相同的距离，但这并不是必需的。在调整传感器时，确保其光束能够准确穿过工件，并直接嵌入调色板。这一步骤有助于确保测量的精度和一致性，使整个过程中的测量数据能够以调色板为基准进行准确的分析。

同时按 T 和 S 按钮至少 3s 以激活设置模式。在设置模式下，同时按 T 和 S 按钮以退出设置模式。在设置模式下，按 T 按钮一次即可跳转到菜单选项中的某个点。在设置模式下，按 S 按钮一次即可保存当前值。为了设置传感器的测量范围并提高分辨率，必须调试传感器的模拟输出。0%的模拟输出被设置为 *Z* 轴的零点，即托盘高度，最大输出 100%设置为“主件”。

调试中，将传感器尽可能垂直地与待测试的对象/托盘对齐，同时托盘上禁止放置物体。在开始时，同时按下 BG2 传感器上的 T 和 S 按钮至少 3s，以进入设置模式，零点将出现在托盘上，LED“Q1”应该亮起橙色，绿色状态的 LED 应该闪烁。

工作手册

姓名：	学号：	班级：	日期：
4.2　认知激光测距传感器工作手册			

课堂笔记

任务接收

表 4-2-1　任务分配表

序号	角色	姓名	学号	分工
1	组长			
2	组员			
3	组员			

任务准备

表 4-2-2　工作方案设计表

序号	工作内容	负责人
1		
2		
3		
4		
5		

表 4-2-3　实训设备、工具与耗材清单

序号	名称	型号与规格	数量	备注
1				
2				
3				
4				
5				
6				
7				
领取人：　　　　归还人：				

任务实施

（1）描述激光测距传感器的测量原理

表 4-2-4　任务实施表 1

描述激光测距传感器的测量原理			
负责人		验收签字	

（2）描述激光测距传感器的校准方法

表 4-2-5　任务实施表 2

描述激光测距传感器的校准方法			
负责人		验收签字	

课堂笔记

（3）描述激光测量模块之人机界面的组成

表 4-2-6　任务实施表 3

描述激光测量模块之人机界面的组成			
负责人		验收签字	

（4）手动操作完成激光测距传感器的校准

表 4-2-7　任务实施表 4

手动操作完成激光测距传感器的校准			
负责人		验收签字	

（5）手动操作完成激光测量模块之人机界面的设置

表 4-2-8　任务实施表 5

手动操作完成激光测量模块之人机界面的设置			
负责人		验收签字	

课堂笔记

任务拓展

按照不同方位放置手机前盖，如正反调换位置、前后调换位置等，调节激光传感器的测量误差范围值，并保存数据。再次使用激光传感器进行识别。

课后作业

小组合作，用 PPT 展示以下任务：

1）描述激光测距传感器的测量原理。

2）描述激光测距传感器的校准方法。

3）描述激光测量模块之人机界面的组成。

4）手动操作完成激光测距传感器的校准。

5）手动操作完成激光测量模块之人机界面的设置。

项目 5 认知加工工作站

◎ **项目导入**

随着电子芯片行业在先进制程上不断追求纳米级别的突破，对应的PCB也进入了微米时代。当前，超高速、多层、超精密、多种材质印制电路板的加工要求越来越高，市场竞争也日益激烈。然而，加工工艺的限制，特别是在电路板打孔技术上的困难，成为制约发展的主要瓶颈。

近年来，在高精尖技术的竞技场上，我国企业频频“亮剑”，先后突破了0.01mm微钻和0.01mm铣刀的关键技术，实现钻铣“双剑合璧”。自此，该领域长期以来寡头封锁的局面被打破，我国制造有了更坚实的话语权。0.01mm微钻和0.01mm铣刀被誉为“最精致的工业牙齿”。这两项技术的突破，意味着我国在精细加工领域迈上新台阶。

本项目将要介绍的工业4.0设备之钻孔加工单元使用钻头进行钻孔工作，结合定制要求，可以实现个性化订单生产。

◎ **学习目标**

知识目标	1. 掌握钻孔加工单元的组成及相关器件的功能原理； 2. 掌握钻孔加工单元机械装调、传感器装调的方法； 3. 掌握检查与排除钻孔加工单元基本故障的方法
能力目标	1. 能够进行钻孔加工单元机械装调和HMI操作； 2. 能够进行相关传感器的维护、维修
素养目标	1. 培养职业认同感、责任感、使命感； 2. 弘扬不懈探索、精益求精、自立自强的科学家精神

任务 5.1 认知钻孔加工单元

任务描述

本任务中，要求认知钻孔加工单元，了解钻孔加工单元的整体功能、硬件结构及工作流程。

微课：初识钻孔加工单元

任务要求

1）描述钻孔加工单元的整体功能及硬件结构。
2）描述钻孔加工单元的运行工作流程。
3）检查硬件运行前的安全性。
4）手动操作完成小车进入钻孔加工单元，包括阻挡、钻孔、放行等工作流程。

任务准备

准备工具 1 套（内六角扳手 1 套、一字螺钉旋具 1 套），通用设备模块 1 套（包括传输带模块、电源模块、电磁阀岛、PLC、HMI、交换机、RFID、接近传感器），钻孔应用模块 1 套（包括钻孔工具包、X 轴移动导轨、Z 轴气缸、导线与气管若干），如图 5.1.1 所示。

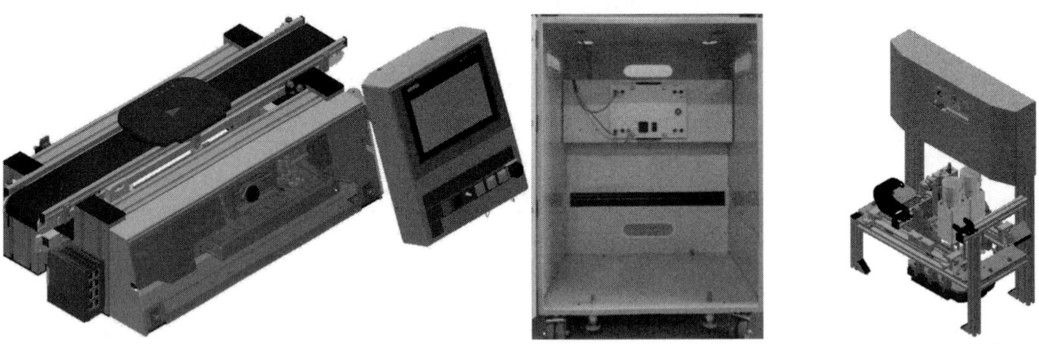

（a）通用设备模块　　（b）钻孔应用模块

图 5.1.1　准备设备

任务实施

本任务主要认知钻孔加工单元，具体为描述钻孔加工单元的整体功能、硬件结构、运行工作流程，手动操作完成小车进入钻孔加工单元的工作流程。

任务实施步骤如下：

1）描述钻孔加工单元的整体功能。

2）描述钻孔加工单元的硬件结构。

3）描述钻孔加工单元的运行工作流程。

4）检查硬件运行前的安全性，连接硬件电路，检测各电路的正确性，确保无误后通电使用。

5）手动操作完成小车进入钻孔加工单元，包括阻挡、钻孔、放行等工作流程。

任务评价

任务评价表如表 5.1.1 所示。

表 5.1.1　任务评价表

基本信息	认知钻孔加工单元任务					
	班级		学号		分组	
	姓名		时间		总分	
项目内容	评价标准		分值	自评	小组互评	教师评价
任务考核（60%）	描述钻孔加工单元的整体功能		20			
	描述钻孔加工单元的硬件结构		20			
	描述钻孔加工单元的运行工作流程		20			
	检查硬件运行前的安全性		10			
	手动操作完成小车进入钻孔加工单元，包括阻挡、钻孔、放行等工作流程		30			
	总分		100			
素养考核（40%）	操作安全规范		20			
	遵守劳动纪律		20			
	分享、沟通、分工、协作、互助		20			
	资料查阅、文档编写		20			
	精益求精、追求卓越		20			
	总分		100			

任务拓展

前盖放反，查看光电传感器能否成功检测，以及本钻孔加工单元是否正常工作。

知识链接

知识点 5.1.1　钻孔加工单元

智能生产线的钻孔加工单元包括基础传输带基础组件和钻孔应用模块，其中基础传输带基础组件为智能生产线通用设备。

基础传输带基础组件主要包括外框架、传输带、24V 电机、止动单元、电路板、接近传感器等。

钻孔应用模块位于工位的上方，负责工件的加工操作。设备的控制主要由 PLC、HMI 等完成，用于控制钻孔动作。钻孔应用模块主要包括 PLC、电磁阀岛、启动电流限制器、*Z* 轴气缸、*X* 轴移动导轨、托盘及工件、钻孔加工工具包 1、钻孔加工工具包 2 等部件，如图 5.1.2 所示。当放置有工件的托盘从测量单元运输至钻孔加工单元时，系统开始执行预先设定的动作，动作分为只左边钻孔、只右边钻孔、两边同时钻孔。钻孔完成后传输带运输托盘至仓储单元。

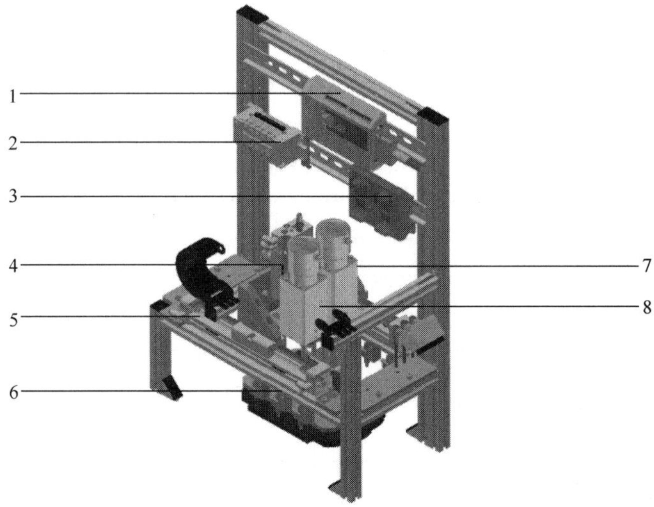

1—PLC；2—电磁阀岛；3—启动电流限制器；4—*Z* 轴气缸；5—*X* 轴移动导轨；6—托盘及工件；
7—钻孔加工工具包 1；8—钻孔加工工具包 2。

图 5.1.2 钻孔应用模块

知识点 5.1.2 钻孔加工单元的动作流程

钻孔加工工具包主要用于实现钻孔操作，工具包由外壳、电机、钻头等组成。在自动模式下，一个完整的工作流程如下：

1）一个小车被运到加工位置，小车被停止（托盘上有手机前盖，不能有手机后盖，并且手机前盖的放置位置必须正确），传输带把载有工件的小车向后运输。

2）阻挡器使小车停止，对射型光电传感器检测是否满足加工条件。

3）根据订单要求，进行定制化钻孔加工，两个钻具在左侧，打开钻头。

4）如果两边都进行钻孔，则工作流程如下：钻具装置向下钻孔；钻具装置向上运行；*X* 轴运行到合适的位置，钻具装置向下钻孔；钻具装置向上运行；关闭钻头。

5）*X* 轴回到左侧初始位置。

6）阻挡器放行小车，进入下个工序。

需要注意的是，在第 3）步，如果不满足加工条件，那么小车将会被直接放行，进入下一个工作站。不满足加工条件的情况有很多，如对射型光电传感器检测发现前盖装反；

或者在前面的测量站，测量的尺寸不合格；又或者有其他不满足加工条件的情况。这些情况下都会将信号传递至钻孔加工单元，从而使小车不被加工。

工作手册

姓名：	学号：	班级：	日期：
5.1　认知钻孔加工单元工作手册			

课堂笔记

任务接收

表 5-1-1　任务分配表

序号	角色	姓名	学号	分工
1	组长			
2	组员			
3	组员			

任务准备

表 5-1-2　工作方案设计表

序号	工作内容	负责人
1		
2		
3		
4		

表 5-1-3　实训设备、工具与耗材清单

序号	名称	型号与规格	数量	备注
1				
2				
3				
4				
领取人：　　　　归还人：				

任务实施

（1）描述钻孔加工单元的整体功能

表 5-1-4　任务实施表 1

序号	描述钻孔加工单元的整体功能
1	具有________及________模块
2	主要功能为________
3	通过________实现钻孔

（2）描述钻孔加工单元的硬件结构

表 5-1-5 任务实施表 2

序号	描述钻孔加工单元的硬件结构		
1	钻孔加工单元的整体硬件结构及其功能		
2	钻孔加工单元中基础传输带基础组件的硬件结构		
3	钻孔加工单元中钻孔应用模块的结构		
负责人		验收签字	

（3）描述钻孔加工单元的运行工作流程

表 5-1-6 任务实施表 3

描述钻孔加工单元的运行工作流程			
负责人		验收签字	

（4）检查硬件运行前的安全性

连接硬件电路，检测各电路的正确性，确保无误后通电使用。

表 5-1-7 任务实施表 4

检查硬件运行前的安全性					
检查内容（正常打“√”，不正常打“×”）					
检查模块	工具部件无遗漏、无杂物	硬件安装牢固	无接线错误、接线不牢	流量压力正常、阀门打开、指示正常	检查设备各部件正常无损坏、无短路、无发热等不良现象
基础传输带模块					
钻孔应用模块					
钻孔加工工具包					
负责人				验收签字	

（5）手动操作完成小车进入钻孔加工单元的工作流程

手动操作完成小车进入钻孔加工单元，包括阻挡、钻孔、放行等工作流程。

表 5-1-8 任务实施表 5

手动操作完成小车的工作流程						
检查内容（正常打“√”，不正常打“×”）						
检查模块	传输带正转	小车进入钻孔加工单元	阻挡器阻挡小车	进行钻孔	阻挡器放行小车	小车离开传输带
负责人					验收签字	

课堂笔记

任务拓展

若前盖放反，则查看钻孔加工单元能否实现钻孔加工工作。

课后作业

小组合作，用 PPT 展示以下任务：

1）描述钻孔加工单元的整体功能。

2）描述钻孔加工单元的硬件结构。

3）描述钻孔加工单元的运行工作流程。

4）手动操作完成小车进入钻孔加工单元，包括阻挡、钻孔、放行等工作流程。

课堂笔记

任务 5.2 钻孔加工单元的装调

任务描述

微课：钻孔加工单元机械装调

微课：钻孔加工单元传感器装调

本任务中，要求进行钻孔加工单元的装调，主要包括各个原件机械位置的装调、钻孔工具包的装调和光电传感器的装调等。

机械装调部分主要是进行整个加工单元的机械零部件安装，如槽螺母位置的安装调试，避免正常运行时被卡住；还包括钻孔加工工具包的组装调试，确保正常的转动打孔。传感器装调主要是光电传感器的装调，只有光电传感器的安装位置正确，传递正确的到位信息，PLC 才会发出控制指令，进行下一步动作。因此，整个设备的装调是非常重要和必不可少的。

任务要求

1）描述钻孔加工单元的设备组成及各部分的功能。

2）描述钻孔加工工具包的功能、结构及工作流程。

3）描述光电传感器的工作原理、测量方式、测量范围等。

4）组装钻孔加工工具包。

5）装调光电传感器。

任务准备

所需工具、设备除 X 轴气缸外，其余与任务 5.1 相同。

任务实施

本任务实施前需要进行设备的安装与接线，为保证所有部件能够成功连接，所有的设备、线缆等均已被标注清晰的标记。设备的安装大致分为以下几步：

1）安装通用模块。首先安装开关电源，电源输入可以是 220V 交流电，相关器件如图 5.2.1 所示。

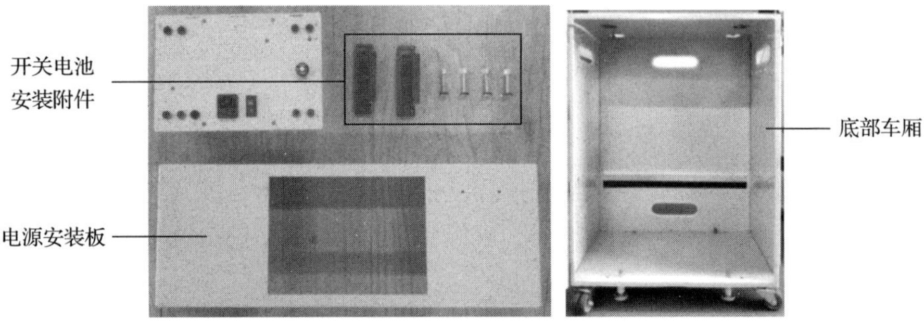

图 5.2.1　开关电源

安装完成效果如图 5.2.2 所示。

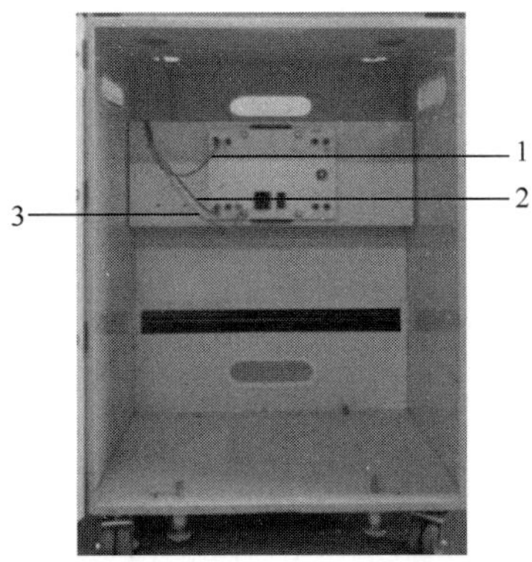

1—24V 输入；2—0V；3—接地线。

图 5.2.2　开关电源安装完成效果

2）安装基础传输带部分。在工业 4.0 设备中，所有单元的基础传输带部分硬件、软件都是一样的。传输带部分包括 PLC（西门子 ET200 SP 系列）、传输带、电机、驱动器等。

安装完成效果如图 5.2.3 所示。

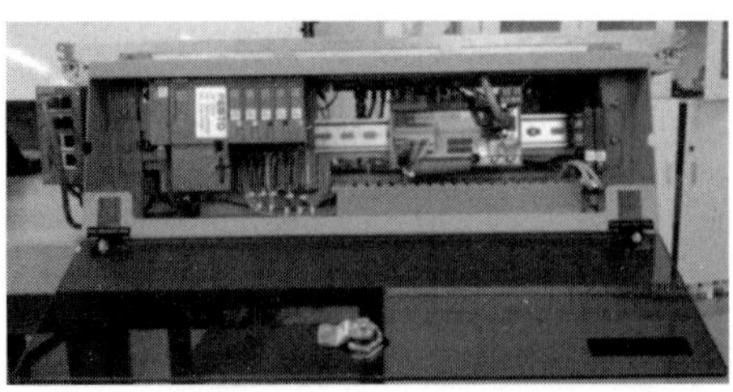

图 5.2.3　基础传输带模块安装完成效果

3）安装钻孔应用模块。需要的器材包括外框架、钻孔工具包、*X* 轴气缸、*Z* 轴气缸、磁性开关、光纤传感器等。钻孔应用模块的大致结构如图 5.1.1（b）所示。

① 组装钻孔加工工具包。钻孔加工工具包内部主要有钻孔电机、钻头、保护罩、螺栓、顶丝等。

首先将钻孔电机的按钮置于 on 状态；接着塞进保护罩，注意压扣和孔对准；然后将上、下保护罩拼在一起。拼齐时注意电缆插头和这个孔在同一侧，然后拧上螺栓，并把螺栓拧紧。最后将顶丝拧入，并用内六角扳手把顶丝拧紧。注意需要将三面顶丝都进行拧紧固定。

将钻头安装上去，装钻头时注意需要将压扣压住，这样钻头才可以固定，否则钻头会随着拧紧操作一起旋转。

这样，两个钻孔电机就组装好了，如图 5.2.4 所示。

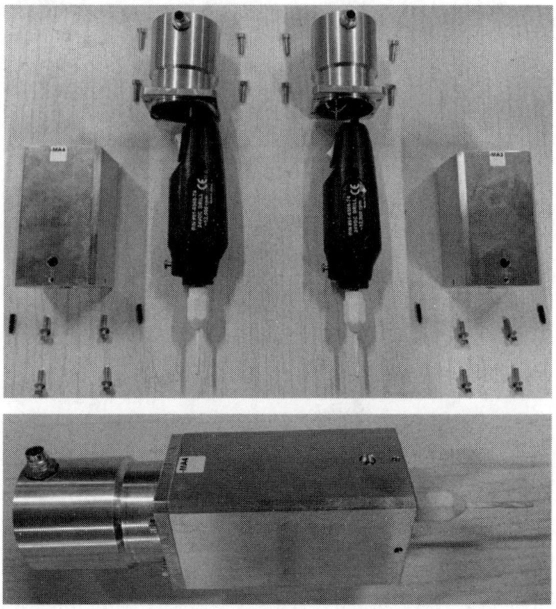

图 5.2.4　钻孔电机组装完成

② 钻孔加工工具组装好后，进行钻孔应用模块的装调。首先将两个 M5 槽螺母放入前横梁的前槽中，然后将另外两个槽螺母放入型材的后槽中。之后，必须根据应用模块型材的距离调整槽螺母。然后安装钻孔应用模块，必须将槽螺母放在安装支架下方，以便固定螺钉。

将钻孔应用模块的安装支架放置到十字型材，当所有螺钉都安装好后，仍然可以将钻孔应用模块移动到所需的位置，并确保其可以正确传送工件。位置固定后，拧紧螺钉并将盖板放在安装支架上。

③ 进行气动连接。将管子（标称尺寸为 4mm）插入 QS 插头，完成电磁阀岛到传输带上开关阀的连接。

4）装调传感器。主要是将光电传感器安装到位，使其能够正常触发，确保系统正常运作。

① 光纤对射型传感器通过可见红外光实现是否有托盘工件的检测。调节光纤对射型传

感器，将光纤头彼此相对连接到位置处，使发射器和接收器光纤对齐。用小螺钉旋具转动调节螺钉，直到出现开关状态显示。钻孔应用模块传感器如图 5.2.5 所示。

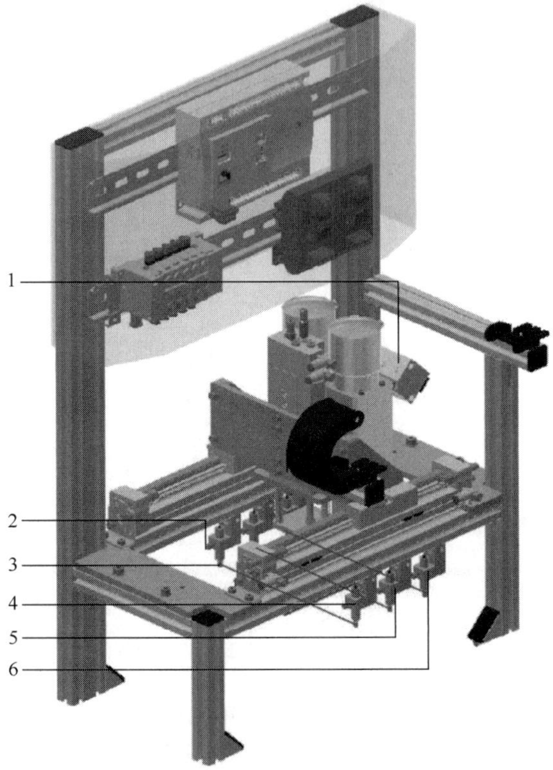

1—光纤传感器 D/A 转换模块；2—垂直夹紧/调整传感器锁定螺钉；3—光纤接收传感器；4—光纤发射传感器（用于确认小车放置正确）；5—光纤发射传感器（用于确认盖板正确）；6—光纤发射传感器（用于确认钻孔可用）。

图 5.2.5　钻孔应用模块传感器

② 调节磁性开关的位置，实现对钻头在两个端点处位置的检测。钻孔应用模块磁性开关如图 5.2.6 所示。

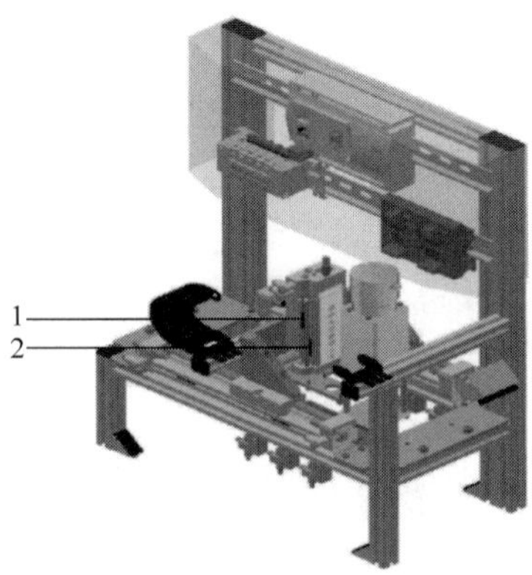

1—Z 轴顶部检测；2—Z 轴底部检测。

图 5.2.6　钻孔应用模块磁性开关

③ 单向流量控制阀用于控制双作用驱动单元的运动，通过在相反的方向施加气压，实现两个方向上的运动。钻孔应用模块流量控制阀如图 5.2.7 所示。

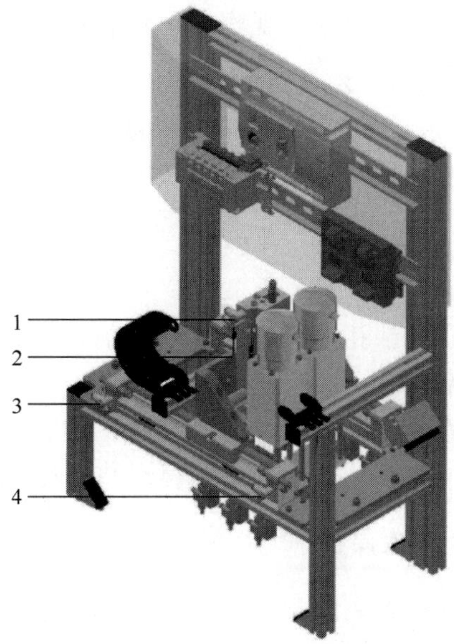

1—单向流量控制阀（Z 轴气缸向上用）；2—单向流量控制阀（Z 轴气缸向下用）；
3—单向流量控制阀（X 轴气缸向左用）；4—单向流量控制阀（X 轴气缸向右用）。

图 5.2.7　钻孔应用模块流量控制阀

5）检查电路的正确性，确定安全之后，通电运行。

任务评价

任务评价表如表 5.2.1 所示。

表 5.2.1　任务评价表

基本信息	钻孔加工单元的装调任务					
	班级		学号		分组	
	姓名		时间		总分	
项目内容	评价标准		分值	自评	小组互评	教师评价
任务考核（60%）	描述钻孔加工单元的硬件结构及各部件的功能		20			
	描述钻孔加工工具包的部件		20			
	描述光电传感器的工作原理及装调方法		20			
	完成整个单元的机械装调和传感器装调		40			
	总分		100			
素养考核（40%）	操作安全规范		20			
	遵守劳动纪律、课堂纪律		20			
	分享、沟通、分工、协作、互助		20			
	资料查阅、文档编写		20			
	精益求精、追求卓越		20			
	总分		100			

任务拓展

将光电传感器位置调高，正常运行，观察此时钻孔单元的动作和传输带的动作，并解释原因。

知识链接

知识点 5.2.1 直流电机简介

钻孔加工工具包内部主要有钻孔电机、钻头、保护罩、螺栓、顶丝等。其中最重要的就是钻孔电机，它是一个直流电机。

直流电机是指能实现直流电能和机械能互相转换的电机。当它作为电动机运行时，可以将电能转换为机械能；当作为发电机运行时，可以将机械能转换为电能。

知识点 5.2.2 直流电机的工作原理

直流电机根据是否配置有常用的电刷可以分为两类，即有刷直流电机和无刷直流电机。

1. 有刷直流电机

有刷直流电机的定子上安装有固定的主磁极和电刷，转子上安装有电枢绕组和换向器。直流电源的电能通过电刷和换向器进入电枢绕组，产生电枢电流，电枢电流产生的磁场与主磁场相互作用产生电磁转矩，使电机旋转带动负载。有刷直流电机的结构复杂，维护工作量大，寿命短，换向火花易产生电磁干扰。

有刷直流电机的固定部分（定子）上装设了一对静止的主磁极 N 和 S，在旋转部分（转子）装设了电枢铁心，定子与转子之间有一气隙。在电枢铁心上放置了导体连成的电枢线圈，线圈的首端和末端分别连到两个半环形的金属环上，此金属环称为换向片。换向片之间相互绝缘，由换向片构成的整体称为换向器。在换向片上放置着一对固定不动的电刷，当电枢线圈旋转时，电枢线圈通过换向片和电刷与外电路接通，实现电流的换向，保障电机持续运转。有刷直流电机工作原理图如图 5.2.8 所示。

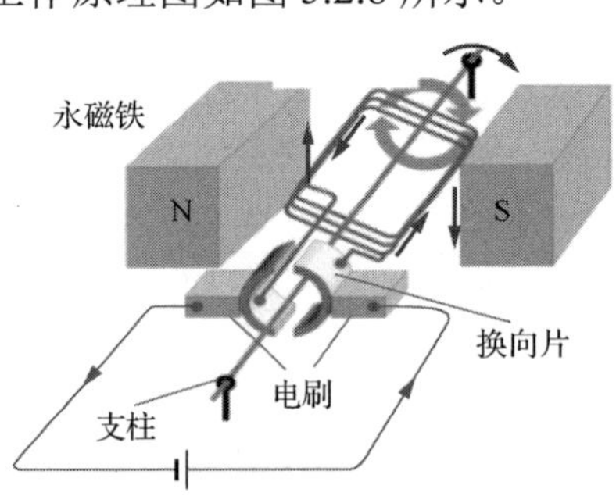

图 5.2.8　有刷直流电机工作原理图

2. 无刷直流电机

无刷直流电机与一般直流电机具有相同的工作原理和应用特性，但其结构组成不同。除电机本身外，无刷直流电机还多了一个换向电路，电机本身和换向电路紧密结合在一起。

电刷长期使用产生炭粉，在高温环境下炭粉可能会爆炸，因此，有刷直流电机需要定期清理炭粉，保养成本较高。相较于有刷直流电机，无刷直流电机更为安全和可靠。

无刷直流电机要转动，须先根据位置传感器的输出信号确认转子位置；然后通过电子换相电路驱动电机本体，使电枢绕组依次通电，从而在定子上产生旋转的磁场，驱动永磁转子转动，如图 5.2.9 所示。

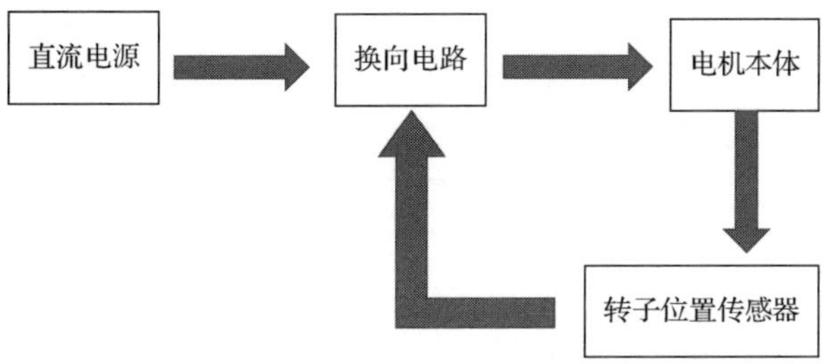

图 5.2.9　无刷直流电机的工作原理框图

工作手册

姓名：	学号：	班级：	日期：

5.2　钻孔加工单元的装调工作手册

课堂笔记

任务接收

表 5-2-1　任务分配表

序号	角色	姓名	学号	分工
1	组长			
2	组员			
3	组员			
4	组员			
5	组员			

任务准备

表 5-2-2　工作方案设计表

序号	工作内容	负责人
1		
2		
3		
4		

表 5-2-3　实训设备、工具与耗材清单

序号	名称	型号与规格	数量	备注
1				
2				
3				
4				
5				
6				
7				
8				
9				
10				
领取人：　　　　归还人：				

任务实施

（1）描述钻孔加工单元的整体功能

表 5-2-4　任务实施表 1

序号	描述钻孔加工单元的整体功能
1	
2	
3	

（2）描述钻孔加工单元的硬件结构

表 5-2-5　任务实施表 2

序号	描述钻孔加工单元的硬件结构		
1			
2			
3			
负责人		验收签字	

（3）描述装调内容（主要是机械装调和传感器装调）

表 5-2-6　任务实施表 3

描述装调内容			
负责人		验收签字	

课堂笔记

（4）检查硬件运行前的安全性

连接硬件电路，检测各电路的正确性，确保无误后通电使用。

表 5-2-7　任务实施表 4

检查硬件运行前的安全性				
检查内容（正常打“√”，不正常打“×”）				
检查模块	工具部件无遗漏、无杂物	硬件安装牢固	无接线错误、接线不牢	检查设备各部件正常，无损坏、无短路、无发热等不良现象
基础传输带模块				
钻孔加工工具包				
光电传感器				
负责人			验收签字	

课堂笔记

任务拓展

将光电传感器位置调高，正常运行，观察小车如何动作并解释原因。

课后作业

小组合作，用 PPT 展示以下任务：

1）描述钻孔加工单元的整体功能。

2）描述钻孔加工单元机械装调原理及步骤。

3）描述钻孔加工单元传感器装调原理及步骤。

4）进行设备装调，然后完成小车在钻孔加工单元上的启动、阻挡停止、钻孔、放行等工作流程。

任务 5.3

钻孔加工单元的 HMI 操作

任务描述

认识钻孔加工单元的 HMI 界面；了解各个界面具有哪些功能，可以实现哪些操作。

微课：钻孔加工单元 HMI 操作

本任务中，要求在前面组装调试好的硬件基础上，通过 HMI 进行相关操作，手动完成小车的进入、钻孔、RFID 读写、放行等操作，然后在自动模式下进行自动运行。

任务要求

1）描述 HMI 的工作原理。

2）归纳钻孔加工单元 HMI 的功能。

3）手动操作完成定制产品个性化订单的生产。

任务准备

与任务 4.2 的“任务准备”相同。

任务实施

在向 PLC、HMI 中写入程序后即可进行相关操作。对钻孔加工单元的操作大致有以下步骤：

1）进行应用模块的设置。首先需要将程序调至 Setup 模式，如图 5.3.1 所示。

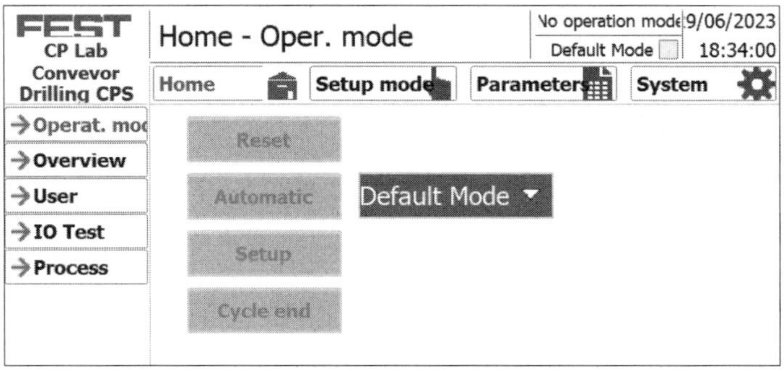

图 5.3.1　Setup 模式

2）先单击 Setup mode 按钮，进入设置界面，然后单击 Application 按钮，进行与钻孔应用相关的设置。

3）在 Setup mode 界面中，工件到达 Stopper 可进行钻孔。钻孔应用界面如图 5.3.2 所示。

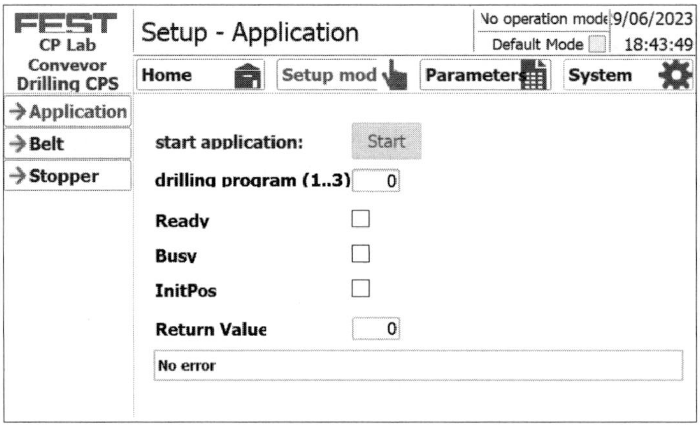

图 5.3.2　钻孔应用界面

4）通信参数的设置。在 Parameters 子菜单下，单击 Transitions 按钮进行通信参数的设置。相关参数如图 5.3.3 所示，Start condition 为从 RFID 中读取的数据。

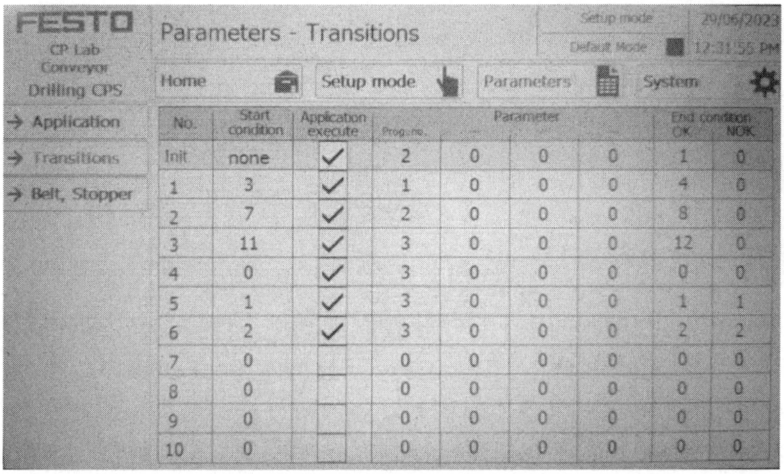

图 5.3.3　相关参数

Prog.no.参数说明如表 5.3.1 所示。

表 5.3.1　Prog.no.参数说明

Prog.no.	说明
1	左边钻孔
2	右边钻孔
3	两边都钻孔

5）完成钻孔加工单元的加工运行设置。可以直接切换自动模式运行。

任务评价

任务评价表如表 5.3.2 所示。

表 5.3.2　任务评价表

基本信息	钻孔加工单元的 HMI 操作任务					
	班级		学号		分组	
	姓名		时间		总分	
项目内容	评价标准		分值	自评	小组互评	教师评价
任务考核（60%）	描述钻孔加工单元 HMI 的功能		30			
	描述钻孔加工单元 HMI 界面的组成		30			
	操作 HMI，完成小车的手动钻孔、放行等操作		40			
	总分		100			
素养考核（40%）	操作安全规范		20			
	遵守劳动纪律		20			
	分享、沟通、分工、协作、互助		20			
	资料查阅、文档编写		20			
	精益求精、工匠精神		20			
	总分		100			

任务拓展

手动操作完成 RFID 的读取与写入。

知识链接

知识点 5.3.1　PLC 简介

PLC 是一种具有微处理器的用于自动化控制的数字运算控制器，可以将控制指令随时载入内存进行存储与执行。PLC 由 CPU、指令及数据内存、I/O 接口、电源、D/A 转换等功能单元组成。早期的 PLC 只具备逻辑控制功能，所以被命名为可编程逻辑控制器，后来随着不断发展，PLC 逐渐具备了包括逻辑控制、时序控制、模拟控制、多机通信等各类功能，名称也改为可编程控制器（programmable controller，PC）。但是由于它的简写 PC 与个人计算机（personal computer，PC）的简写相冲突，人们还是经常使用可编程逻辑控制器这一称呼，并仍沿用 PLC 这一缩写。

现在工业上使用的 PLC 已经相当或接近于一台紧凑型计算机的主机，其在扩展性和可靠性方面的优势使其被广泛应用于各类工业控制领域。不管是在计算机直接数字控制系统（direct digit control，DDC）还是 DCS，或者 FCS 中，总是有各类 PLC 的大量使用。PLC 的生产厂商很多，如西门子、施耐德、三菱、台达等。FESTO（费斯托）品牌 PLC 如图 5.3.4 所示。

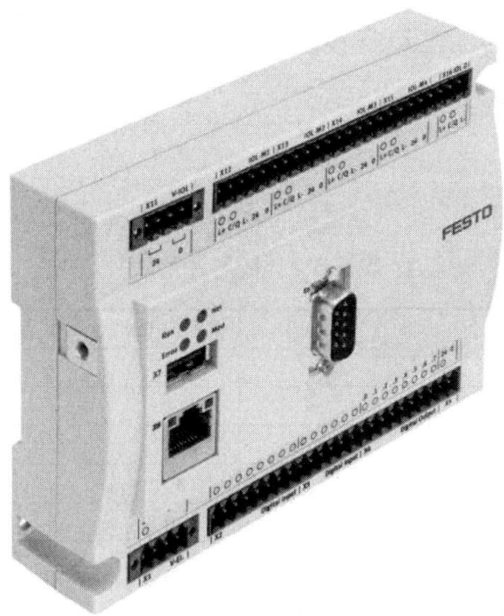

图 5.3.4　FESTO 品牌 PLC

本书中的智能生产线加工单元使用 FESTO 品牌 PLC，型号为 CECC-LK。该款 PLC 具有 12 个数字量输入，8 个数字量输出，附加 2 个频率达 250kHz 的高速计数器，标准工作电压为 DC 24V，最大电流为 6A。

知识点 5.3.2　PLC 的组成

PLC 实质是一种专用于工业控制的计算机，其硬件结构基本上与微型计算机相同，基本构成详细描述如下：

1）电源：用于将交流电转换成 PLC 内部所需的直流电，目前大部分 PLC 采用开关式稳压电源供电。

2）CPU：CPU 是 PLC 的控制中枢，也是 PLC 的核心部件，其性能决定了 PLC 的性能。CPU 由控制器、运算器和寄存器组成，这些电路都集中在一块芯片上，通过地址总线、控制总线与存储器的 I/O 接口电路相连。CPU 的作用是处理和运行用户程序，进行逻辑和数学运算，控制整个系统使之协调。

3）存储器：具有记忆功能的半导体电路，它的作用是存放系统程序、用户程序、逻辑变量和其他一些信息。其中，系统程序是控制 PLC 实现各种功能的程序，由 PLC 生产厂家编写，并固化到只读存储器（read only memory，ROM）中，用户不能访问。

4）输入单元：PLC 与被控设备相连的输入接口，是信号进入 PLC 的桥梁，它的作用是接收主令元件、检测元件传来的信号。输入单元的类型有直流输入、交流输入、交直流输入。

5）输出单元：PLC 与被控设备之间的连接部件，它的作用是把 PLC 的输出信号传送给被控设备，即将 CPU 送出的弱电信号转换成电平信号，驱动被控设备的执行元件。输出单元的类型有继电器输出、晶体管输出、晶闸门输出。

除上述几部分外，根据机型的不同，PLC 还有多种外部设备，它们的作用是帮助编程、实现监控及网络通信。常用的外部设备有编程器、打印机、盒式磁带录音机、计算机等。

知识点 5.3.3　PLC 的工作原理

当 PLC 投入运行后，其工作过程一般分为 3 个阶段，即输入采样、用户程序执行和输出刷新。上述 3 个阶段称为一个扫描周期。在整个运行期间，PLC 的 CPU 以一定的扫描速度重复执行上述 3 个阶段。

1）在输入采样阶段，PLC 以扫描方式依次读入所有输入状态和数据，并将它们存入 I/O 映像区中相应的单元内。输入采样结束后，转入用户程序执行和输出刷新阶段。在这两个阶段中，即使输入状态和数据发生变化，I/O 映像区中相应单元的状态和数据也不会改变。因此，如果输入的是脉冲信号，则该脉冲信号的宽度必须大于一个扫描周期，这样才能保证在任何情况下，该输入都能被读入。

2）在用户程序执行阶段，PLC 总是按由上而下的顺序依次扫描用户程序（梯形图）。在扫描每一条梯形图时，又总是先扫描梯形图左边的由各触点构成的控制电路，并按先左后右、先上后下的顺序对由触点构成的控制电路进行逻辑运算，然后根据逻辑运算的结果，刷新该逻辑线圈在系统随机存取存储器（random access memory，RAM）存储区中对应位的状态；或者刷新该输出线圈在 I/O 映像区中对应位的状态；又或者确定是否要执行该梯形图所规定的特殊功能指令。也就是说，在用户程序执行过程中，只有输入点在 I/O 映像区内的状态和数据不会发生变化，而其他输出点和软设备在 I/O 映像区或系统 RAM 存储区内的状态和数据都有可能发生变化，而且排在上面的梯形图，其程序执行结果会对排在下面的凡是用到这些线圈或数据的梯形图起作用；相反，排在下面的梯形图，其被刷新的逻辑线圈的状态或数据只能到下一个扫描周期才能对排在其上面的程序起作用。在程序执行的过程中，如果使用立即 I/O 指令，则可以直接存取 I/O 点。也就是说，使用 I/O 指令，输入过程映像寄存器的值不会被更新，程序直接从 I/O 模块取值，输出过程映像寄存器会被立即更新，这跟立即输入有些区别。

3）当扫描用户程序结束后，PLC 就进入输出刷新阶段。在此期间，CPU 按照 I/O 映像区内对应的状态和数据刷新所有的输出锁存电路，再经输出电路驱动相应的外部设备。这时，才是 PLC 的真正输出。

根据上述过程的描述，可以对 PLC 工作过程的特点总结如下：

1）PLC 采用集中采样、集中输出的工作方式，这种方式减少了外界干扰的影响。

2）PLC 的工作过程是循环扫描的过程，循环扫描时间的长短取决于指令执行速度、用户程序的长度等因素。

3）输出对输入的影响有滞后现象。PLC 采用集中采样、集中输出的工作方式，当采样阶段结束后，输入状态的变化要等到下一个采样周期才能被接收，因此这个滞后时间的长短主要取决于循环周期的长短。此外，影响滞后时间的因素还有输入滤波时间、输出电路的滞后时间等。

4）输出映像寄存器的内容取决于用户程序扫描执行的结果。

5）输出锁存器的内容由上一次输出刷新期间输出映像寄存器中的数据决定。

6）PLC 当前实际的输出状态由输出锁存器的内容决定。

工作手册

姓名：	学号：	班级：	日期：
5.3 钻孔加工单元的 HMI 操作任务			

任务接收

表 5-3-1 任务分配表

序号	角色	姓名	学号	分工
1	组长			
2	组员			
3	组员			
4	组员			
5	组员			

任务准备

表 5-3-2 工作方案设计表

序号	工作内容	负责人
1		
2		
3		
4		

课堂笔记

表 5-3-3　实训设备、工具与耗材清单

序号	名称	型号与规格	数量	备注
1				
2				
3				
4				
5				
领取人：　　　　归还人：				

任务实施

（1）描述 HMI 的整体功能

表 5-3-4　任务实施表 1

序号	描述 HMI 的整体功能		
1	HMI 的作用及其功能		
2	手动操作 HMI 进行钻孔等		
3	在 HMI 上设置参数自动进行运行		
负责人		验收签字	

（2）描述钻孔加工单元的 HMI 操作流程

表 5-3-5　任务实施表 2

描述钻孔加工单元的 HMI 操作流程			
负责人		验收签字	

（3）检查硬件运行前的安全性

进行所有操作之前必须检查设备的安全性，确保接线无误，不会发生危险。

表 5-3-6　任务实施表 3

检查硬件运行前的安全性				
检查内容（正常打“√”，不正常打“×”）				
检查模块	工具部件无遗漏、无杂物	硬件安装牢固	无接线错误、接线不牢	检查设备各部件正常，无损坏、无短路、无发热等不良现象
基础传动带模块				
钻孔加工工具包				
光电传感器				
负责人		验收签字		

课堂笔记

任务拓展 手动操作完成 RFID 的读取与写入。 **课后作业** 小组合作，用 PPT 展示以下任务： 1）描述钻孔加工单元 HMI 的整体功能。 2）描述手动操作 HMI 实现钻孔、放行等操作。 3）在 HMI 上进行相关设置，实现自动钻孔、放行。	课堂笔记

项目 6 认知输出工作站

◎ 项目导入

创新是引领发展的第一动力。近年来，国内企业积极开展技术改造升级，加快数字化、智能化转型发展步伐。由双星集团打造的全球轮胎行业第一个全流程“工业 4.0”智能化工厂便是其中之一。近年来，双星以智慧转型为引领，坚持“数实融合”，借助数字化、智能化的生产系统，探索出一套效率高、耗能小的生产流程，企业生产由“汗水型”转向“智慧型”。

走进双星轮胎“工业 4.0”智能化工厂生产车间，一台台智能机器人穿梭其间，挥舞“手臂”有序进行着生产加工，各种智能设备在生产线上“忙碌”着。

目前，双星轮胎“工业 4.0”智能化工厂拥有 11 种生产线、300 余台智能机器，80%由双星自主研发生产，工人只需根据高级排产系统排出的用户订单生产计划，进行关键工序确认和调整，智能机器人便可自主完成工作。人工效率提高了 2 倍以上，产品不良率降低了 80%，产品实现了高端、高差异化、高附加值、高质量，环保、能效均达到世界先进水平。

双星轮胎“工业 4.0”智能化工厂正是工业 4.0 技术的一项完美例证，其打破了传统轮胎企业集中式的生产方式，集成全球先进的信息通信技术、数字控制技术和智能装备技术，融“产品定制化、企业互联化、制造智能化”于一体，搭建了一个由用户（订单）指挥、数据驱动、软件运行的智能生态系统。

◎ 学习目标

知识目标	1. 掌握输出单元的组成及相关元器件的功能； 2. 掌握输出单元机械装调、传感器装调方法； 3. 掌握输出单元基本故障的检查与排除方法； 4. 掌握输出单元 HMI 操作方法
能力目标	1. 能进行输出单元装调与维修； 2. 能进行相关传感器维修、维护； 3. 能手动、自动实现输出单元动作
素养目标	1. 培养开拓思维、批判性思维，勇于打破常规； 2. 树立环保意识，自觉践行绿色生产和可持续性发展理念

任务 6.1 认知工件输出站

任务描述

本任务中，要求认知工件输出站的部件组成、各个组成部分的原理和作用，了解小车在工件输出站的动作流程。

微课：初识工件输出站

任务要求

1）描述工件输出站的设备组成。

2）描述设备原理、功能、结构及工作流程。

任务准备

准备工具 1 套（内六角扳手 1 套、一字螺钉旋具 1 套）、通用设备模块 1 套（包括传输带模块、电源模块、电磁阀岛、PLC、HMI、交换机、RFID、接近传感器）、工件输出模块 1 套（包括电机控制器、电磁阀岛、移动导轨、存储位置、气缸等）。输出应用模块如图 6.1.1 所示。

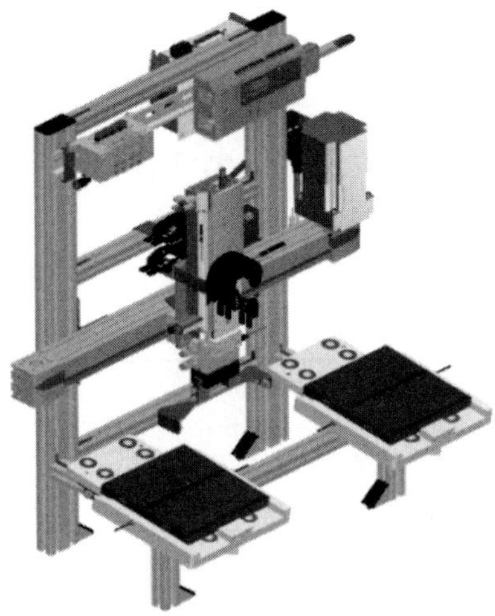

图 6.1.1　输出应用模块

任务实施

1. 认识工件输出站的组成

工件经过加工单元进行加工之后，进入仓储单元进行储存。用来储存的料仓分为左右两边，一边存满了之后，系统自动切换，开始在另一边进行存放。仓储单元主要由通用设备单元和仓储应用单元组成。通用设备单元主要由传输带模块、RFID 模块、触摸屏等组成。仓储应用单元主要元器件有电机控制器、电磁阀岛、X 轴移动导轨、左储存位置、I/O 终端、X 轴电机、Z 轴气缸、夹持器、右储存位置，如图 6.1.2 所示。

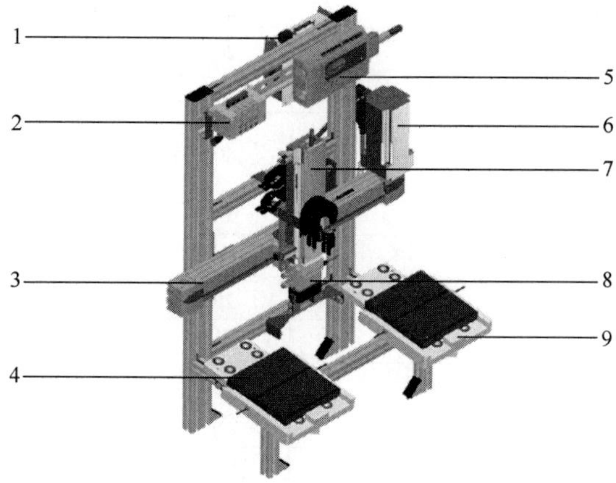

1—电机控制器；2—电磁阀岛；3—X 轴移动导轨；4—左储存位置；5—I/O 终端；6—X 轴电机；7—Z 轴气缸；8—夹持器；9—右储存位置。

图 6.1.2　工件输出模块

2. 描述工件输出站的动作流程

当小车从传输带入口进入，被阻挡模块阻挡时，RFID 读写头会读写订单加工信息，然后搬运工件单元会根据 PLC 的指令进行搬运工作，输出到左侧或右侧。滑槽是一个斜坡，上有滚珠，工件可以滑落到底部。滑槽上面装有对射型光电传感器，当一侧装满时，会把对射光信号挡住，需要人工把物料取出。

3. 使用自动模式完成整个动作流程

将小车放在入口，使用 HMI 实现自动运行。传输带自动运输，并被阻挡块挡住，抓手抓住工件输出到滑槽，然后抓手回到中间位置，小车被放行。

4. 认识步进电动机

机械夹爪水平方向上的移动通过步进电动机实现。这里使用的步进电动机为直流、48V 供电，电动机保持转矩为 0.8N·m，最大转速为 2720r/min，步距角为 1.8°，带光学增量式编码器。图 6.1.3 所示为步进电动机的外观。

图 6.1.3　步进电动机

任务评价

任务评价表如表 6.1.1 所示。

表 6.1.1　任务评价表

基本信息	认知工件输出站任务					
	班级		学号		分组	
	姓名		时间		总分	
项目内容	评价标准		分值	自评	小组互评	教师评价
任务考核（60%）	描述工件输出站的整体功能		20			
	描述工件输出站的硬件结构		20			
	描述工件输出站的运行工作流程		20			
	手动和自动操作，完成小车进入、抓取工件、放行等工作流程		40			
	总分		100			
素养考核（40%）	操作安全规范		20			
	遵守劳动纪律		20			
	分享、沟通、分工、协作、互助		20			
	资料查阅、文档编写		20			
	精益求精、追求卓越		20			
	总分		100			

任务拓展

如果储存位置上已经放满了工件，继续进入小车，此时工件会进行抓取吗？小车会被放行吗？

知识链接

知识点 6.1.1　步进电动机简介

步进电动机是一种可以将电脉冲信号转换成相应角位移或线位移的电动机。每输入一个脉冲信号，转子就转动一个角度或前进一步，其输出的角位移或线位移与输入的脉冲数成正比，转速与脉冲频率成正比。因此，步进电动机又称脉冲电动机。

通过控制施加在电动机线圈上的电脉冲顺序、频率和数量，可以实现对步进电动机的转向、速度和旋转角度的控制；配合直线运动执行机构或齿轮箱装置，还可以实现更加复杂、精密的线性运动控制。步进电动机一般由前后端盖、轴承、中心轴、转子铁心、定子铁心、定子组件、波纹垫圈、螺钉等部分构成，它利用电磁学原理，将电能转换为机械能，由缠绕在电动机定子齿槽上的线圈驱动。通常情况下，一根绕成圈状的金属丝称为螺线管，而在电动机中，绕在定子齿槽上的金属丝称为绕组、线圈或相。

步进电动机的结构形式和分类方法较多，一般按励磁方式分为磁阻式、永磁式和混磁式三种；按相数可分为单相、两相、三相和多相等形式。

我国所采用的步进电动机以反应式步进电动机为主。步进电动机的运行性能与控制方式有密切的关系，根据控制方式，步进电动机控制系统可以分为以下 3 类：开环控制系统、闭环控制系统、半闭环控制系统。半闭环控制系统在实际应用中一般归类于开环或闭环系统。

知识点 6.1.2　步进电动机的工作原理

步进电动机驱动器根据外来的控制脉冲和方向信号，通过其内部的逻辑电路，控制步进电动机的绕组以一定的时序正向或反向通电，使得电动机正向/反向旋转，或者锁定。

这里以正转为例介绍如下：设 A 相首先通电（B、C 两相不通电），产生 A-A′轴线方向的磁通，并通过转子形成闭合回路，这时，A、A′极就成为电磁铁的 N、S 两极。在磁场的作用下，转子总是力图转到磁路磁阻最小的位置，也就是要转到转子的齿对齐 A、A′极的位置。接着 B 相通电（A、C 两相不通电），转子便沿顺时针方向旋转 30°，它的齿和 B、B′极对齐。当脉冲信号一个一个发来时，如果按 A→B→C→A…的顺序通电，则单击转子便顺时针方向转动，实现了步进电动机的动作，如图 6.1.4 所示。

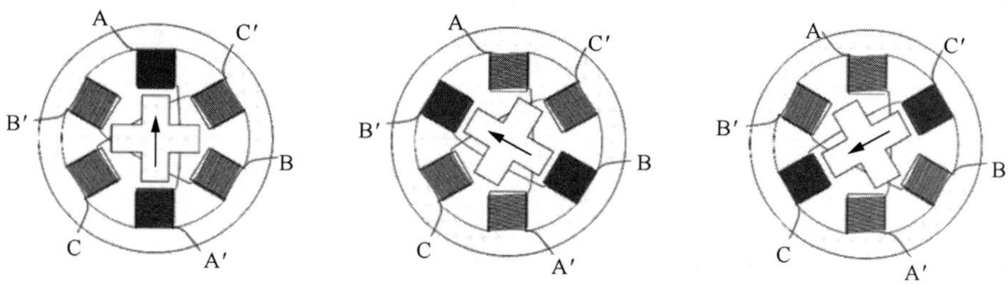

图 6.1.4　步进电动机的工作原理

步进电动机主要有以下参数。

相数：电动机内部的线圈组数。目前常用的有两相、三相和五相步进电动机。

拍数：完成一个磁场周期性变化所需的脉冲数或导电状态，或指电动机转过一个齿距角所需的脉冲数。以四相步进电动机为例，有四相四拍运行方式，即 AB—BC—CD—DA—AB；四相八拍运行方式，即 A—AB—B—BC—C—CD—D—DA—A。

保持转矩：步进电动机通电但没有转动时，定子锁住转子的力矩。

步距角：对应一个脉冲信号，电动机转子转过的角位移。

定位转矩：电动机在不通电状态下，电动机转子自身的锁定力矩。

失步：电动机运转时运转的步数，不等于理论上的步数。

随着步进电动机的广泛应用，对步进电动机控制的研究也越来越多。步进电动机在起动或加速时，如果步进脉冲变化太快，转子由于惯性而跟随不上电信号的变化，则会产生堵转或失步，在停止或减速时由于同样原因则可能产生超步。为防止堵转、失步和超步，提高工作频率，要对步进电动机进行升降速控制。

步进电动机的转速取决于脉冲频率、转子齿数和拍数。其角速度与脉冲频率成正比，而且在时间上与脉冲同步。因而，在转子齿数和运行拍数一定的情况下，只要控制脉冲频率即可获得所需速度。由于步进电动机是借助其同步力矩而起动的，为了不发生失步，起动频率是不高的。特别是随着功率的增加，转子直径增大，惯量增大，起动频率和最高运行频率可能相差十倍之多。

步进电动机的起动频率特性使步进电动机起动时不能直接达到运行频率，而要有一个起动过程，即从一个低的转速逐渐升至运行转速。停止时运行频率不能立即降为零，而要有一个高速逐渐降速到零的过程。

步进电动机的输出力矩随着脉冲频率的上升而下降，起动频率越高，起动力矩就越小，带动负载的能力越差，起动时会造成失步，而在停止时又会发生过冲。要使步进电动机快速达到所要求的速度又不失步或过冲，其关键在于在加速过程中，使加速度所要求的力矩既能充分利用各个运行频率下步进电动机所提供的力矩，又不超过这个力矩。因此，步进电动机的运行一般要经过加速、匀速、减速 3 个阶段，要求加减速过程时间尽量短，恒速时间尽量长。特别是在要求快速响应的工作中，从起点到终点运行的时间要求最短，这就必须要求加速、减速的过程最短，而恒速时的速度最高。

工作手册

姓名：	学号：	班级：	日期：

6.1 认知工件输出站工作手册

任务接收

表 6-1-1 任务分配表

序号	角色	姓名	学号	分工
1	组长			
2	组员			
3	组员			
4	组员			
5	组员			

课堂笔记

任务准备

表 6-1-2 工作方案设计表

序号	工作内容	负责人
1		
2		
3		
4		
5		

表 6-1-3 实训设备、工具与耗材清单

序号	名称	型号与规格	数量	备注
1				
2				
3				
4				
5				
领取人： 归还人：				

课堂笔记

任务实施

（1）描述工件输出站的整体功能

表 6-1-4 任务实施表 1

序号	描述工件输出站的整体功能		
1	工件输出站的整体结构，各部件原理、功能		
2	手动操作实现工件抓取、小车放行		
3	步进电动机在工件输出站的作用、工作原理		
负责人		验收签字	

（2）描述工件输出站的工作流程

表 6-1-5 任务实施表 2

描述工件输出站的工作流程			
负责人		验收签字	

（3）检查硬件运行前的安全性

进行所有操作之前必须检查设备的安全性，确保接线无误，不会发生危险。

表 6-1-6 任务实施表 3

检查硬件运行前的安全性					
检查内容（正常打“√”，不正常打“×”）					
检查模块	工具部件无遗漏、无杂物	硬件安装牢固	无接线错误、接线不牢	流量压力正常、阀门打开、指示正常	检查设备各部件正常，无损坏、无短路、无发热等不良现象
基础传输带模块					
工件输出模块					
负责人				验收签字	

任务拓展

如果储存位置上已经放满了工件，继续进入小车，此时工件会进行抓取吗？小车会被放行吗？

课后作业

小组合作，用 PPT 展示以下任务：

1）描述工件输出站的整体功能。

2）描述手动操作 HMI 实现工件抓取、小车放行等操作。

课堂笔记

任务 6.2 工件输出站的装调

任务描述

微课：工件输出站传感器装调

微课：工件输出站机械装调

本任务中，要求对工件输出站进行装调，工件输出站的装调主要有机械装调和传感器装调两部分。

机械装调主要是安装调试相关机械部件，连接相关气路，保证机械手爪能够正常完成开闭动作，滑台气缸能够正常升降。

传感器装调主要是对磁性传感器进行装调，工件输出站的磁性传感器一共有 3 个，其中 2 个用于检测滑台气缸，1 个主要用于检测气爪手的到位信号。滑台气缸的上升、下降到位都会触发磁性传感器，气爪的开闭也会触发对应的磁性传感器。

任务要求

1）描述工件输出站的设备组成、原理及工作流程。

2）描述工件输出站的机械装调，包括气路连接。

3）装调工件输出站的传感器，主要装调磁性传感器。

4）完成工件输出站工件输出工作流程。

任务准备

所需工具、设备与任务 6.1 相同。

任务实施

本任务实施前需要结合电气图纸进行设备的安装与接线。为保证所有部件能够成功连接，所有的设备、线缆、电气图纸、机械图纸等均已被标注清晰的标记。设备的安装大致分为以下几步：

1）安装通用模块。首先安装开关电源，电源输入可以是 220V 交流电，经过开关电源之后，转换为设备需要的直流电，相关器件如图 5.2.1 所示。

安装完成，结果如图 5.2.2 所示。

2）安装基础传输带部分。安装完成效果如图 5.2.3 所示。

3）安装仓储应用模块，然后调节相关器件。

① 调节对射型传感器，让发射端和接收端对齐，连接到仓储平台上，使用小螺钉旋具转动调节螺钉。对射型传感器用于检测仓储平台上是否存在工件，其工作示意图如图 6.2.1 所示。

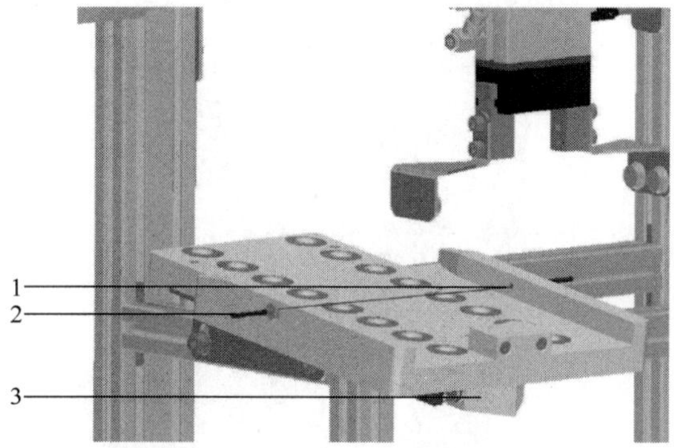

1—对射型传感器发射端；2—对射型传感器接收端；3—仓储平台。

图 6.2.1　对射型传感器的安装

② 调节 Z 轴接近传感器，使得在 Z 轴气缸到达顶端和底端时，可以被传感器探测到。具体调节方法为，在气缸到达顶端时，安装在其外壁固定槽内的接近传感器的 LED 灯刚好亮起，按照同样的方法调节底端的接近传感器。Z 轴接近传感器的安装如图 6.2.2 所示。

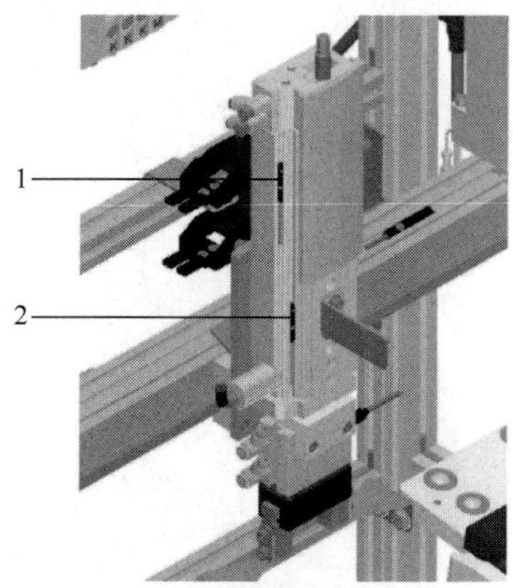

1—接近传感器（Z 轴顶端位置）；2—接近传感器（Z 轴底端位置）。

图 6.2.2　Z 轴接近传感器的安装

③ X 轴接近传感器的原理和 Z 轴接近传感器类似，仅安装位置不同，如图 6.2.3 所示。

④ 抓取接近传感器用于检测 Z 轴气缸的末端位置。调节方法也和上面接近传感器的调节方法类似，如图 6.2.4 所示。

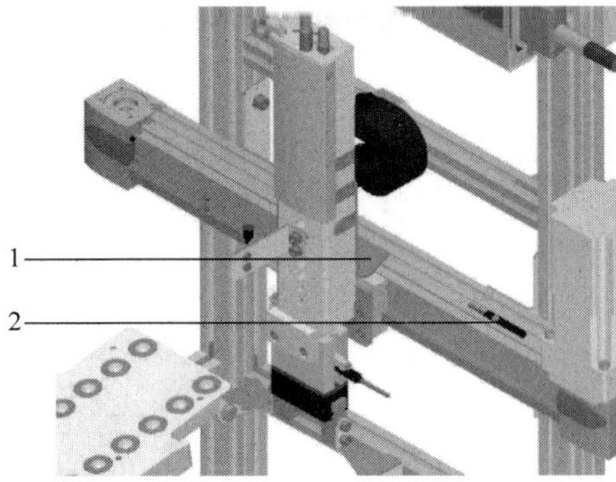

1—接近传感器（*X* 轴左端位置）；2—接近传感器（*X* 轴右端位置）。

图 6.2.3　*X* 轴接近传感器的安装

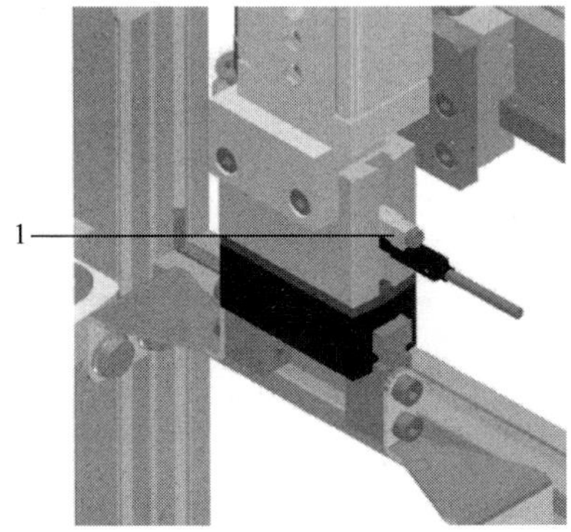

1—接近传感器（夹爪位置感应）。

图 6.2.4　抓取接近传感器的安装

4）单向流量调节阀通过程序控制气流的通断实现气缸动作，进而完成工件的抓取。流量控制阀的安装如图 6.2.5 所示。

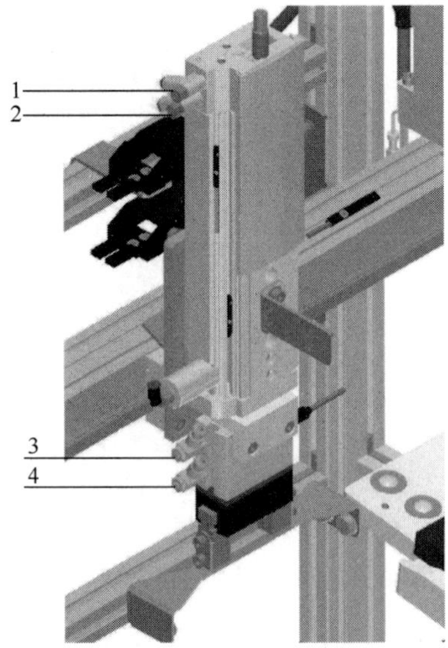

1—*Z* 轴向上单向流量控制阀；2—*Z* 轴向下单向流量控制阀；3—夹具张开流量控制阀；4—夹具闭合流量控制阀。

图 6.2.5　流量控制阀的安装

5）完成工件输出单元装调，确认接线无误，安全之后通电测试。

任务评价

任务评价表如表 6.2.1 所示。

表 6.2.1　任务评价表

基本信息	工件输出站的装调任务					
	班级		学号		分组	
	姓名		时间		总分	
项目内容	评价标准		分值	自评	小组互评	教师评价
任务考核（60%）	描述工件输出站的整体功能		20			
	描述工件输出站的机械装调		20			
	描述工件输出站的传感器装调		20			
	完成小车进入、夹爪抓取、放行小车工作流程		40			
	总分		100			
素养考核（40%）	操作安全规范		20			
	遵守劳动纪律		20			
	分享、沟通、分工、协作、互助		20			
	资料查阅、文档编写		20			
	精益求精、追求卓越		20			
	总分		100			

任务拓展

将机械夹爪磁性传感器安装得朝外一些，观察夹爪是否能够正常抓取。

知识链接

知识点 6.2.1　磁性传感器简介

气缸磁性传感器用于检测气缸中活塞的位置，并直接连接到气缸体。气缸磁性传感器是利用磁阻原理，穿过缸壁检测活塞上的永磁体的。磁性传感器提供精确的测量、较短的响应时间和非接触式操作，随着时间的推移无磨损，也无须校准。

气缸内部的活塞带有一个永磁体，所产生的磁场可穿过所有非铁磁性材料。检测到磁场之后，传感器触发。检测示意图如图 6.2.6 所示。

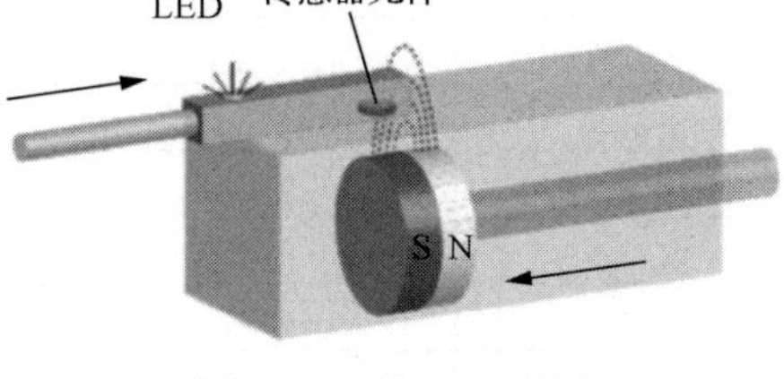

图 6.2.6　检测示意图

知识点 6.2.2 磁性传感器的安装方法

气缸自带传感器安装槽，用于安装和固定传感器。可用卡箍和螺栓将气缸磁性传感器安装到所有常规气缸上。

1. 使用安装槽安装

开槽气缸带有标准 T 型槽、C 型槽或燕尾槽，如图 6.2.7 所示。因此，对于开槽气缸，只需要简单地将气缸磁性传感器装入槽中并使用平头螺钉或金属板固定，在紧固固定螺钉之后，传感器即被锁紧在槽内。

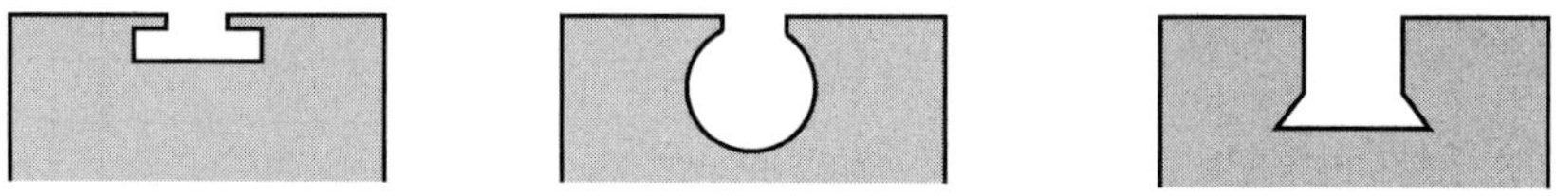

（a）标准T型槽　（b）C型槽　（c）燕尾槽

图 6.2.7 开槽气缸

2. 使用卡箍或螺栓安装

一些常用的圆形气缸或拉杆气缸（图 6.2.8）并没有设置传感器安装槽，此时，可以使用卡箍或螺栓固定进行安装。

（a）圆形气缸　（b）拉杆气缸

图 6.2.8 圆形气缸与拉杆气缸

工作手册

姓名：	学号：	班级：	日期：	课堂笔记
6.2 工件输出站的装调工作手册				

任务接收

表 6-2-1 任务分配表

序号	角色	姓名	学号	分工
1	组长			
2	组员			
3	组员			
4	组员			
5	组员			

任务准备

表 6-2-2　工作方案设计表

序号	工作内容	负责人
1		
2		
3		
4		

表 6-2-3　实训设备、工具与耗材清单

序号	名称	型号与规格	数量	备注
1				
2				
3				
4				
5				
6				
领取人：　　归还人：				

任务实施

（1）描述工件输出站的整体功能

表 6-2-4　任务实施表 1

序号	描述工件输出站的整体功能		
1	工件输出单元整体结构，各部件原理、功能		
2	工件输出站的机械装调		
3	工件输出站的传感器装调		
负责人		验收签字	

（2）描述装调内容（主要是机械装调和传感器装调）

表 6-2-5　任务实施表 2

描述工件输出站的机械装调和传感器装调内容			
负责人		验收签字	

（3）检查硬件运行前的安全性

进行所有操作之前必须检查设备的安全性，确保接线无误，不会发生危险。

课堂笔记

表 6-2-6　任务实施表 3

检查硬件运行前的安全性					
检查内容（正常打“√”，不正常打“×”）					
检查模块	工具部件无遗漏、无杂物	硬件安装牢固	无接线错误、接线不牢	流量压力正常、阀门打开、指示正常	检查设备各部件正常无损坏、无短路、无发热等不良现象
基础传输带模块					
工件输出模块					
负责人				验收签字	

课堂笔记

任务拓展

将机械夹爪磁性传感器安装朝外一些，观察夹爪是否能够正常抓取。

课后作业

小组合作，用 PPT 展示以下任务：

1）描述工件输出站的整体功能、组成部件及工作原理。

2）描述工件输出站的机械装调。

3）描述工件输出站的传感器装调。

任务 6.3　工件输出站的 HMI 操作

任务描述

本任务中，要求认知工件输出站的 HMI 界面；了解各个界面具有哪些功能，可以实现哪些操作；同时，在任务 6.2 装调完成的基础上，进行 HMI 操作，实现手动操作、自动操作完成工件的抓取、放置、小车放行。

微课：工件输出站 HMI 操作

任务要求

1）描述 HMI 的工作原理。

2）描述工件输出站 HMI 的作用与功能。

3）实现手动、自动操作工件的抓取、放置和小车放行。

任务准备

按照前面学习的知识，将工件输出站设备组装完成。同时准备托盘、小车等工件。

任务实施

仓储单元程序编写完成，写入 PLC、HMI，进行相关器件调试，调试完成开始运行。具体的操作步骤如下：

1）切换到 Home 菜单，如图 6.3.1 所示，单击 Setup 按钮切换至设置模式。

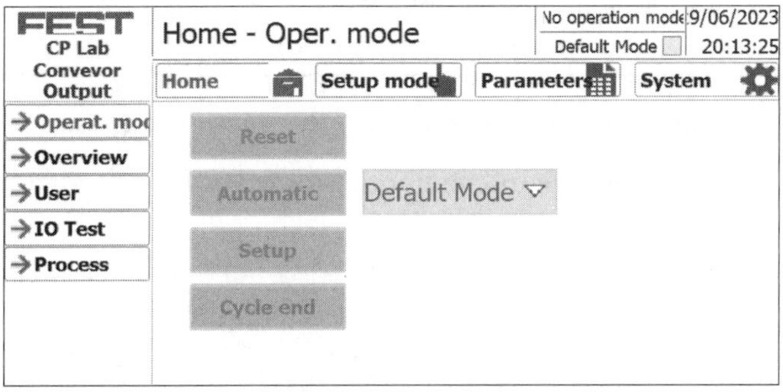

图 6.3.1　Home 菜单

2）切换至 Setup mode 菜单，如图 6.3.2 所示，然后单击 Application 按钮进行仓储单元应用设置，进行爪手操作。界面操作说明如表 6.3.1 所示。

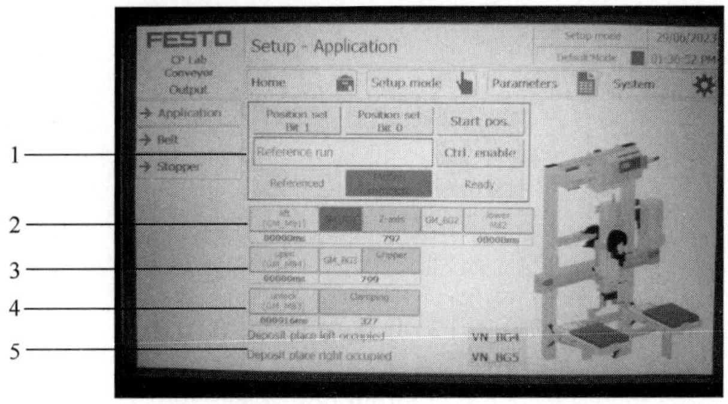

图 6.3.2　Setup mode 菜单

表 6.3.1　界面操作说明

序号	说明
1	Position set Bit 1：预选定移动至仓储平台 2（预选定后，按键亮起） Position set Bit 0：预选定移动至仓储平台 1（预选定后，按键亮起） 如果两个都预选定，则移动到中间 Start pos.：移动至预选定的位置（Ctrl. enable 必须激活） Ctrl. enable：激活时按键亮起，允许进行移动 Referenced：移动操作完成时，按键亮起 Motion complete：接近目标位置时，按键亮起 Ready：当电机、气缸等到位后，程序准备好按键亮起

续表

序号	说明
2	lift：移动 Z 轴向上，单击后 GM_MB1 按键亮起 GM_BG1：Z 轴向上移动，到位后按键亮起 lower：移动 Z 轴向下，单击后 MB2 按键亮起 GM_BG2：Z 轴向下移动，到位后按键亮起
3	open：打开机械夹爪，单击后 GM_MB4 被激活，按键亮起 GM_BG3：夹爪打开后，GM_BG3 按键亮起
4	unlock：打开机械夹爪，单击后 GM_MB3 被激活，按键亮起
5	Deposit place left occupied：左侧仓储平台放满，VN_BG4 被激活，按键亮起 Deposit place right occupied：右侧仓储平台放满，VN_BG5 被激活，按键亮起

3）设备通信相关参数在 Parameters 界面中设置。单击 Transitions 按钮即可查看相关通信参数，如图 6.3.3 所示。其中，Start condition 参数为 RFID 中存储的数据，Output pos.参数含义如表 6.3.2 所示。

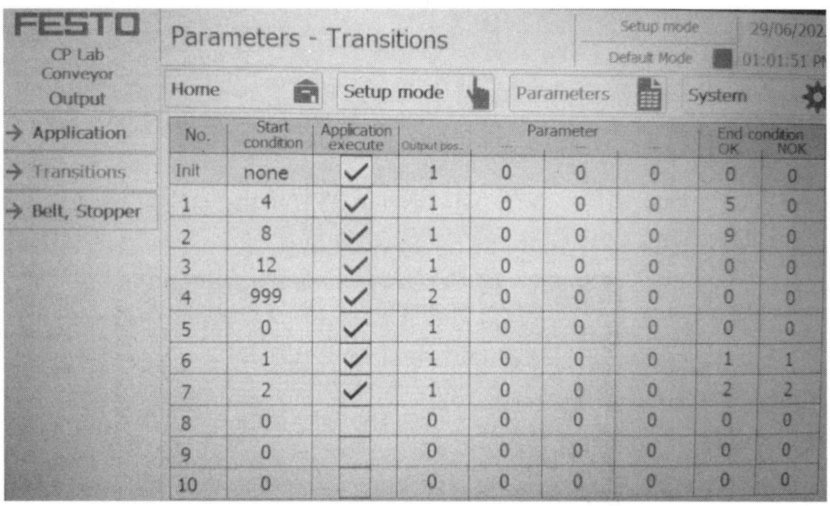

图 6.3.3　Parameters 菜单

表 6.3.2　Output pos.参数含义

Output pos.	含义
1	仓储位置左
2	仓储位置右

任务评价

任务评价表如表 6.3.3 所示。

表 6.3.3　任务评价表

基本信息	工件输出站的 HMI 操作任务					
	班级		学号		分组	
	姓名		时间		总分	
项目内容	评价标准		分值	自评	小组互评	教师评价
任务考核（60%）	描述工件输出站的整体功能		30			
	描述工件输出站 HMI 的各个界面		30			
	实现手动、自动操作工件的抓取、放置和小车放行		40			
	总分		100			
素养考核（40%）	操作安全规范		20			
	遵守劳动纪律		20			
	分享、沟通、分工、协作、互助		20			
	资料查阅、文档编写		20			
	精益求精、追求卓越		20			
	总分		100			

任务拓展

可以通过什么方式实现只向一边存储位置放置工件？

知识链接

知识点 6.3.1　电缸简介

电缸，也称为电动执行器，是将伺服电动机与丝杠一体化设计的模块化产品。电缸是用电动机带动螺杆旋转，通过螺母将旋转运动转换为直线运动，并推动滑台沿导轨像气缸一样做往复直线运动，同时将伺服电动机的最佳优点——精确转速控制、精确转数控制、精确转矩控制转变成精确速度控制、精确位置控制、精确推力控制，实现高精度直线运动系列的革命性产品。

气缸驱动系统自 20 世纪 70 年代出现以来就在工业领域得到了迅速普及，其适用于做往复直线运动，尤其适用于工件直线搬运的场合。而电缸是在 20 世纪 90 年代电子和微电子控制技术迅速发展后的产物。从时间上来看，气缸要比电缸应用得更早，人们对它的了解也普遍多于电缸。

随着工业自动化生产线要求的不断提高，电缸相比于气缸的优势也渐渐体现了出来，人们对电缸的了解也越来越多。

知识点 6.3.2　电缸的优点

电缸相比于传统气缸，有如下优点：

1）省去了传统气缸的管路和电磁阀，没有了漏气和维护的烦恼。气缸运行消耗的是压缩空气。在压缩空气输送过程中，经过节流阀、管道弯头等阻性元件后，会有一定的压力损失。另外，设备普遍存在接头、气缸或电磁阀处的空气泄漏，尽管安装时的泄漏量标准低于 5%，但很多工厂的泄漏量很高，达到 10%～40%，泄漏也将造成一定的压力损失。而电缸采用电动机与控制器，在能量耗损上有了很大的改善。

2）更高精度的控制，使得设备更加可靠。电缸通过固态处理器控制设备自动操作复杂运动；液压缸需要电子/流体接口，在某些情况下需要采用异类的阀门设计，再加上存在滞后效应、静区、供压和温度变化问题，所以控制很复杂。

3）使用更加方便。电缸的驱动源很灵活，一般开关电源按照 220V 的市电即可满足需要，而气缸需要气源和压缩驱动装置，设备笨重，操作不易。

4）周期寿命更长。电缸在产品的整个使用寿命内具有可重复、可复制的性能，其在额定负载下可以达到几百个周期，容易预测寿命；而液压缸的寿命取决于设计和密封磨损情况，在恶劣环境下，其使用寿命会大大缩短。

相比传统的气缸，电缸不需要液压油或空气作为媒介，性能不容易受外界环境的影响，更不需要像液压系统那样复杂的泵、阀等，具有结构简单、精度高、响应快、稳定性高等优点，是传统液压缸、气缸的替代品，满足了很多工作场合的需求，有广阔的市场前景。

工作手册

姓名：	学号：	班级：	日期：

6.3　工件输出站的 HMI 操作工作手册

课堂笔记

任务接收

表 6-3-1　任务分配表

序号	角色	姓名	学号	分工
1	组长			
2	组员			
3	组员			
4	组员			
5	组员			
6	组员			

任务准备

表 6-3-2　工作方案设计表

序号	工作内容	负责人
1		
2		
3		
4		
5		
6		

表 6-3-3　实训设备、工具与耗材清单

序号	名称	型号与规格	数量	备注
1				
2				
3				
4				
5				
6				
领取人：　　　　归还人：				

任务实施

（1）描述工件输出站的整体功能

表 6-3-4　任务实施表 1

序号	描述工件输出站的整体功能		
1	描述工件输出站的整体结构，各部件原理、功能		
2	描述工件输出站 HMI 各界面的功能		
3	实现手动、自动操作工件的抓取、放置和小车放行等		
负责人		验收签字	

（2）描述工件输出站 HMI 操作流程

表 6-3-5　任务实施表 2

描述工件输出站 HMI 操作流程			
负责人		验收签字	

（3）检查硬件运行前的安全性

进行所有操作之前必须检查设备的安全性，确保接线无误，不会发生危险。

课堂笔记

表 6-3-6　任务实施表 3

检查硬件运行前的安全性					
检查内容（正常打“√”，不正常打“×”）					
检查模块	工具部件无遗漏、无杂物	硬件安装牢固	无接线错误、接线不牢	流量压力正常、阀门打开、指示正常	检查设备各部件正常无损坏、无短路、无发热等不良现象
基础传动带模块					
工件输出模块					
负责人				验收签字	

课堂笔记

任务拓展

可以通过什么方式实现只向一边存储位置放置工件？

课后作业

小组合作，用 PPT 展示以下任务：

1）描述工件输出站的整体功能、组成部件及工作原理。

2）描述 HMI 界面的组成、各个界面的功能。

项目 7 认知智能传感系统

◎ **项目导入**

传感器能对自动化生产过程中的各种控制参数进行精确测量，为系统采集原始信息，从而为工业生产的自动化、智能化提供支撑。它相当于人体的五官，能够为控制系统提供外部信息，如温度、电流、电压、磁场等。在实际应用中，传感器就相当于人类感官的延伸。

在本项目介绍的CP Lab设备中，所有外界信息的获取都是基于传感器模块完成的。

◎ **学习目标**

知识目标	1. 了解智能传感单元的功能及硬件组成； 2. 掌握智能传感单元传感器及相关元器件的基本概念及作用； 3. 掌握智能传感单元的工作原理及工作流程
能力目标	1. 能够熟练拆卸及安装智能传感单元的硬件； 2. 能够熟练安装智能传感单元的电气结构； 3. 具备常用传感器的识别与装调能力； 4. 具备检测单元单站的编程思路
素养目标	1. 树立数据安全意识、法治意识，遵守职业道德规范； 2. 培养逻辑思维、辩证思维，强化科学思维、创新思维

任务 7.1 认知智能传感单元

任务描述

工业 4.0 系统的各工作站都具有智能传感单元，该模块主要由 I/O-Link 接线模块、各种传感器、标准快插电缆等构成，其作用是为 CP Lab 设备各站提供所需的外界信息，保证工业生产的自动化、智能化。

微课：智能传感单元之硬件安装

本任务中，要求认知智能传感单元，描述智能传感单元的整体功能及结构，通过学习传感器的组成与分类，识别并使用传感器，同时结合 CP Lab 设备各工作站完成对外界数据的采集。

任务要求

1）描述智能传感单元的组成。

2）描述智能传感单元的整体结构及功能。

3）描述智能传感单元各元器件的工作原理。

4）手动操作完成智能传感单元元器件的安装与调试。

任务准备

智能传感单元元器件如图 7.1.1 所示。

1）作业资料：智能传感单元接线图及各元器件的使用手册等。

2）电气材料：CP Lab 设备 1 套、一字螺钉旋具 1 套、内六角扳手 1 套、I/O-Link 接线模块、光电传感器、超声波传感器、电感传感器、光纤式光电接近开关、干簧管、RFID 传感器等。作业前，电气材料必须按时到位。

（a）I/O-Link 接线模块　（b）超声波传感器　（c）RFID 传感器

图 7.1.1　智能传感单元元器件

（d）电感传感器　　（e）光电传感器　　（f）标准快插电缆

图 7.1.1（续）

任务实施

本任务主要认知智能传感单元的整体功能、描述智能传感单元的结构、手动操作完成智能传感单元元器件的安装与调试。在实施过程中，采用 I/O-Link 接线模块结合软件来访问传感器或执行器的诊断、过程值、参数等数据信息，从而实现对远程设备情况的掌握，以及对设备的监控和设定参数的修改。

任务实施步骤如下：

1. 描述智能传感单元的整体功能（表 7.1.1）

表 7.1.1　任务实施表 1

序号	智能传感单元整体功能描述
1	主要功能为__________
2	通过__________实现传感器数据被获取

2. 描述智能传感单元的硬件结构

CP Lab 设备中各工作站的智能传感单元是通过 I/O-Link 系统（图 7.1.2）将各从站设备联系为一体，使得控制器可以通过 I/O-Link 系统直接访问各站使用的传感器或执行器的诊断、过程值、参数等数据信息，也方便用户通过软件进行远程设备监控和参数设置，其激光测量模块分布详见图 4.1.3。

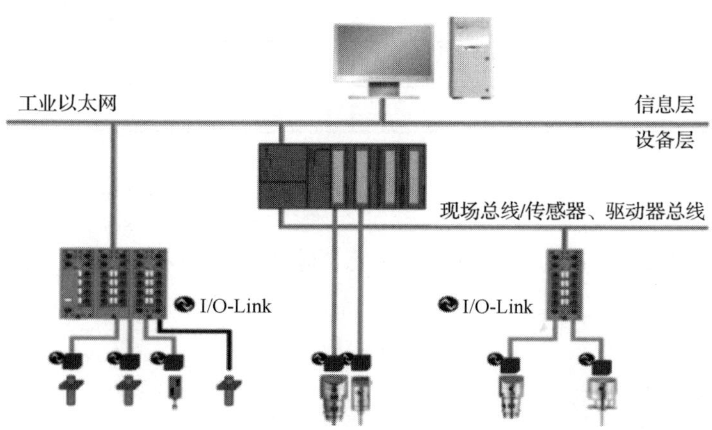

图 7.1.2　I/O-Link 系统

3. 检查硬件运行前的安全性

根据智能传感单元的电路设计图纸进行硬件连线，通电前仔细核对电路，检测各电路的正确性，确保无误后通电观察实验数据并做记录，详见表 7.1.2。

表 7.1.2　任务实施表 2

硬件运行前安全检查					
检查内容（正常打“√”，不正常打“×”）					
检查模块	工具部件无遗漏、无杂物	硬件安装牢固	无接线错误、接线不牢	I/O 链路主模块各指示灯正常	检查设备各部件正常，无损坏、无短路、无发热等不良现象
智能传感单元模块					

4. 手动操作完成智能传感单元元器件的安装与调试

在各工作站自动运行前，首先依次采用手动方式实现光电传感器、超声波传感器、电感传感器、光纤式光电接近开关、干簧管、RFID 传感器等安装位置的调整，使之能检测到物体并避免存在干涉位置，同时通过专用软件测试智能传感器的在线控制情况和运行情况，最后根据各站工位需求进行智能传感器的参数设置，详见表 7.1.3。

表 7.1.3　任务实施表 3

手动操作完成智能传感单元工作流程					
检查内容（正常打“√”，不正常打“×”）					
检查项目	智能传感单元光电传感器工作正常	智能传感单元超声波传感器工作正常	智能传感单元电感传感器工作正常	智能传感单元 RFID 传感器检测正常	智能传感单元其他传感器工作正常
传输带模块					
前后盖料仓工作站模块					
钻孔加工单元					
仓库单元					
其他					

5. 分析

根据工作环境的实际情况分析影响智能传感器输出值的因素有哪些，并做简要说明。

任务评价

任务评价表如表 7.1.4 所示。

表 7.1.4 任务评价表

基本信息	认知智能传感单元任务					
	班级		学号		分组	
	姓名		时间		总分	
项目内容	评价标准		分值	自评	小组互评	教师评价
任务考核（60%）	描述智能传感单元的整体功能		20			
	描述智能传感单元的硬件结构		20			
	描述智能传感单元的运行工作流程		20			
	手动操作完成智能传感单元元器件的安装与调试		40			
	总分		100			
素养考核（40%）	操作安全规范		20			
	遵守劳动纪律		20			
	分享、沟通、分工、协作、互助		20			
	资料查阅、文档编写		20			
	精益求精、追求卓越		20			
	总分		100			

任务拓展

1）使用电气设计软件 EPLAN 设计 CP Lab 设备各工作站智能传感单元的电源及 I/O 信号部分接线图。

2）利用上位机专用软件实现智能传感器的在线控制和运行。

知识链接

知识点 7.1.1 智能传感单元的结构

传统的工业控制系统智能传感单元都是通过远程 I/O 模块或扩展 I/O 模块转换后，才将采集的数据信息传输到控制器，并不是直接通过控制器访问底层的传感器数据，因此无法完全获取传感器的参数、诊断及更多的信息，使得传感器的很多功能受到了限制。

CP Lab 设备中的传感器数据获取、维护与参数配置等都是通过 I/O-Link 系统完成的。接线 I/O-Link 是一种独立于现场总线、开放式的、点到点的通信，是适用于工业控制中底层设备（如简单的传感器/执行器）的工业通信接口，使得设备可以集成到几乎任何现场总线或自动化系统中。本项目 CP Lab 设备中的智能传感单元采用 I/O-Link 接线模块来访问各种传感器或执行器的诊断、过程值、参数等数据信息。

知识点 7.1.2 智能传感器基础

1. 传感器的概念

传感器是一种检测装置，能感受到被测量的物理量、化学量等信息，并能将感受到的信息按一定规律转换成便于测量和传输的信号，以满足信息的传输、处理、存储、显示、记录和控制等要求。传感器一般由敏感元件、转换元件和测量电路 3 个部分组成，有时还需要加辅助电源，用框图表示，如图 7.1.3 所示。

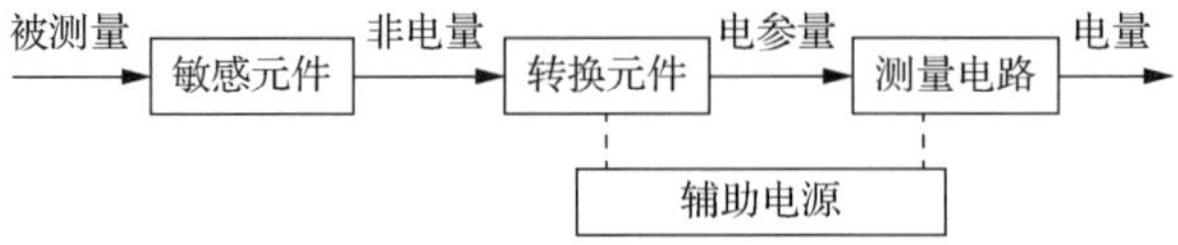

图 7.1.3　传感器的组成框图

敏感元件（预变换器）：能够灵敏地感受被测量并做出响应的元件，是传感器中能直接感受被测量的部分，输出与被测量有确定关系的物理量信号。根据输入的物理量，可分为磁敏、气敏、光敏、（电）压敏等敏感元件。电子设备采用敏感元件来感知外界的信息与人类通过感觉器官感知外界信息。敏感元件是传感器的核心元件。随着电子计算机和信息技术的迅速发展，敏感元件的重要性日益凸显。

转换元件：将敏感元件输出的非电量直接转换为适合于传输和测量的电参量的元件。

测量电路：将上述电路参数接入转换电路便可转换成电量输出的电路。测量电路的类型视转换元件的分类而定，经常采用的有电桥电路及其他特殊电路，如高阻抗输入电路、脉冲调宽电路、振荡回路等。

转换元件和转换电路一般还需要辅助电源供电。

2. 传感器的分类

一般而言，控制系统需要监测的被测量有多少种，传感器就应该有多少种，并且同一种被测参量，可能采用多种传感器进行监测获取。同样，同一种传感器也可能被用于多种不同类型被测参量的检测。因此，传感器的种类繁多，分类的方法也不尽相同。传感器常按被测量、测量原理、输出信号类型、是否需要外界激励等方式分类。

1）按被测量分类。被测量分别为温度、压力、位移、速度、加速度、湿度等的传感器相应地被称为温度传感器、压力传感器、位移传感器、速度传感器、加速度传感器、湿度传感器等。这种分类方法通俗易懂，方便使用者根据测量对象选择所需要的传感器，也便于初学者使用。

2）按测量原理分类。目前传感器的测量原理主要分为基于电磁原理和固体物理学理论两种。例如，根据变电阻的原理制造的有电位器式传感器、应变式传感器；根据变磁阻的原理制造的有电感式传感器、差动变压器式传感器、电涡流式传感器；根据半导体有关理论制造的有半导体力敏传感器、热敏传感器、光敏传感器、气敏传感器等固态传感器。根据测量原理进行传感器分类是传感器研究人员所常用的分类方式。这种分类方式有助于减少传感器的类别数，并使传感器的研究与信号调理电路直接相关。

3）按输出信号类型分类。根据输出信号的类型，传感器可以分为模拟传感器、数字传感器及开关传感器。模拟传感器将测量的非电学量转换成模拟电信号，其输出信号中的信息一般由信号的幅度表达。数字量传感器是将被测量的非电学量转换成数字输出信号，由于这类信号可直接输入微处理器，利用微处理器内的计数器即可获得相应的测量值，因此，数字量传感器与数字电路具有很好的兼容性。开关量传感器的工作原理是，当一个被测量的信号达到某个特定的阈值时，相应地输出一个设定的低电平或高电平信号。

4）根据是否需要外界激励分类。根据在检测过程中对外界激励的需要，传感器可以分为有源传感器和无源传感器。

有源传感器也可称为能量转换型传感器，其特点在于敏感元件本身能将非电量直接转换成电信号，如超声波换能器（压/电转换）、热电偶（热/电转换）、光电池（光/电转换）等。

无源传感器也称为能量控制型传感器，其特点在于敏感元件本身无能量转换能力，而是随输入信号改变本身的电特性，因此必须采用外加激励源对其进行激励，才能得到输出信号，被测量只能在传感器中起能量控制作用。大部分传感器，如湿敏电容、热敏电阻、压敏电阻等，都属于这类传感器。由于需要为敏感元件提供激励源，无源传感器通常需要比有源传感器用更多的引线。无源传感器的总体灵敏度会受到激励信号幅度的影响。此外，激励源的存在可能增加在易燃易爆气体环境中引起爆炸的危险，在某些特殊场合需要引起足够的重视。

3. 传感器的特性

传感器的特性是指传感器输入量和输出量之间的对应关系。通常把传感器的特性分为两种，即静态特性和动态特性。静态特性是指输入不随时间变化的特性，它表示传感器在被测量各个值处于稳定状态下时输入与输出的关系。衡量传感器静态特性的重要指标是线性度、灵敏度、迟滞、重复性、精度、零点漂移、温度漂移、抗干扰稳定性及静态测量不确定性等。动态特性是指输入随时间变化的特性，它表示传感器对随时间变化的输入量的响应特性。一般来说，传感器的输入和输出关系可用微分方程来描述。理论上，将微分方程中的一阶及以上的微分项取为零时，即可得到静态特性，可见传感器的静态特性是其动态特性的一个特例。传感器除描述输入量与输出量之间的关系特性外，还有与使用条件、使用环境、使用要求等相关的特性。

知识点7.1.3　智能传感单元的元器件

CP Lab设备各站的智能传感单元主要由I/O-Link接线模块、光电传感器、超声波传感器、电感传感器、光纤式光电接近开关、干簧管、RFID传感器及标准快插电缆等构成。

1. 光电传感器

（1）光电传感器的工作原理

光电传感器首先把被测量的变化转换成光信号的变化，然后通过光电转换元件再把光信号转换成电信号的变化来进行检测，是一种基于光电效应原理的传感器。光电传感器一般由光源、光学通路和光电元件3个部分组成。

光电开关是光电传感器的一种，它利用被检测物对光束的遮挡或反射，由同步回路选通电路，从而达到检测物体有无或其他相关参数的目的，适用于环境比较好、无灰尘、无粉尘污染的场合，是一种非接触式测量装置，对被测物体无影响，在工业控制系统中得到了广泛应用。

光电传感器工作原理：在发射器端，通过半导体光源（如LED、激光二极管、红外发射二极管）发射光束，该光束可以是连续的或者经过调制的脉冲光，发射的光束被对准检测目标，形成特定的光路；在接收器端，通过光电元件（如光电二极管、光电晶体管、光电池）将接收到的光信号转换为电信号；接收到的电信号经过检测电路，包括信号放大、整形和滤波等步骤，以去除噪声和干扰，并提取出有效信号。

（2）光电传感器的类型

1）槽型光电传感器（图 7.1.4）。槽型光电传感器通常采用标准的 U 字形结构，其发射器和接收器分别位于 U 形槽的两边，并形成一束光轴，当被检测物体经过 U 形槽且阻断光轴时，光电传感器就产生了开关量信号，输出一个开关控制信号，切断或接通负载电流，从而完成一次控制动作。槽式光电传感器适用于检测高速运动的物体，它能分辨透明与半透明物体，安全性较高。

2）对射型光电传感器（图 7.1.5）。对射型光电传感器包含在结构上相互分离且光轴相对放置的发射器和接收器，发射器发出的光线直接进入接收器，当被检测物体经过发射器和接收器之间且阻断光线时，光电传感器就产生了开关信号。当检测不透明物体时，对射型光电传感器是最可靠的检测装置。这种检测方式可以加大检测距离，可达几米乃至几十米。

图 7.1.4　槽型光电传感器

图 7.1.5　对射型光电传感器

3）反光板型光电开关（图 7.1.6）。反光板型光电开关又称回归反射式光电传感器，是把发射器和接收器装入同一个装置内，在其前方装一块反光板，利用反射原理完成光电控制作用的光电传感器。正常情况下，发射器发出的光被反光板反射回来，被接收器接收；一旦光路被检测物挡住，接收器检测的光信号有变化，光电传感器就动作，输出一个开关控制信号。

4）扩散反射型光电开关（图 7.1.7）。扩散反射型光电开关又称漫反射光电开关，它是一种集发射器和接收器于一体的传感器。当被检测物体经过时，物体将光电开关发射器发射的足够量的光线反射到接收器，于是光电开关就产生了开关信号。当被检测物体的表面光亮或其反光率极高时，漫反射式的光电开关是首选的检测装置。

图 7.1.6　反光板型光电开关

图 7.1.7　扩散反射型光电开关

2. 超声波传感器

（1）超声波简介

声波是声音传播的形式，超声波是声波中的一种。声波按频率可以分为次声波、超声波和人耳可听见的声波等。次声波的频率为 20Hz 以下，人耳可听见的声波的频率为 20Hz～20kHz，超声波的频率高于 20kHz。超声波传输过程详见图 7.1.8。

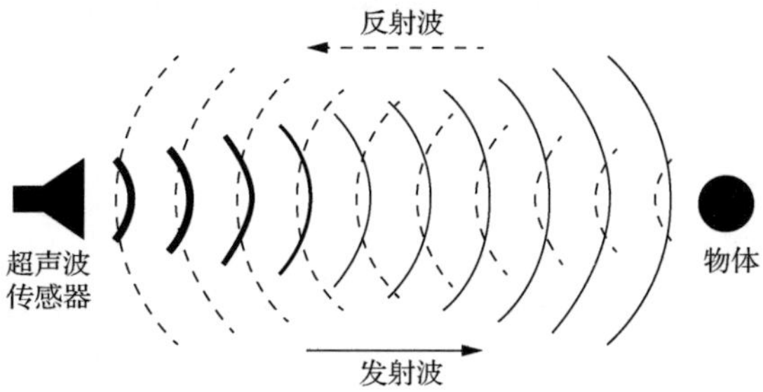

图 7.1.8　超声波传输过程

在工业生产中，超声波广泛应用于工业探伤、清洗、焊接及对各种高温、有毒和强腐蚀性液体、液位进行测量等。在日常生活中，超声波广泛应用于消毒杀菌、汽车倒车雷达和自动清扫机器人等。超声波可以穿过各种介质（如气体、液体、固体）来检测声阻抗不匹配的物体。在空气中，超声波的衰减随着频率和湿度的增加而增加，这会导致过度的路径损耗/吸收，因此空气耦合超声波通常被限制在 500kHz 以下的频率。

相比红外测距，超声波测距价格低廉，但感应速度和精度逊色一些。由于超声波测距也需要主动发射声波，所以在测量距离较远的障碍物时，精度也会随着声波的衰减而降低。此外，对于海绵等吸收声波的物体或者在大风干扰的情况下，超声波测距将无法实现。

（2）超声波传感器的定义和种类

1）超声波传感器的定义。超声波传感器是将超声波信号转换成其他能量信号（通常是电信号）的传感器，也称为超声波探测器，广泛应用于工业、国防、生物医学等方面。

2）超声波传感器的种类。超声波传感器按照工作原理不同可分为压电式超声波传感器、磁致伸缩式超声波传感器、电磁式超声波传感器等多种类型，其中最常用的是压电式超声波传感器。

（3）超声波传感器的探头及主要指标

超声波传感器探头（图 7.1.9）主要由压电晶片组成，既可以发射超声波，也可以接收超声波。它有许多不同的结构，可分直探头（纵波）、斜探头（横波）、表面波探头（表面波）、兰姆波探头（兰姆波）、双探头（一个探头反射、一个探头接收）等。

图 7.1.9　超声波传感器探头

超声波传感器探头的核心是其塑料外套或金属外套中的一块压电晶片，构成晶片的材料可以有许多种。由于晶片的大小，如直径和厚度各不相同，因此每种探头的性能是不同的，使用前必须先了解它的性能。

超声波传感器的主要性能指标包括工作频率、工作温度和灵敏度。

1）工作频率。工作频率就是压电晶片的共振频率。当加到压电晶片两端的交流电压的频率和晶片的共振频率相等时，输出的能量最大，灵敏度最高。

2）工作温度。由于压电材料的居里温度一般较高，特别是诊断用超声波传感器探头使用功率较小，所以工作温度比较低，可以长时间地工作而不失效。医疗用的超声探头的工作温度比较高，需要单独的制冷设备。

3）灵敏度。灵敏度主要取决于制造晶片本身。机电耦合系数大，灵敏度高；反之，灵敏度低。

3. 电感传感器

（1）电感传感器的工作原理

当检测线圈（电感线圈）通以交流电时，在检测线圈的周围就产生一个交变的磁场，当金属物体接近检测线圈时，金属物体就会产生电涡流而吸收磁场能量，使检测线圈的电感发生变化，从而使振荡电路的振荡频率减小，以至停振。振荡与停振这两种状态经监测电路转换为开关信号输出。

检测线圈产生的磁力线经过金属导体时，金属导体就会产生感应电流，且呈闭合回路，类似于水涡流形状，故称为电涡流。

电感传感器探头内部有小型线圈，由控制器控制产生振荡电磁场，当接近被测物体时，被测物体表面会产生感应电流，从而产生反向的电磁场。这时电感传感器根据反向电磁场的强度来判断其与被测体之间的距离。

注意：电感传感器要求被测物体必须是导体。

假定金属导体是均质的，其性能是线性和各向同性的，则线圈-金属导体系统的物理性质通常可由金属导体的磁导率μ、电导率σ、尺寸因子 r、线圈与金属导体的距离δ、线圈激励电流 I 和频率ω等参数来描述。因此，线圈的阻抗可用函数 $Z=f(\mu, \sigma, r, \delta, I, \omega)$来描述。如果控制$\mu$，$\sigma$，$r$，$I$，$\omega$恒定不变，那么阻抗 Z 就成为距离的单值函数，由麦克斯韦公式可以求得此函数为非线性函数，其曲线为 S 形曲线，在一定范围内可以近似为一线性函数。

如图 7.1.10 所示，经过前置器电子线路的处理，线圈阻抗 Z 的变化，即头部体线圈与金属导体的距离δ的变化转换成电压或电流的变化，输出信号的大小随探头到被测物体表面的距离变化而变化。电感传感器就是根据这一原理实现对金属物体的位移、振动等参数的测量的。

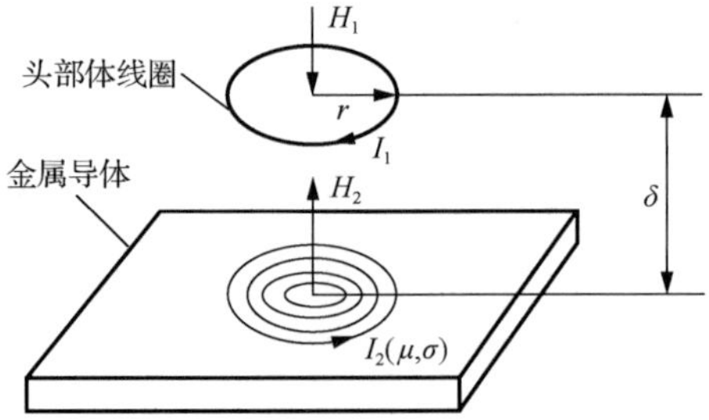

图 7.1.10　电感传感器的工作原理

当接通传感器系统电源时，前置器内会产生一个高频信号，该信号通过电缆被传送到探头的头部，在头部周围产生交变磁场 H_1。

如果在磁场 H_1 范围内没有金属导体接近，则发射到这一范围内的能量都会被释放；反之，如果有金属导体接近探头头部，则交变磁场 H_1 将在导体的表面产生电涡流场，该电涡流场会产生一个方向与 H_1 相反的交变磁场 H_2。

H_2 的反作用会改变探头头部线圈高频电流的幅度和相位，即改变了线圈的有效阻抗。这种变化与电涡流效应有关，也与静磁学效应有关（与金属导体的电导率、磁导率、几何形状、线圈几何参数、激励电流频率及线圈到金属导体的距离有关）。

（2）电感式接近开关

电感式接近开关由高频振荡电路、整形检波电路、信号处理电路及开关量输出电路组成，如图 7.1.11 所示。检测用敏感元件为检测线圈，它是振荡电路的一个组成部分。

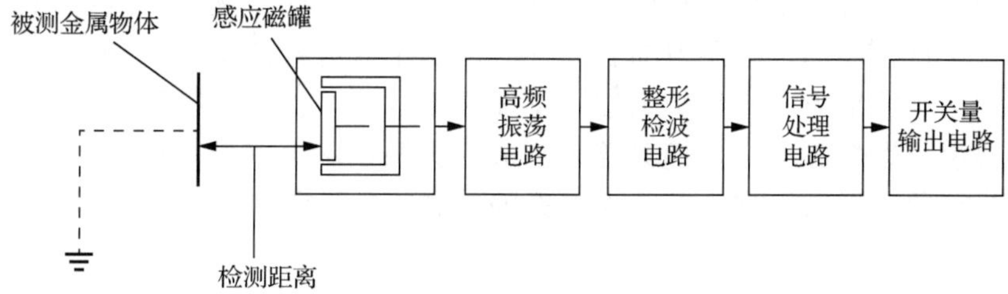

图 7.1.11　电感式接近开关的内部电路

电感式接近开关的工作原理：导电物体在接近电感式接近开关的电磁场时，内部产生涡流，这个涡流反作用于电感式接近开关，使电感式接近开关的振荡能力衰减，内部电路参数发生变化，由此识别出有无导电物体接近，进而控制开关的通或断。电感式接近开关所能检测的物体必须是导电体。

电感式接近开关（图 7.1.12）的输出采用 NPN 型晶体管集电极开漏输出模式，也就是说，模块上的黑色线就是晶体管的集电极。如果模块检测到信号，晶体管就会导通，将黑色线下拉到低电平，黑色线和棕色线之间就会出现电源电压。如果电源电压是 12V，那么这个电压就是 12V；如果电源电压是 24V，那么这个电压就是 24V。一般晶体管的驱动能力约为 100mA，所以可以直接驱动继电器等小功率负载。如果希望得到一个电压信号，那么可以在黑色线和棕色线之间接一个 1kΩ 的电阻，模块没有信号时，黑色线就是电源＋电压；模块检测到信号时，黑色线跳变成电源地（约为 0.2V，晶体管的导通压降）。

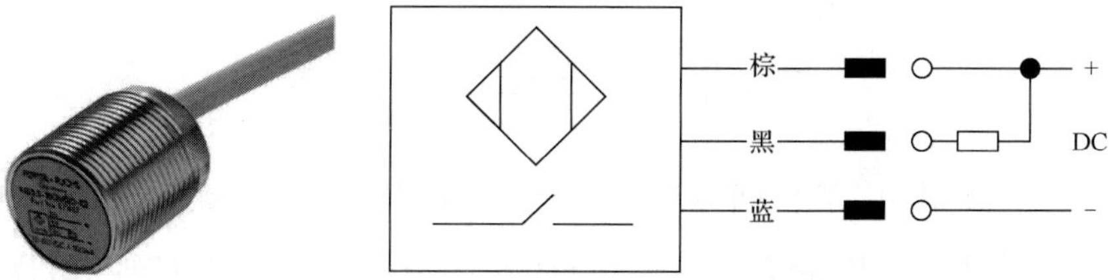

图 7.1.12　NPN 型接近开关

图 7.1.13　光纤式光电接近开关

4. 光纤式光电接近开关（图 7.1.13）

光纤式光电接近开关是一种特殊的光纤传感器。光纤传感器由光纤检测头、光纤放大器两部分组成，它们是分离的两个部分。光纤传感器分为传感型和传光型两大类。传感型光纤传感器是以光纤本身作为敏感元件，使光纤兼有感受和传递被测信息的作用。传光型光纤传感器是把由被测对象所调制的光信号输入光纤，通过输出端进行光信号处理而进行测量的，其工作原理与光电传感器类似。

光纤传感器传感部分没有电路连接，不产生热量，只利用很少的光能，这些特点使光纤传感器成为危险环境下的理想选择。光纤传感器还可以用于关键生产设备的长期高可靠性和稳定性的监视。相对于传统传感器，光纤传感器具有如下优点：抗电磁干扰，可工作于恶劣环境，传输距离远，使用寿命长。此外，由于光纤检测头具有较小的体积，所以可以安装在空间很小的地方。光纤放大器根据需要来放置。例如，在生产过程中，烟火、电火花等可能会引起爆炸和火灾，而光能不会成为火源，不会引起爆炸和火灾，所以可将光纤检测头放置在危险场所，将光纤放大器设置在非危险场所使用。

5. 干簧管

干簧管也称舌簧管或磁簧开关，是一种特殊的磁性开关。

（1）干簧管的结构及工作原理

干簧管的结构非常简单。两片端点处重叠的可磁化簧片（通常由铁和镍两种金属所组成）被密封于玻璃管中，两簧片呈交叠状且间隔有一小段空隙（仅为几微米），这两片簧片上的触点上镀有一层很硬的金属（通常是铑和钌），这层硬金属大大增加了切换次数及延长了产品寿命。玻璃管中装填有高纯度的惰性气体（如氮气），部分干簧管为了提升其高压性能，会把内部做成真空状态。

簧片的作用相当于一个磁通导体。在尚未操作时，两片簧片并未接触；在通过永久磁铁或电磁线圈产生的磁场时，外加的磁场使两片簧片端点位置附近产生不同的极性，当磁力超过簧片本身的弹力时，这两片簧片会吸合导通电路；当磁场减弱或消失后，干簧片由于本身的弹性而释放，触面就会分开，从而打开电路。

基本的全密封形态 Form A（常开）干簧管的基本结构如图 7.1.14 所示。

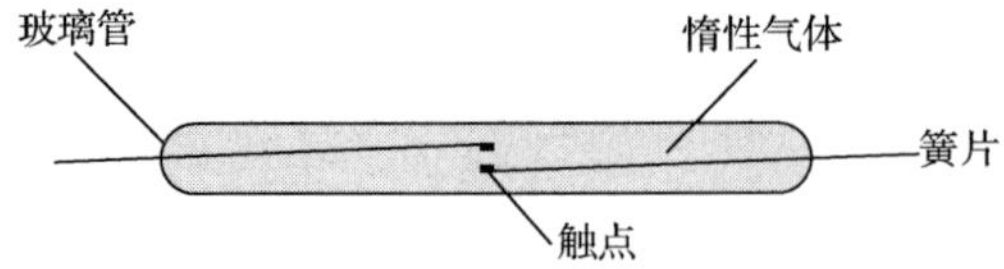

图 7.1.14　基本的全密封形态 Form A（常开）干簧管的基本结构

对于干簧管的型号，Form B 代表一个常闭开关。Form C［单刀双掷（SPDT）］的结构是，一个开关带有一个共用簧片、一个常开簧片和一个常闭簧片，如图 7.1.15 所示。

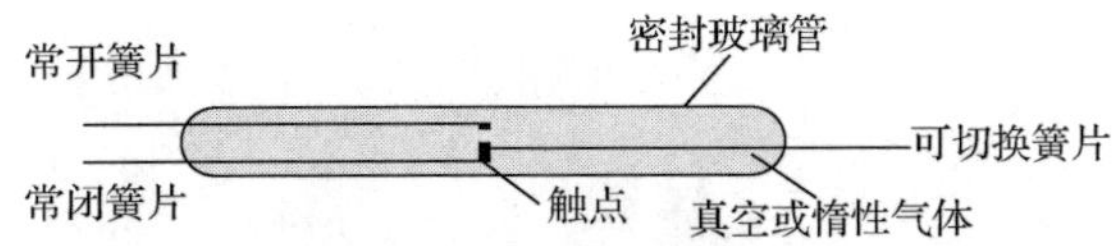

图 7.1.15　Form C 干簧管的基本结构

可切换簧片在没有磁场时与常闭簧片接触，当有足够强度的磁场产生时，该簧片会移向常开簧片，而常开簧片与常闭簧片都是固定不动的。这两片固定簧片与可切换簧片均为铁磁片，只是常闭簧片的触点表面部分是由非磁性的金属熔焊于干簧片上的。

置于磁场中时，常开簧片与常闭簧片具有相同极性，且和可切换簧片极性相反，常闭端的非磁性金属会隔离磁通。因此，当常开簧片与可切换簧片之间的磁力够大时，可切换簧片将与常开簧片接触闭合。

通常情况下，干簧管簧片的吸合方式有两种：①使用永久性磁铁；②使用外加线圈。

（2）干簧管的分类

1）按结构分类。干簧管按结构主要分为中心式开关和偏移式开关。中心式开关触点几乎位于玻璃管的中央，偏移式开关的触点偏离玻璃管中央，靠近封结部分附近。

2）按接点构造分类。干簧管按接点构造主要分为 A 型、B 型及 C 型 3 类。

A 型：经常开离型干簧管，在施加外部磁场时接点才闭合，其余时间保持开离状态。

B 型：经常闭合型干簧管，在施加外部磁场时接点才开离，其余时间保持闭合状态。

C 型：转接开关型。

3）按机能分类。干簧管按机能主要分为非自行保持型和自行保持型两类。

非自行保持型：具有可依外部磁场之有无而起作用之特征（单稳定型）。

自行保持型：一旦起作用以后，即使除掉外部磁场，仍可保持原来的状态（双稳定型）。

4）按形状分类。干簧管按形状主要分为大型、中型及小型 3 类。

大型：玻璃管长 30～60mm，玻璃管径 3.5～6mm。

中型：玻璃管长 20～30mm，玻璃管径 2.5～3.5mm。

小型：玻璃管长 5～20mm，玻璃管径 1.5～2.5mm。

知识点 7.1.4　智能传感单元的机械安装

CP Lab 设备中的智能传感单元标准快插电缆的两头都是航空快插头，接线时将标准快插电缆一头的航空快插头直接连接到 I/O-Link Master 主站任意一个通道的航空插座上。连接时，注意对准插头与插座的定位方向，不要损坏插针，连接后锁紧螺母；将另一端航空插座连接传感器。同理，连接时也要注意定位方向，连接后锁紧螺母。

智能传感单元接线前，首先将 I/O-Link 从站模块安装在 CP Lab 设备各站指定位置，并用固定装置固定好；再将各类传感器分别安装到检测位置，并检查是否存在机械干涉；将所有元器件安装好之后，通过标准快插电缆将 I/O-Link 从站设备与本站各传感器相连接，连接时需要注意电缆的走向，不要干涉外部物体的移动，同时也要固定好电缆，如图 7.1.16 所示。

图 7.1.16　智能传感单元的机械安装

工作手册

姓名：	学号：	班级：	日期：
7.1　认知智能传感单元工作手册			

课堂笔记

任务接收

表 7-1-1　任务分配表

序号	角色	姓名	学号	分工
1	组长			
2	组员			
3	组员			
4	组员			
5	组员			

任务准备

表 7-1-2　工作方案设计表

序号	工作内容	负责人
1		
2		
3		
4		

表 7-1-3　实训设备、工具与耗材清单

序号	名称	型号与规格	数量	备注
1				
2				
3				
4				
领取人：　　　　归还人：				

任务实施

（1）描述智能传感单元的整体功能

表 7-1-4　任务实施表 1

序号	描述智能传感单元的整体功能
1	
2	
3	
4	

（2）描述智能传感单元的安装工作流程

表 7-1-5　任务实施表 2

描述智能传感单元的安装工作流程

课堂笔记

（3）安装智能传感单元

安装时按照工作流程进行，每个步骤确保检查无误后再进行下一步的安装。

表 7-1-6　任务实施表 3

安装过程检查					
检查内容（正常打“√”，不正常打“×”并检查更正）					
安装项目	安装过程中无器件遗漏、无杂物	硬件安装正确，设备各部件正常、无损坏	智能传感单元本体安装牢固	传感器输出线安装牢固	无短路、无发热等不良现象
准备并检查单元模块及工具					
检测各类传感器输出线					
连接 I/O-Link 从站模块和各类传感器					

任务拓展

举例说明其他传感器控制 CP Lab 设备各站的工作流程，并说明安装步骤。

课后作业

小组合作，用 PPT 展示以下任务：

1）描述智能传感单元的整体功能。

2）描述智能传感单元的安装工作流程。

3）呈现智能传感单元的安装过程。

课堂笔记

任务 7.2 实现智能传感单元控制

任务描述

为了提高制造业的智能化水平，提高现场设备的故障处理效率，CP Lab 设备增设了 7in（1in≈2.54cm）的第二代精智系列面板 TP700 Comfort，用于显示智能传感器采集的数据和各智能传感单元模块的工作状态，同时通过界面创建能像计算机控制系统一样，以图形方式显示数据、操作设备，实现操作人员与 PLC 之间的直接对话，使得操作人员能直观地查找出智能传感单元模块的故障问题，并快速解决故障。

微课：智能传感单元之参数设置与在线监控

本任务中，要求实现智能传感单元的控制。

任务要求

1）熟练使用博途软件。

2）实现 TP700 Comfort 组态与 PLC 连接的组态。

3）熟练使用博途软件进行智能传感单元模块界面设计。

4）描述智能传感单元的主要界面功能。

任务准备

CP Lab 1 套、螺钉旋具 1 套、内六角扳手 1 套、万用表 1 只。

任务实施

本任务主要认知智能传感单元控制系统，具体为使用博途软件完成 HMI 与 PLC 连接的组态、创建智能传感单元界面、描述智能传感单元的主要界面功能，通过 HMI 界面结合智能传感器信息采集软件完成对 I/O-Link 接线模块连接的传感器或执行器的诊断、过程值、参数等数据信息的查看，使得传感器的多种数据都能被获取，从而实现对远程设备情况的掌握，以及监控设备和修改设定参数。

任务实施步骤如下：

1）描述智能传感单元的 HMI 组态与通信过程。

2）描述智能传感单元的主要界面功能。

3）利用智能传感单元界面，结合智能传感器信息采集软件完成对 I/O-Link 接线模块连接的传感器或执行器的诊断、过程值、参数等数据信息的查看操作，详见表 7.2.1。

表 7.2.1　任务实施表

序号	智能传感单元控制配置步骤	操作记录
1	HMI 网络配置	
2	智能传感单元界面创建	
3	传感器运行状态查看	
4	智能传感单元报警信息查看	

4）检查硬件运行前的安全性。

运行 CP Lab 设备前，需要先检查前盖料仓工作站、激光测量工作站、钻孔加工工作站、工件输出工作站等工具部位是否有杂物、设备上是否遗漏工具；智能传感单元电路是否连接正确、牢固；通气后查看气压压力是否正常，气缸的初始状态是否正确；检查设备各部件是否正常，是否无损坏、无短路、无发热等不良现象，确保无误后再通电使用。

5）自动完成智能传感器信息监测。

利用智能传感单元系统，监控手机前盖下料、测量、钻孔、入库等相关传感器的工作状态及参数值的变化情况。

任务评价

任务评价表如表 7.2.2 所示。

表 7.2.2　任务评价表

<table>
<tr><td rowspan="3">基本信息</td><td colspan="6">智能传感单元控制任务</td></tr>
<tr><td>班级</td><td></td><td>学号</td><td></td><td>分组</td><td></td></tr>
<tr><td>姓名</td><td></td><td>时间</td><td></td><td>总分</td><td></td></tr>
<tr><td>项目内容</td><td colspan="2">评价标准</td><td>分值</td><td>自评</td><td>小组互评</td><td>教师评价</td></tr>
<tr><td rowspan="4">任务考核
（60%）</td><td colspan="2">描述智能传感单元控制系统的主要界面功能</td><td>10</td><td></td><td></td><td></td></tr>
<tr><td colspan="2">配置智能传感单元控制系统</td><td>70</td><td></td><td></td><td></td></tr>
<tr><td colspan="2">利用智能传感单元控制系统完成传感器参数等监控</td><td>20</td><td></td><td></td><td></td></tr>
<tr><td colspan="2">总分</td><td>100</td><td></td><td></td><td></td></tr>
<tr><td rowspan="6">素养考核
（40%）</td><td colspan="2">操作安全规范</td><td>20</td><td></td><td></td><td></td></tr>
<tr><td colspan="2">遵守劳动纪律</td><td>20</td><td></td><td></td><td></td></tr>
<tr><td colspan="2">分享、沟通、分工、协作、互助</td><td>20</td><td></td><td></td><td></td></tr>
<tr><td colspan="2">资料查阅、文档编写</td><td>20</td><td></td><td></td><td></td></tr>
<tr><td colspan="2">精益求精、追求卓越</td><td>20</td><td></td><td></td><td></td></tr>
<tr><td colspan="2">总分</td><td>100</td><td></td><td></td><td></td></tr>
</table>

任务拓展

1）完成加工方式不同等个性化的智能传感器的工作状态及参数变化监控。

2）利用 PPT 结合智能传感单元控制界面向客户展示智能传感单元模块的工作状态监控，以及如何快速进行故障处理。

知识链接

知识点 7.2.1　HMI 组态与通信

1. HMI 设备组态

双击 Windows 操作系统桌面上的博途软件快捷方式图标，打开博途软件并创建项目，然后选择“设备与网络”→“添加新设备”选项，再单击对话框中的“HMI”按钮，根据硬件型号选择要组态的 HMI 型号，单击“确认”按钮，如图 7.2.1 所示。

2. 设置 HMI 通信地址

首先选择项目树中“HMI_1”项目文件夹内的“设备组态”选项，然后选中 HMI_1 右击，选择“属性”选项卡，然后在“常规”选项卡中选择“PROFINET 接口[X1]”→“以太网地址”选项。在“以太网地址”界面中的“IP 协议”选项组中设置 HMI 的 IP 地址和子网掩码，这里选择默认设置，IP 地址为“192.168.0.2”，如图 7.2.2 所示。

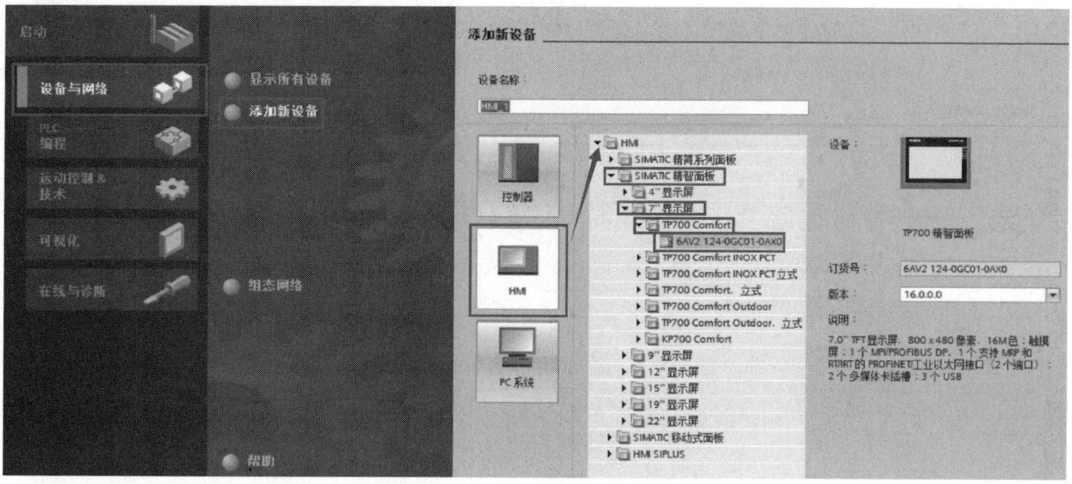

图 7.2.1　HMI 设备组态

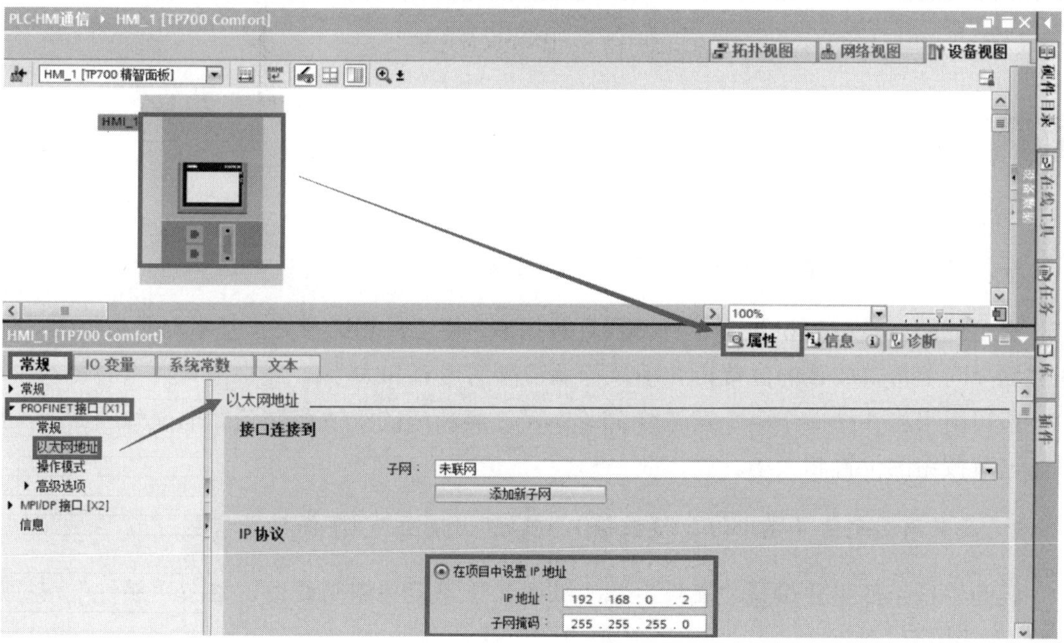

图 7.2.2　HMI 通信地址设置

3. 连接设备

在“HMI_1”项目文件夹内的“连接”窗格中选择“添加”选项，在“通信驱动程序”下拉列表中选择“SIMATIC S7-1200”选项，在 HMI“接口”下拉列表中选择“以太网”选项，设置 HMI 设备的 IP 地址为“192.168.0.2”，PLC 的 IP 地址为“192.168.0.1”，如图 7.2.3 所示。

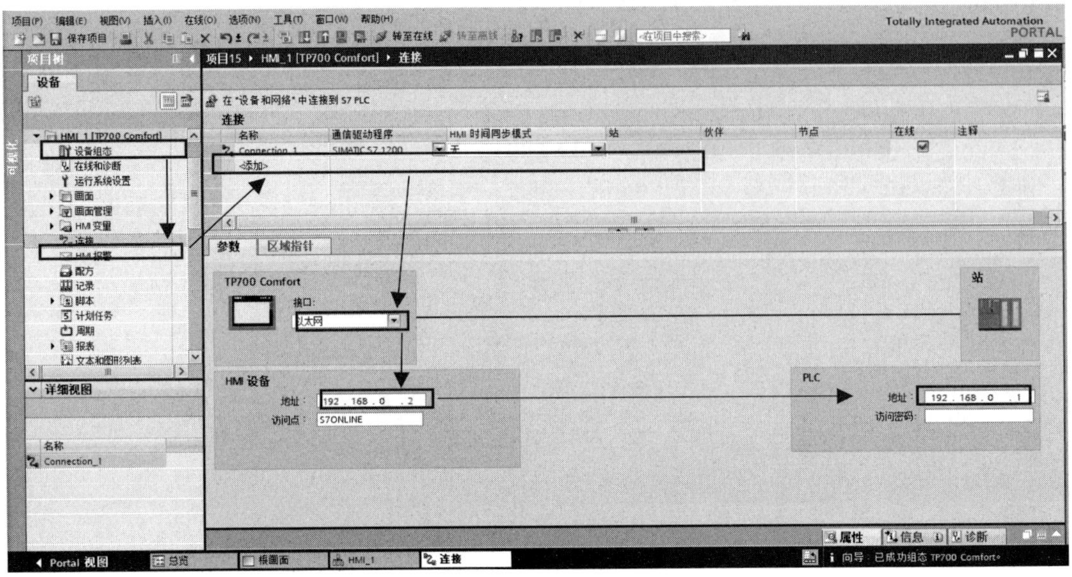

图 7.2.3　HMI 设备连接

知识点 7.2.2　HMI 制作

进行画面组态的步骤如下。

1. 生成和组态画面元素（指示灯、按钮等）

指示灯用来显示 bool 变量“传感器”的状态。将工具箱的窗格“基本对象”中的“圆”拖放到画面上希望放置的位置，并用鼠标调节圆的位置和大小。

按钮用来将各种操作命令发送给 PLC。将工具箱中的“按钮”图标拖放到画面上，用鼠标调节按钮的位置和大小。

2. 设置画面元素（指示灯、按钮等）“属性”“动画”“事件”等信息

画面中指示灯主要设置“属性”和“动画”信息，按钮则要设置修改“属性”“动画”“事件”等信息。

3. 组态其他画面元素（各元素状态值、文本域、I/O 域等信息）

画面中要求能任意设定减压起动到全压运行的延时时间，并显示当前延时的时长，以及各元件的当前状态及相应的文字信息。

4. 智能传感单元控制报警界面

“当前报警”界面（图 7.2.4）主要用于查看 CP Lab 设备各智能传感单元的传感器报错信息，界面包括报警编号、时间、时期、状态及对应故障解决方法文本。

图 7.2.4 “当前报警”界面

知识点 7.2.3 智能传感器的参数设置与在线监控

1. 搜索设置智能传感器的 IP 地址

打开 Turck Service Tool 软件，单击“Search”按钮搜索，搜到一个在线设备，IP 地址为 172.21.0.240，可以在线修改其 IP 地址为 172.21.0.100，然后单击“Setting Devices”按钮进行设置，再次单击“Search”按钮搜索，其 IP 地址变为了 172.21.0.100。同时，需要将计算机与传感器设置在一个网段内，如设置计算机的 IP 地址为 172.21.0.50，子网掩码为 255.255.192.0，如图 7.2.5 所示。

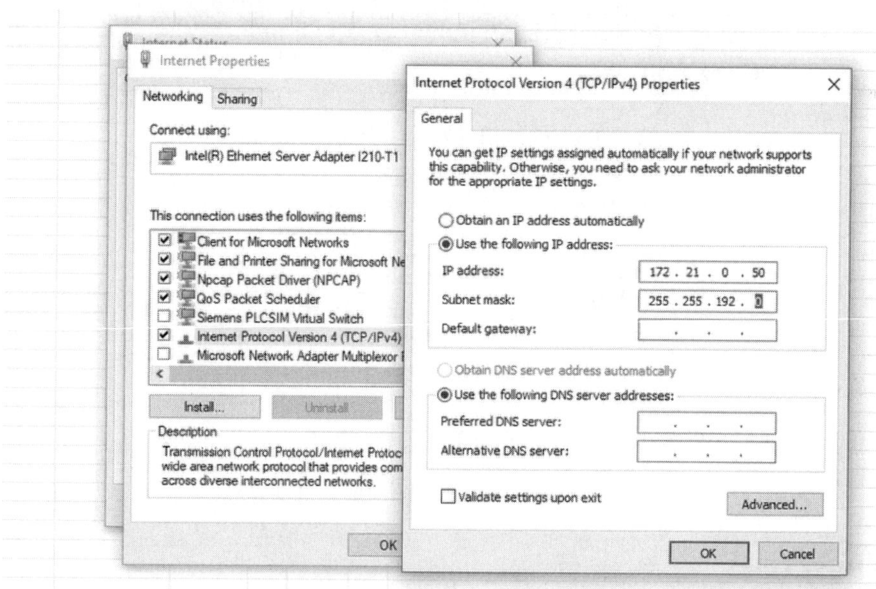

图 7.2.5 智能传感器的 IP 地址设置界面

2. 监测及设置智能传感器相关参数

打开 PACTware 软件。右击设置界面左上角的“HOST PC”选项，在弹出的快捷菜单中选择“Add devices”（添加装置）选项，发现有一个以太网驱动“BL Services Ethernet”，单击“OK”按钮，发现其 IP 地址为刚才设置的 IP 地址 172.21.0.50。右击选中 IP 地址，单击“Topology Scan”按钮扫描，在弹出的窗口中单击单箭头按钮，开始扫描该网络中所有的智能传感器。因为硬件上已经连接了 3 个传感器，所以扫描的结果是发现 3 个传感器，如图 7.2.6 所示。现在将它们连接在线，单击第 1 个传感器，单击在线连接按钮，发现已经连接，可以读取传感器的相关信息，如传感器的 Identification（标识）、Parameter（参数）、Process data（过程数据）、Events（记录事件）等，如图 7.2.7 所示。

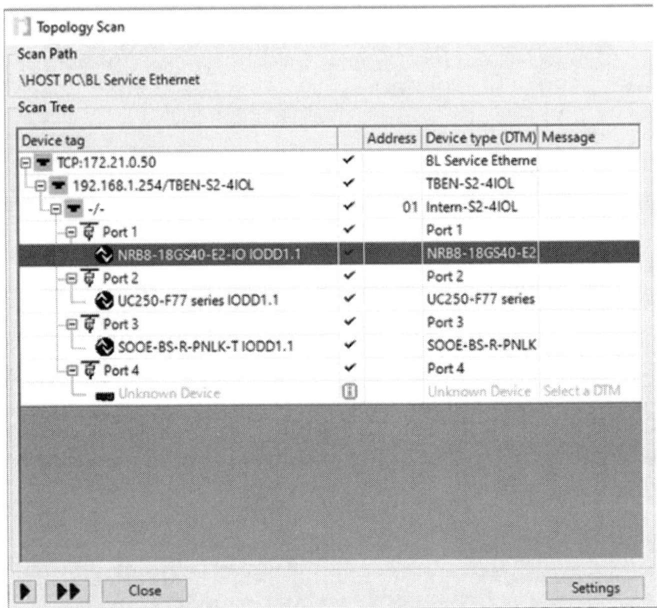

图 7.2.6　软件扫描发现 3 个智能传感器

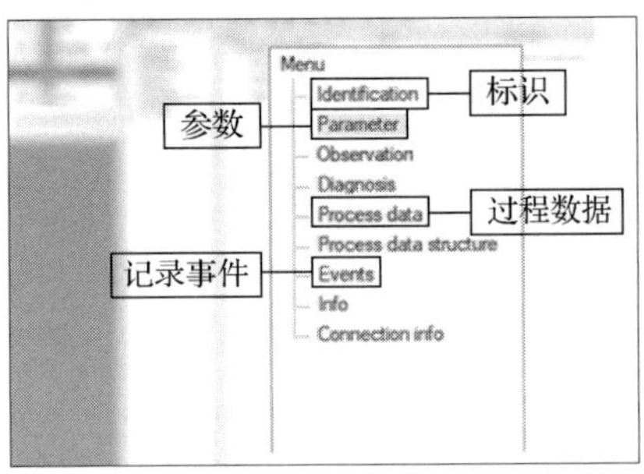

图 7.2.7　智能传感器的相关信息目录界面

3. 传感器的测试

右击需要设置的传感器，在弹出的快捷菜单中选择“Connect”选项连接传感器，如图 7.2.8 所示。双击该传感器打开数据窗口，单击“上载”按钮。上载完成后，单击“在线过程循环数据采集”按钮，即可进行参数设置及检测。

例如，在进行超声波传感器测试时（图 7.2.9），先在工作台上放置一个测试样件，测出测试样件距离超声波传感器的实际值，然后移动测试样件，观察超声波传感器采集到的距离值。可以发现，随着测试样件靠近超声波传感器，超声波传感器采集到的距离值持续减小；随着测试样件远离超声波传感器，超声波传感器采集到的距离值持续增大。因为软件中设置的测量量程为 50～250mm，所以当距离为 50～250mm 时，有数据输出；当距离小于 50mm 时，输出值变为 false；当距离大于 250mm 时，输出值也变为 false。

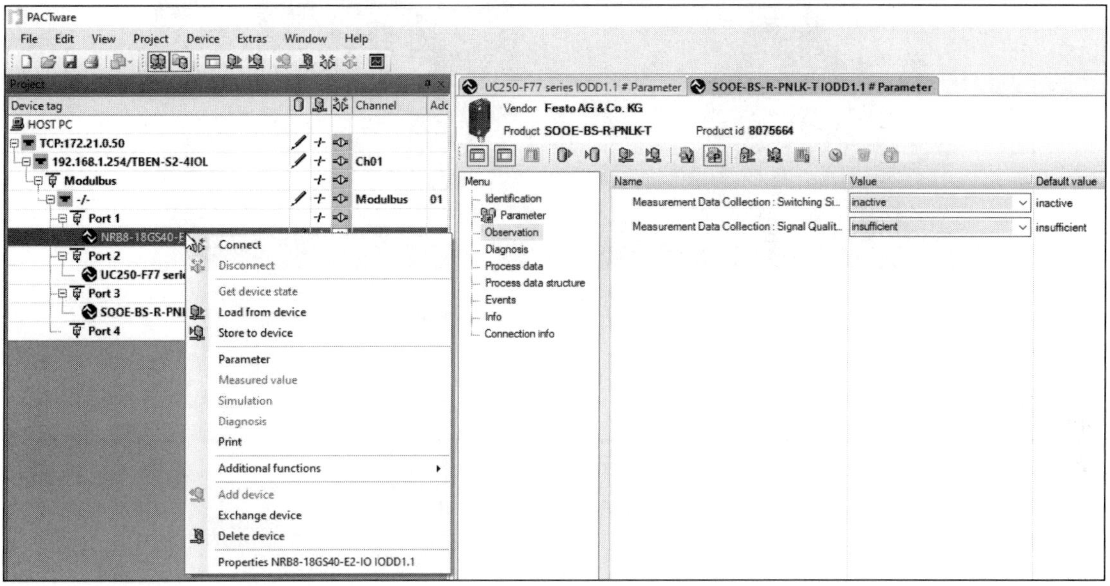

图 7.2.8　选择“Connect”选项

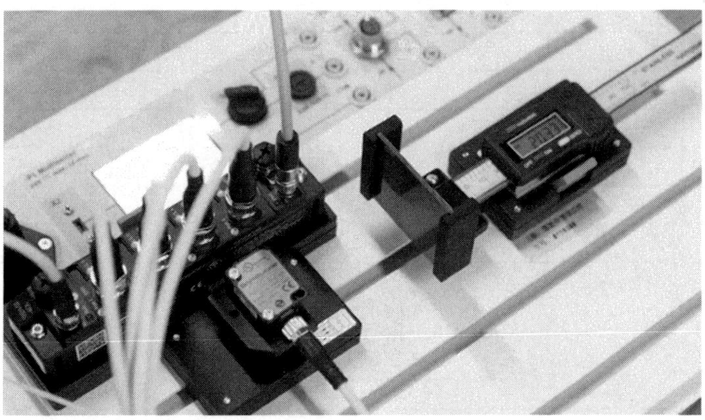

图 7.2.9　超声波传感器测试

同理，在进行电感传感器测试时，需要将金属测试样件放在支架上，从较远距离缓慢靠近电感传感器，如图 7.2.10 所示。因为电感传感器是开关量传感器，只显示有无信号输出，所以从软件上观察会发现，传感器输出存在以无信号到有信号的变化过程。

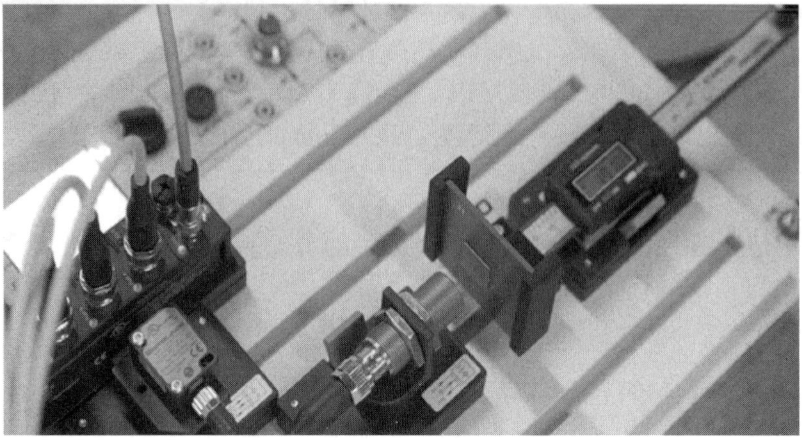

图 7.2.10　电感传感器测试

工作手册

姓名：	学号：	班级：	日期：
7.2　实现智能传感单元控制工作手册			

课堂笔记

任务接收

表 7-2-1　任务分配表

序号	角色	姓名	学号	分工
1	组长			
2	组员			
3	组员			
4	组员			
5	组员			

任务准备

表 7-2-2　工作方案设计表

序号	工作内容	负责人
1		
2		
3		
4		
5		
6		
7		

表 7-2-3　实训设备、工具与耗材清单

序号	名称	型号与规格	数量	备注
1				
2				
3				
4				
5				
6				
7				
领取人：　　归还人：				

任务实施

（1）描述智能传感单元控制系统的主要界面功能

表 7-2-4　任务实施表 1

描述智能传感单元控制系统的主要界面功能

（2）配置智能传感单元控制系统

表 7-2-5　任务实施表 2

序号	智能传感单元控制系统配置步骤	操作记录
1	HMI 网络配置	
2	智能传感单元界面创建	
3	传感器运行状态查看	
4	智能传感单元报警信息查看	

（3）检查硬件运行前的安全性

连接硬件电路，检测各电路的正确性，确保无误后通电使用。

课堂笔记

表 7-2-6　任务实施表 3

检查硬件运行前的安全性					
检查内容（正常打“√”，不正常打“×”）					
检查模块	工具部件无遗漏、无杂物	智能传感器硬件安装牢固	无接线错误、接线不牢	流量压力正常、阀门打开、指示正常	检查设备各部件正常，无损坏、无短路、无发热等不良现象
前盖料仓工作站					
激光测量工作站					
钻孔加工工作站					
工件输出工作站					
负责人				验收签字	

（4）自动操作完成智能传感器信息监测

利用智能传感单元控制系统，监控手机前盖下料、测量、钻孔、入库等相关传感器的工作状态及参数值变化情况。

表 7-2-7　任务实施表 4

自动操作完成智能传感器信息监测					智能传感单元控制系统
检查内容（正常打“√”，不正常打“×”）					
检查项目	前盖料仓工作站	激光测量工作站	钻孔加工工作站	工件输出工作站	监控反馈显示
料仓中有前盖 小车中有托盘 托盘中有工件					
料仓中有前盖 小车中有托盘 托盘中无工件					
料仓中有前盖 小车中无托盘 托盘中无工件					
料仓中无前盖 小车中有托盘 托盘中有工件					
其他					

课堂笔记

任务拓展

1）完成加工方式不同等个性化的智能传感器的工作状态及参数变化监控。

2）利用 PPT 结合智能传感单元控制界面向客户展示智能传感单元模块的工作状态监控，以及如何快速进行故障处理。

课后作业

1）总结智能传感单元控制系统的核心组成，并归纳出主要监测的报警信息。

2）操作智能传感单元控制系统完成监控智能传感器的工作状态及参数值变化任务。

项目8 认知网络通信系统

>>>>

◎ 项目导入

工业现场往往需要采集现场设备的数据，并对数据进行记录、分析或存储等，这就给 PLC 控制系统提出了网络通信的要求。PLC 发展至今，网络通信已经成为 PLC 的重要组成部分，通过网络通信可以实现数据的实时采集、处理和存储。网络通信技术的进步将会推动工业 4.0 朝着自动化、智能化方向发展，进而实现智能制造。

S7-1200 CPU 集成了 PROFINET 通信接口，支持以太网和基于 TCP/IP 的通信标准。使用这个通信接口可以实现 S7-1200 CPU 与计算机、HMI 触摸屏及其他 CPU 之间的通信。PROFINET 通信接口支持 10/100Mbit/s 的 RJ45 口，同时也支持电缆交叉自适应。因此，标准的或交叉的以太网线都可以用于该接口。

S7-1200 CPU 的 PROFINET 通信接口支持以下通信协议及服务：TCP、ISO on TCP、S7 通信（服务器端）。当一个 S7-1200 CPU 与一台编程设备、一个 HMI 或一个 PLC 通信，即只有两个通信设备时，实现的是直接通信。直接通信不需要使用交换机，用网线直接连接两个设备即可。

◎ 学习目标

知识目标	1. 掌握网络通信中的基本概念； 2. 掌握 PLC 与 HMI 的通信方法； 3. 掌握 PLC 与 PLC 间的不同通信方法
能力目标	1. 能够熟练配置 PLC 与 HMI 的网络通信； 2. 能够熟练配置 PLC 与 PLC 间的 S7 单边通信； 3. 能够熟练配置 PLC 与 PLC 间的 TCP 双边通信
素养目标	1. 树立网络安全意识、风险意识、服务意识，提升职业素养； 2. 增强职业认同感、责任感、使命感、紧迫感

任务 8.1 认知网络通信基础

任务描述

通过 RJ45 接口并利用网线可以实现 PLC 硬件设备和计算机之间的硬件连接。但是要实现 PLC 与计算机的通信，还需要进行网络配置。

本任务要求对计算机网络进行配置，对 PLC 设备进行组态与网络配置，从而实现 S7-1200 PLC 与计算机的通信。PLC 网络连接如图 8.1.1 所示。

微课：初识网络通信

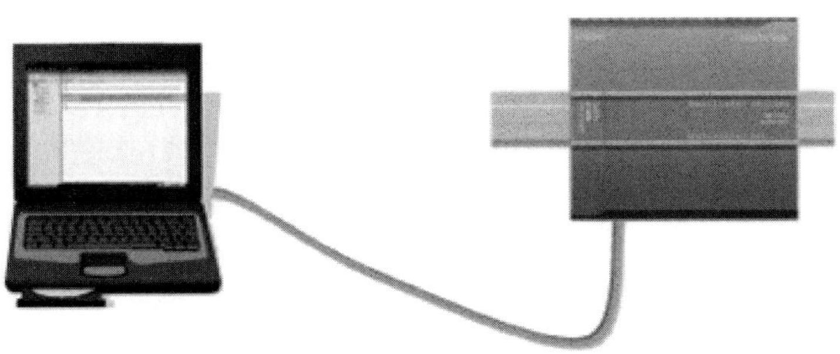

图 8.1.1　PLC 网络连接

任务要求

1）能使用博途软件。
2）能实现 S7-1200 和计算机的网络配置。
3）能实现 PLC 与计算机的通信。

任务准备

准备 PLC 硬件设备、计算机等，如图 8.1.2 所示。

（a）PLC 硬件设备　　　　（b）计算机

图 8.1.2　任务准备

任务实施

本任务主要包含工程项目创建、硬件组态、通信设置、项目下载、通信监控。任务实施步骤如下：

1. 工程项目创建

双击桌面上的博途软件图标，打开博途软件，如图 8.1.3 所示，在 Portal 视图中选择“创建新项目”选项，输入项目名称“PLC 通信”，选择项目保存路径，然后单击“创建”按钮，创建项目完成。

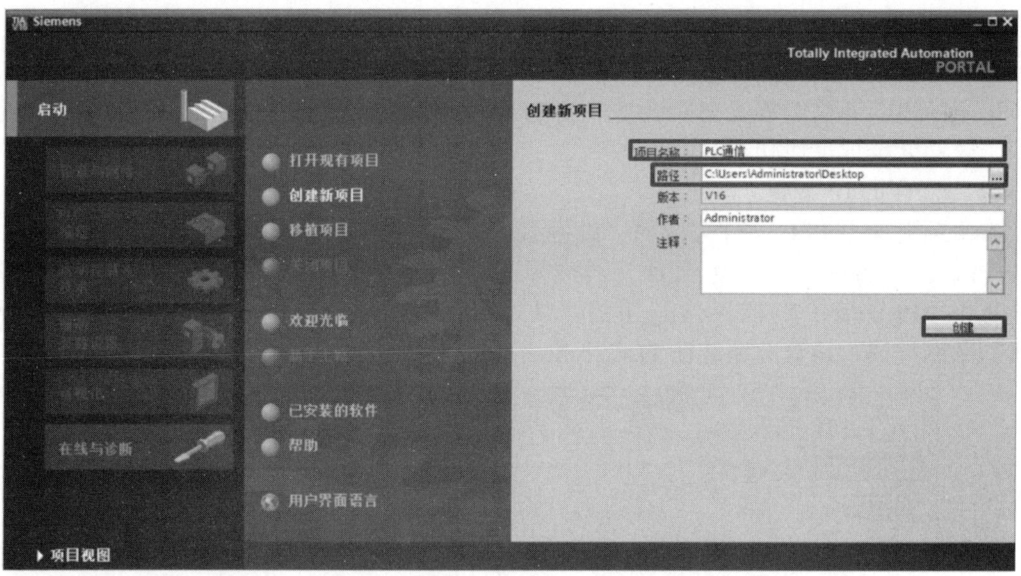

图 8.1.3　博途软件的 Portal 界面

2. 硬件组态

项目创建成功后，选择“项目视图”选项，进入项目视图界面。在项目树中可以看到创建的项目“PLC 通信”。在“PLC 通信”项目中，选择“设备组态”选项，单击“添加新设备”按钮。如图 8.1.4 所示，在弹出的“添加新设备”对话框中选择“控制器”选项并添加实际 PLC 硬件的 CPU 型号和版本号。这里选择“SIMATIC S7-1200”选项，然后选择“CPU 1214C DC/DC/DC”选项。单击“确定”按钮，添加新设备成功。

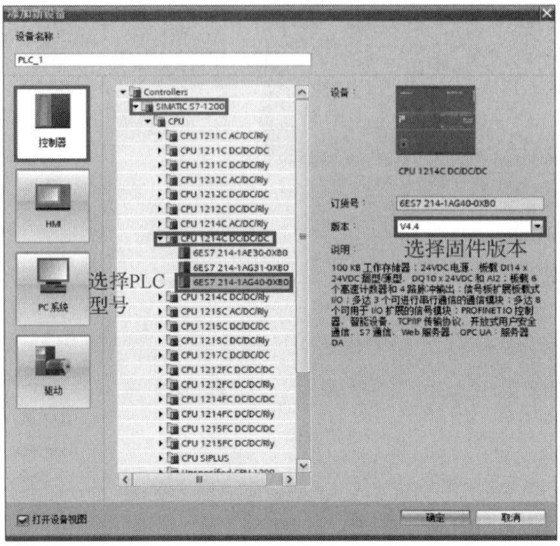

图 8.1.4　添加 PLC 的 CPU 设备

3. 通信设置

CPU 通过以太网与运行博途软件的计算机进行通信。计算机直接连接单台 CPU 时，可以使用标准的以太网电缆，也可以使用交叉以太网电缆。一对一的通信不需要使用交换机，两台以上的设备通信则需要交换机。下载 PLC 之前须先对 CPU 和计算机进行正确的通信设置，这样才能保证成功下载。

（1）CPU 的 IP 设置

双击项目树中 PLC 文件夹内的“设备组态”，或单击巡视窗口设备名称“PLC_1”，打开该 PLC 的设备视图。选中 CPU 后再选择巡视窗口中的“属性”选项，在“常规”选项卡中选中“PROFINET 接口[X1]”下的“以太网地址”，可以采用图 8.1.5 中所示的默认 IP 地址和子网掩码，设置的地址在 PLC 下载后才起作用。

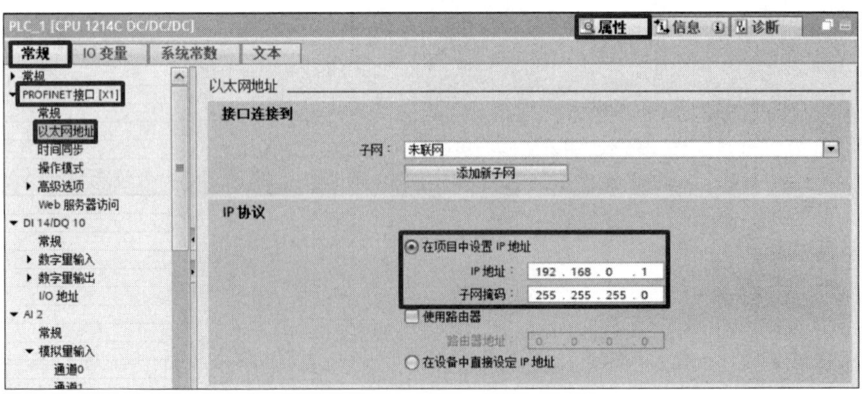

图 8.1.5　设置 PLC 的以太网地址

子网掩码的值通常为255.255.255.0，CPU与计算机的IP地址中的子网掩码应完全相同。同一个子网中各设备的子网内的地址不能重叠。如果在同一个网络中有多个 CPU，除了一台 CPU 可以保留出厂时默认的 IP 设置，其他 CPU 的 IP 地址必须更改为网络中唯一的 IP 地址，以避免与其他网络用户冲突。

（2）计算机网卡的 IP 设置

使用以太网电缆连接计算机和 CPU，并接通 PLC 电源。如图 8.1.6 所示，打开控制面板，选择“查看网络状态和任务”选项，再在弹出的“网络和共享中心”窗口中选择“更改适配器设置”选项，弹出以太网状态对话框，单击“属性”按钮，弹出以太网属性对话框，选中“Internet 协议版本 4（TCP/IPv4）”选项，单击“属性”按钮，弹出“Internet 协议版本 4（TCP/IPv4）属性”对话框，如图 8.1.7 所示。

图 8.1.6　计算机网络属性设置

在图 8.1.7 所示对话框中选中“使用下面的 IP 地址”单选按钮，输入 PLC 以太网端口默认的子网地址 192.168.0.×（这里输入 192.168.0.100），IP 地址的第 4 字节是子网内设备的地址，可以取 0～255 的某个值，但是不能与网络中其他设备的 IP 地址重叠。单击“子网掩码”输入框，自动出现默认的子网掩码，这里是 255.255.255.0。一般不用设置网关的 IP 地址。设置结束后，单击各级对话框中的“确定”按钮，即可设置好计算机的 IP 地址和子网掩码。

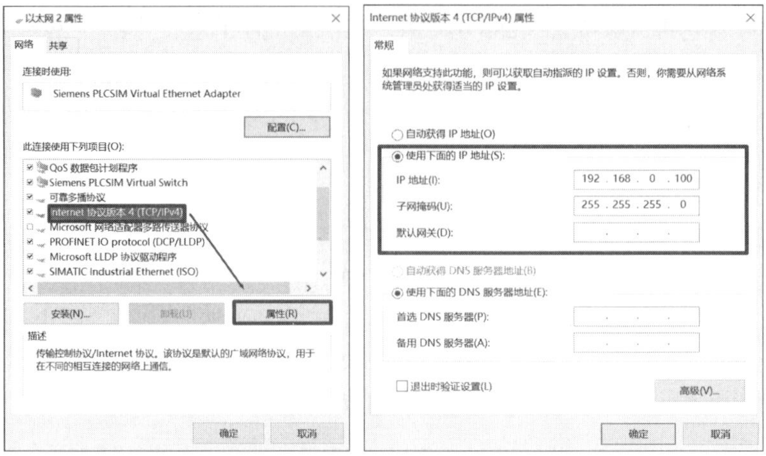

图 8.1.7　设置计算机的 IP 地址和子网掩码

4. 项目下载

做好上述准备后，选中项目树中的设备名称“PLC_1”，单击工具栏中的“编译”按钮 ，编译无误后，单击工具栏中的“下载”按钮 ，将组态好的 PLC 下载到 PLC 硬件设备中。

将“PG/PC 接口的类型”设置为“PN/IE”，如果计算机配置了不止一块以太网卡，需要将“PG/PC 接口”设置为实际使用的网卡，如图 8.1.8 所示。

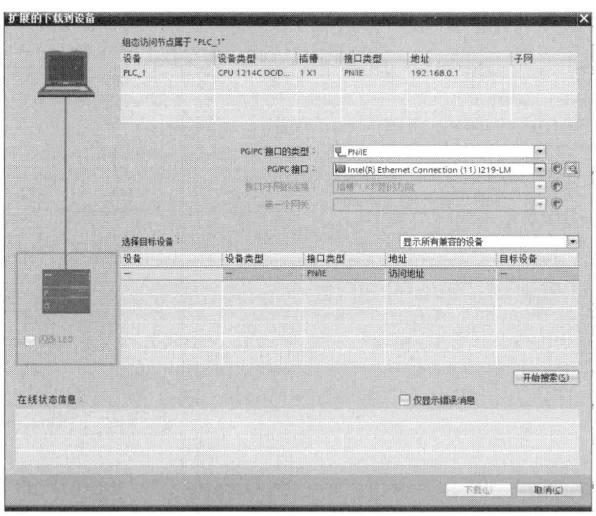

图 8.1.8　“扩展的下载到设备”对话框

选择“显示所有兼容的设备”选项，单击“开始搜索”按钮，经过一段时间后，在下面的“选择目标设备”列表中，搜索到设备类型（CPU 1214C 等字样），即 S7-1200 PLC，以及 PLC 的以太网地址等，计算机与 PLC 之间的连线由断开变为接通。CPU 所在方框的背景色变为实心的橙色，表示 CPU 进入在线状态，此时“下载”按钮变为亮色，即为有效状态，详见图 8.1.9。

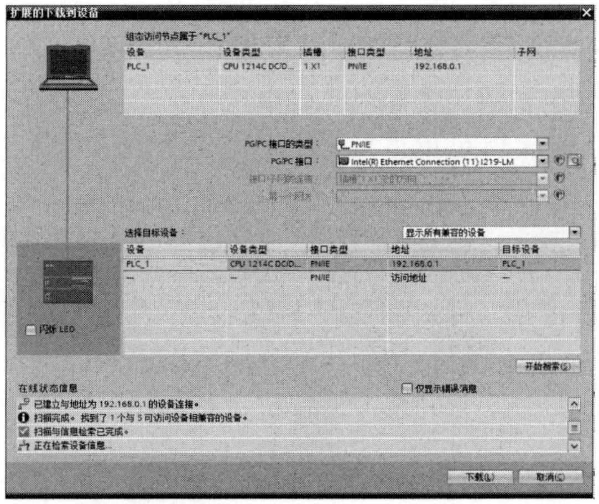

图 8.1.9　开始搜索 PLC 设备

选中已经搜索到的设备类型（CPU 1214C 等字样），即 S7-1200，单击界面右下角的“下载”按钮，编程软件首先对项目进行编译，并进行下载前检查，如图 8.1.10 所示。如果检查出问题，则单击“无动作”后的下拉按钮，在弹出的下拉列表中选择“全部停止”选项，此时“装载”按钮会再次变为亮色，单击“装载”按钮，开始装载组态，完成组态后，单击“完成”按钮，即下载完成。

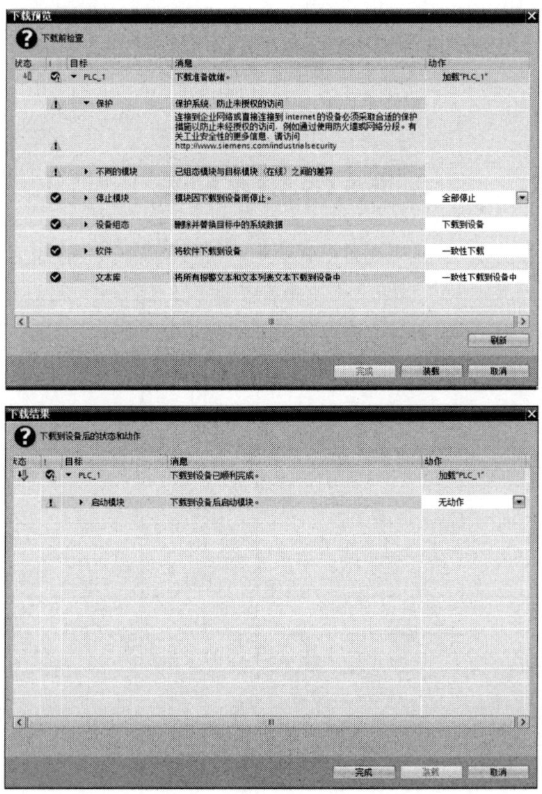

图 8.1.10　下载预览与下载结果

5. 通信监控

单击工具栏中的“转至在线”图标，PLC 由离线状态切换为在线状态，PLC 设备及项目树中的各项均亮绿灯，表示 PLC 组态与通信无误，PLC 与计算机能正常通信，如图 8.1.11 所示。

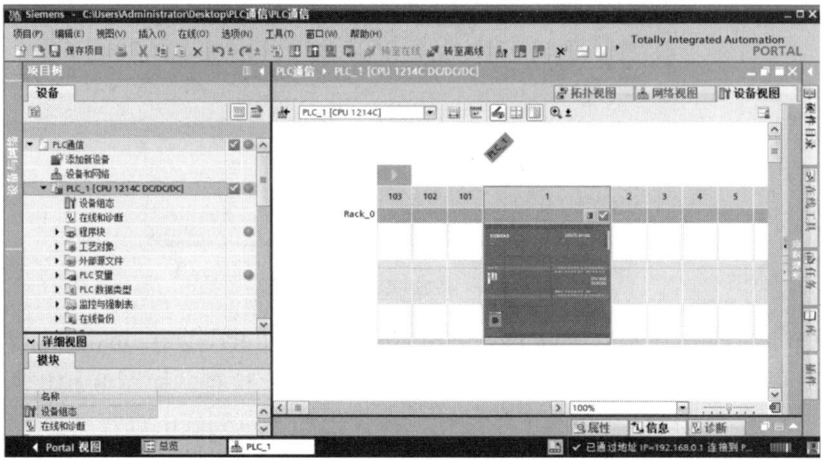

图 8.1.11 “转至在线”监控界面

任务评价

任务评价表如表 8.1.1 所示。

表 8.1.1 任务评价表

基本信息	认知网络通信基础任务					
	班级		学号		分组	
	姓名		时间		总分	
项目内容	评价标准		分值	自评	小组互评	教师评价
任务考核（60%）	创建工程项目		10			
	硬件组态		30			
	通信设置		40			
	项目下载		10			
	通信监控		10			
	总分		100			
素养考核（40%）	操作安全规范		20			
	遵守劳动纪律		20			
	分享、沟通、分工、协作、互助		20			
	资料查阅、文档编写		20			
	精益求精、追求卓越		20			
	总分		100			

任务拓展

1）在“PLC 通信”项目的 PLC_1 的 Main 函数中编写启保停程序。
2）按下 PLC 硬件系统中的按钮 SB1，实现绿灯亮。
3）按下 PLC 硬件系统中的按钮 SB2，实现绿灯灭。

知识链接

知识点 8.1.1 网络通信简介

网络是用物理链路将各个孤立的工作站或主机相连在一起，组成数据链路，从而达到资源共享和通信的目的。

通信是指，按照达成的协议，信息在人、地点、进程和机器之间的传送。

网络通信是通过网络将各个孤立的设备进行连接，通过信息交换实现人与人、人与计算机、计算机与计算机之间的通信。

多台设备通过传输线相连，可以实现多设备间的通信，这样就形成网络。网络可以分为简单网络和多级网络。简单网络由单个主设备和多个从设备构成。多级网络一般由多个主设备和多个从设备构成。

在现代大型智能制造工业中，一般采用多级网络的形式，上层负责生产管理，中间层负责生产过程的监控与优化，底层负责现场检测与控制。多级网络通信形式如图 8.1.12 所示。

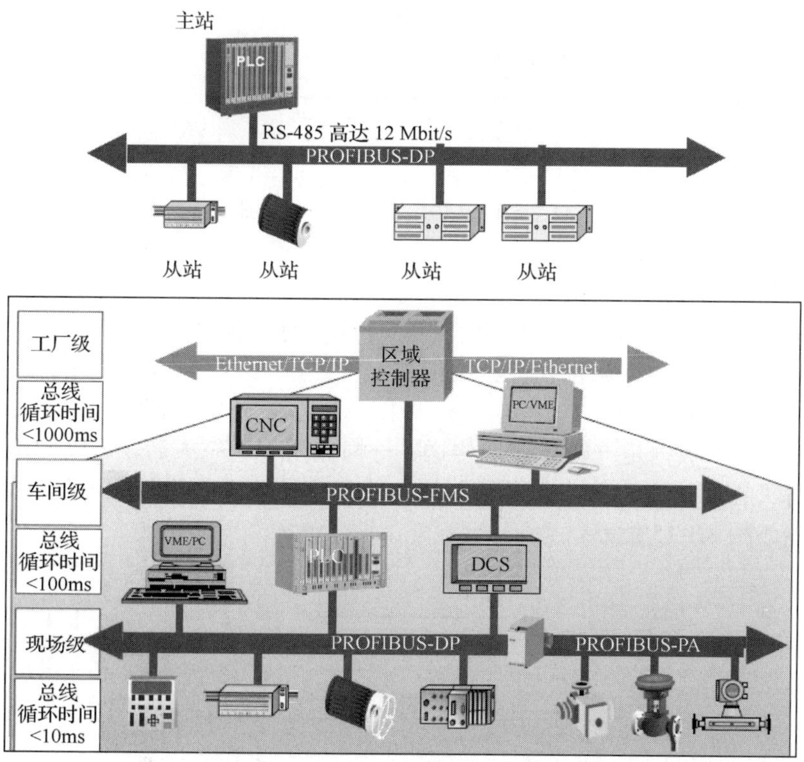

图 8.1.12 多级网络通信形式

知识点 8.1.2 网络通信方式

1. 串行通信与并行通信

（1）串行通信

计算机中的 1 字节由 8 位二进制代码表示。串行通信是指将传输的每个字节的二进制代码按照由低位到高位的顺序，一位一位地依次发送。其数据传输速度慢，但由一条传输线传输，成本低，适合远距离通信。PLC 与计算机、PLC、HMI、变频器之间的通信均采用串行通信。串行通信方式示意图如图 8.1.13 所示。

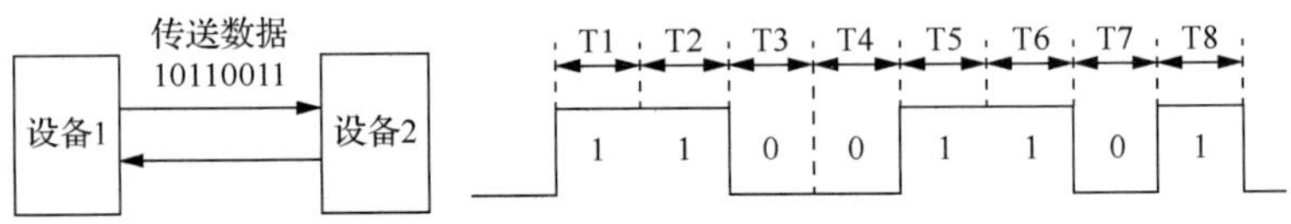

图 8.1.13 串行通信方式示意图

（2）并行通信

并行通信是指数据的各位同时进行传输的通信方式。其数据传输速度快，但由多条传输线传输，成本高，只适合近距离的数据传输。并行通信一般用于 PLC 内部的各元件之间、主机与扩展模块或近距离智能模块之间的数据通信。并行通信方式示意图如图 8.1.14 所示。

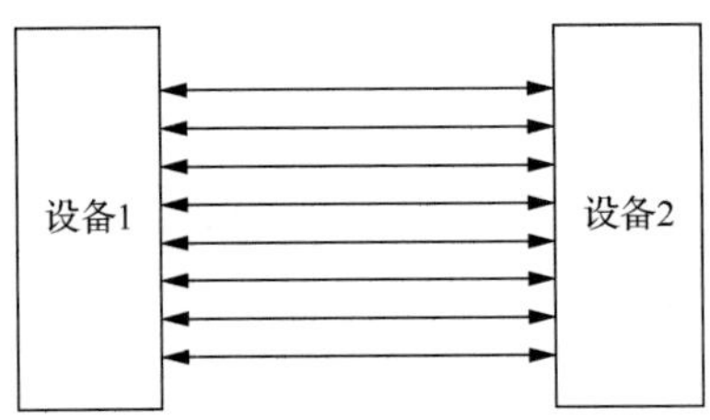

图 8.1.14 并行通信方式示意图

2. 异步通信和同步通信

串行通信可分为异步通信和同步通信。串行通信时，数据是以帧为单位传送的，一帧数据由起始位、数据位、校验位和停止位组成。

（1）异步通信

在异步通信中，数据是一帧一帧地传送，一帧数据传送完成后，可以传送下一帧数据，或者可以等待。异步传输简单、成本低，但传输效率低，主要用于中、低速场合。异步通信方式示意图如图 8.1.15 所示。

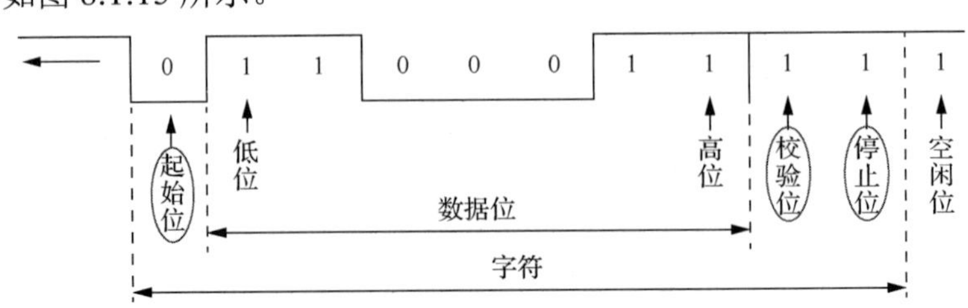

图 8.1.15 异步通信方式示意图

（2）同步通信

同步通信发送端和接收端使用同一个时钟频率，以字节为单位，每次传送 1～2 个同步字符、若干数据字节和校验字符。同步字符起联络作用，用来通知接收方开始接收数据。在同步通信中，发送方和接收方要保持完全的同步，因此发送方和接收方应使用同一时钟频率。同步传输速度快，多用于高速通信场合，但对硬件要求高，PLC 一般不采用这种通信方式。

3. 单工通信和双工通信

在串行通信中，根据数据在设备间传输方向的不同，可分为 3 种通信方式：单工通信、半双工通信和全双工通信。

1）单工通信，即单向通信，是数据只能沿着一个方向传送的通信，即只能由发送端传输给接收端。无线电广播或有线电广播及电视广播属于单工通信。

2）半双工通信，即双向交替通信，亦即通信的双方都可以发送信息，但不能同时发送（或同时接收）。这种通信方式往往是一方发送，另一方接收，如无线对讲机。

3）全双工通信，即双向同时通信。通信双方都有发送器和接收器，由于有两条数据线，故通信双方可以同时发送和接收信息，如有线电话。

知识点 8.1.3　网络传输介质

网络传输介质分为有线网络传输介质和无线网络传输介质。

1. 有线网络传输介质

有线网络传输介质主要有双绞线、同轴电缆和光缆，如图 8.1.16 所示。

（a）双绞线　　（b）同轴电缆　　（c）光缆

图 8.1.16　有线网络传输介质

（1）双绞线

双绞线用金属导体接收和传输通道信号，每对双绞线由绞合在一起的相互绝缘的两根铜线组成，分为非屏蔽双绞线（unshielded twisted pair，UTP）和屏蔽双绞线（shielded twisted pair，STP）。双绞线成本低、安装简单，RS-232C、RS-422 和 RS-485 等接口多采用双绞线。双绞线的结构组成如图 8.1.17 所示。

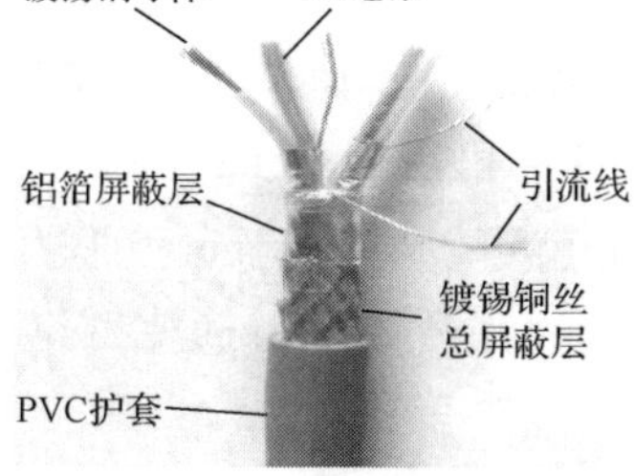

图 8.1.17　双绞线的结构组成

（2）同轴电缆

同轴电缆一般由一根内导体铜质芯线外加泡沫绝缘层、外导体金属屏蔽层，以及外层绝缘蒙皮组成。同轴电缆的数据传输速度、传输距离、可支持的节点数、抗干扰性能均优于双绞线，但成本更高。同轴电缆的结构组成如图 8.1.18 所示。

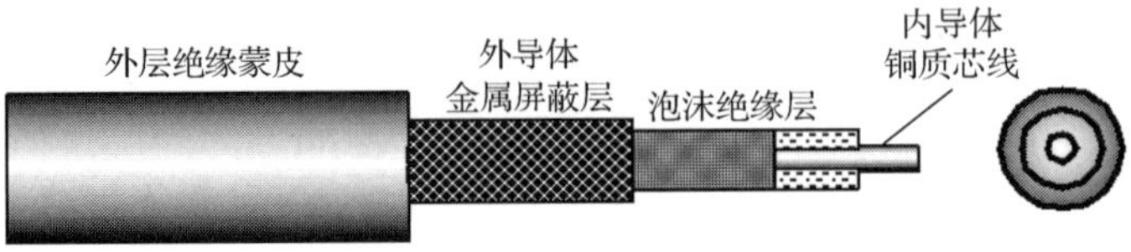

图 8.1.18　同轴电缆的结构组成

（3）光缆

光缆是由多束纤维组成的光导纤维电缆，是数据传输中最有效的一种传输介质。其优点是抗干扰性好，具有更宽的带宽和更高的传输速率，传输能力强，并且衰减小，无中继时传输距离远。但光缆本身价格昂贵，对芯材纯度要求高。光缆的结构组成如图 8.1.19 所示。

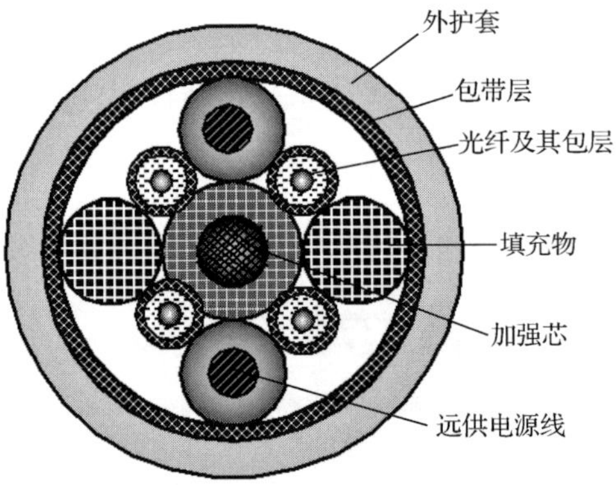

图 8.1.19　光缆的结构组成

2. 无线网络传输介质

无线网络传输介质主要有微波、红外线、激光等。

知识点 8.1.4　IP 地址

IP 是英文 Internet protocol 的缩写，意思是“网络之间互联的协议”，也就是为计算机网络相互连接进行通信而设计的协议。在 Internet 中，它是使连接到网上的所有计算机网络实现相互通信的一套规则，规定了计算机在 Internet 上进行通信时应当遵守的规则。任何厂家生产的计算机系统，只要遵守 IP 就可以与 Internet 互联互通。正是因为有了 IP，Internet 才得以迅速发展，成为世界上最大的开放计算机通信网络。因此，IP 也被称为“因特网协议”。

IP 地址被用来给互联网上的计算机进行编号。每台联网的计算机都需要有 IP 地址，这样才能正常通信。如果把计算机看作有线电话，那么 IP 地址就相当于电话号码，而 Internet 中的路由器就相当于电信局的程控式交换机。

IP 地址是一个 32 位的二进制数，通常被分割为 4 个“8 位二进制数”（也就是 4 个字节）。IP 地址通常用“点分十进制”表示成 a.b.c.d 的形式，其中，a、b、c、d 都是 0～255 的十进制整数。例如，点分十进制 IP 地址为 100.4.5.6，实际上它是一个 32 位二进制数 01100100.00000100.00000101.00000110。

IP 地址（Internet protocol address，互联网协议地址）是一种在互联网上给主机编址的方式，也称为网际协议地址。常见的 IP 地址分为 IPv4 与 IPv6 两大类。

IP 地址编址方案：将 IP 地址空间划分为 A、B、C、D、E 五类，其中 A、B、C 是基本类，D、E 用于多播和保留。

IPv4 有 4 段数字，每一段最大不超过 255。随着互联网的蓬勃发展，IP 地址的需求量越来越大，使得 IP 地址的发放愈发严格。在 2011 年 2 月 3 日，IPv4 地址分配完毕。

地址空间的不足必将妨碍互联网的进一步发展。为了扩大地址空间，拟通过 IPv6 重新定义地址空间。IPv6 采用 128 位地址长度。在 IPv6 的设计过程中，除解决了地址短缺问题外，还考虑了在 IPv4 中难以解决的其他问题。

知识点 8.1.5　子网掩码

子网掩码（subnet mask）又称网络掩码、地址掩码、子网络遮罩，它是一种用来指明一个 IP 地址的哪些位标识的是主机所在的子网，哪些位标识的是主机的位掩码。子网掩码不能单独存在，它必须结合 IP 地址一起使用。子网掩码只有一种作用，就是将某个 IP 地址划分成网络地址和主机地址两部分。

子网掩码是一个 32 位的地址，用于屏蔽一部分 IP 地址，以区别网络标识和主机标识，并说明该 IP 地址是在局域网上还是在远程网上。

工作手册

姓名：	学号：	班级：	日期：

8.1　认知网络通信基础工作手册

任务接收

表 8-1-1　任务分配表

序号	角色	姓名	学号	分工
1	组长			
2	组员			
3	组员			
4	组员			
5	组员			

课堂笔记

任务准备

表 8-1-2　工作方案设计表

序号	工作内容	负责人
1		
2		
3		
4		
5		
6		

表 8-1-3　实训设备、工具与耗材清单

序号	名称	型号与规格	数量	备注
1				
2				
3				
4				
5				
6				
7				
领取人：　　　　归还人：				

课堂笔记

任务实施

表 8-1-4　任务实施表

PLC 与计算机通信的工作流程							
检查内容（正常打“√”，不正常打“×”）							
检查项目							
项目已创建							
硬件组态							
通信设置							
项目下载							
通信监控							

任务拓展

在 PLC 与计算机通信项目基础上编写启保停程序，实现通过按钮控制一个灯亮灭的功能。

课后作业

1）解释串行通信。

2）解释半双工通信。

3）解释异步通信。

4）阐述 IP 地址的含义。

任务 8.2

实现 PLC 与 HMI 通信

任务描述

HMI 作为 PLC 的最佳搭档，可以在恶劣的工业环境中长时间连续运行。HMI 主要用于动态显示现场数据和状态，并且可以通过 HMI 控制工业现场设备。随着技术的发展和应用的普及，HMI 的价格已大幅度下降，HMI 已经成为智能控制系统必不可少的设备。

微课：PLC 与 HMI 的组态与通信

对于 PLC 与 HMI 的通信，CPU 可通过 PROFINET 或 PROFIBUS DP 接口与一个或多个 HMI 设备进行数据交换。HMI 网络如图 8.2.1 所示。

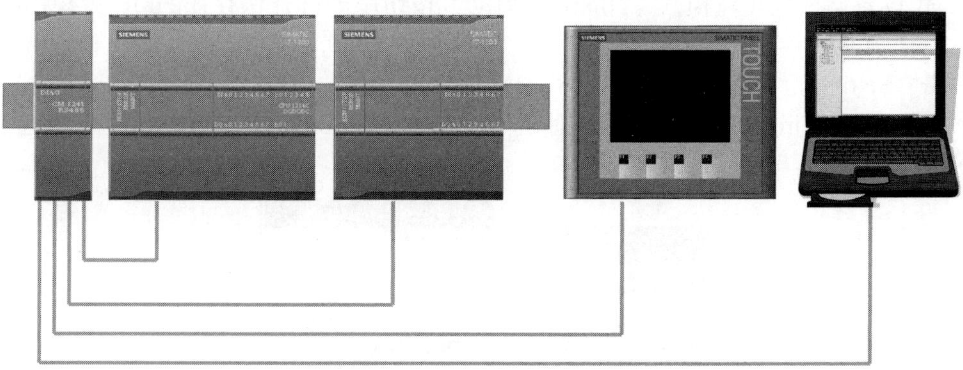

图 8.2.1　HMI 网络

本任务中，要求通过组态与配置 HMI 和 PLC 实现二者之间的通信。

任务要求

1）能实现 HMI 设备的通信配置。

2）能实现 PLC 的组态与网络配置。

3）能实现 HMI 的组态与网络配置。

4）能实现 PLC 与 HMI 间的通信。

任务准备

准备计算机、PLC 硬件设备、HMI、交换机、网线。HMI 设备和交换机如图 8.2.2 所示。

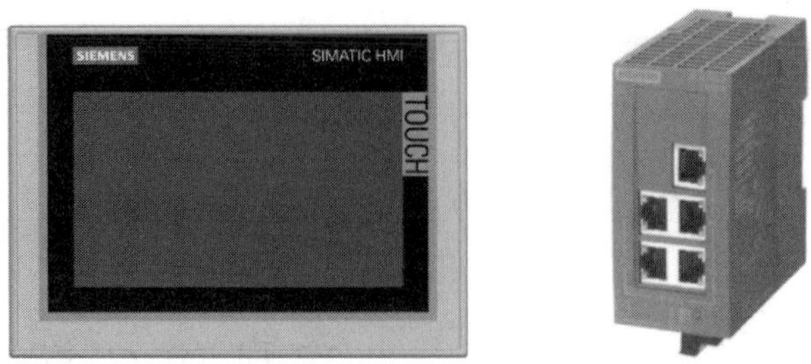

（a）HMI设备　　　　（b）交换机

图 8.2.2　HMI 硬件设备和交换机

任务实施

要实现 PLC 与 HMI 的通信，可以在 HMI 设备的通信配置上进行设置。在博途软件中，可以对 PLC 和 HMI 分别进行组态，并将 PLC 和 HMI 连接。

1. HMI 硬件设备通信配置

用 HMI 的控制面板设置通信参数。给精智面板 TP700 通电，启动过程结束后，屏幕显示 Windows CE 的桌面，屏幕中间是 Start Center（启动中心）。“Transfer”（传输）按钮用于将 HMI 设备切换到传输模式。“Start”（启动）按钮用于打开保存在 HMI 设备中的项目，并显示启动画面。

单击“Settings”（设置）按钮，打开 HMI 的控制面板，双击“Transfer”（传输）按钮，弹出“Transfer Settings”（传输设置）对话框，选中“Automatic”（自动传输）单选按钮，如图 8.2.3 所示。

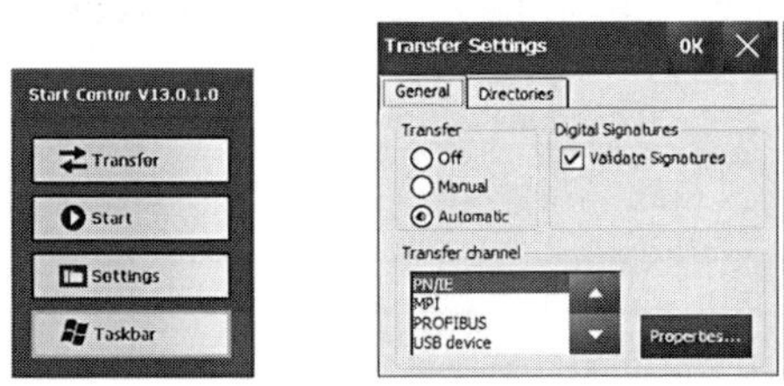

图 8.2.3　HMI 网络通设置

双击网络连接对话框中的 PN_X1（以太网接口）图标，弹出“‘PN_X1’ Settings”对话框，如图 8.2.4 所示。选中“Specify an IP address”单选按钮，由用户设置 PN_X1 的 IP 地址。用屏幕键盘输入 IP 地址和子网掩码，“Default Gateway”是默认的网关。设置好后单击“OK”按钮退出。

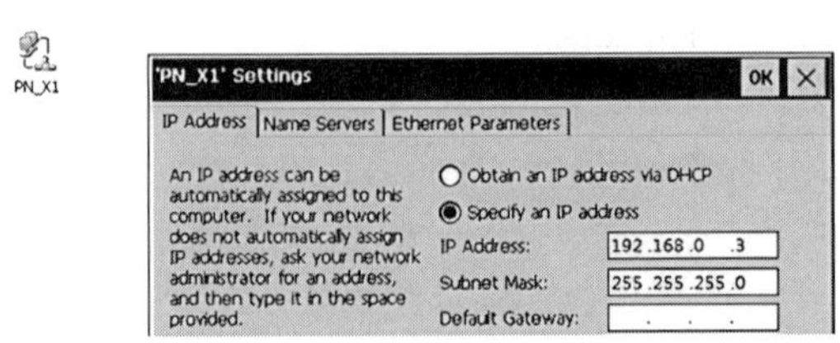

图 8.2.4　HMI 网络设置子掩码

设置好 HMI 的通信参数之后，在“设置 PG/PC 接口”对话框中设置应用程序访问点为实际使用的计算机网卡和通信协议。设置计算机的以太网卡的 IP 地址为 192.168.0.×，第 4 字节的值×不能与其他设备相同，同时装置子网掩码为 255.255.255.0。

2. PLC 硬件组态

（1）创建项目

在博途软件中可以对 PLC 和 HMI 硬件进行组态。首先，在博途软件中创建一个 PLC-HMI 通信的项目。打开博途软件，在 Portal 视图中选择“创建新项目”选项，输入项目名称“PLC-HMI 通信”（图 8.2.5），可更改项目保存路径（图 8.2.6），然后单击“创建”按钮。项目创建成功后，自动进入“新手上路”界面。

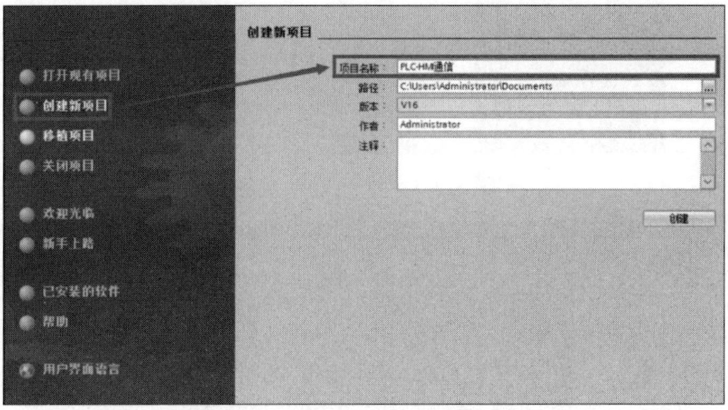

图 8.2.5　创建项目名称

图 8.2.6　选择项目路径

（2）CPU 硬件组态

创建项目后，添加 PLC 的 CPU 设备。选择“新手上路”→“打开项目视图”选项，如图 8.2.7 所示，可以切换到项目视图。如图 8.2.8 所示，在项目树中找到创建的“PLC-HMI 通信”项目，双击“添加新设备”选项，弹出“添加新设备”对话框。单击对话框中的“控制器”按钮，双击要添加的 CPU 的订货号，如图 8.2.9 所示。单击“确定”按钮，生成名为“PLC_1”的 PLC 站点，这里 CPU 选择“CPU 1214C DC/DC/DC”。

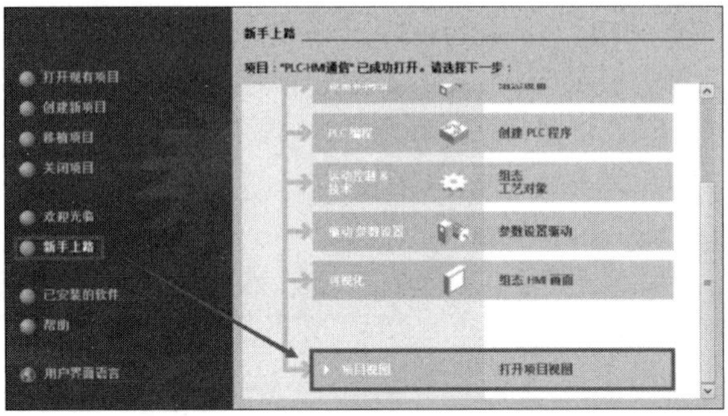

图 8.2.7　打开项目视图

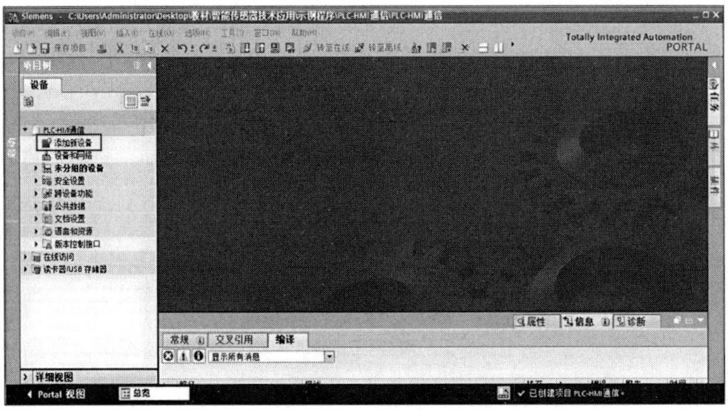

图 8.2.8　项目视图

图 8.2.9　添加 CPU 设备

（3）PLC 通信地址配置

PLC 的 CPU 添加成功后，配置其以太网地址。双击项目树中“PLC_1”项目文件夹内的“设备组态”，弹出该 PLC 的设备视图。单击设备视图中的 PLC 设备，弹出 PLC 设备的巡视窗口，选择“属性”选项卡，然后在“常规”选项卡中选择“PROFINET 接口”→“以太网地址”选项。在“以太网地址”界面中，可以设置 PLC 的 IP 地址和子网掩码，这里选择默认设置，IP 地址为“192.168.0.1”，子网掩码为“255.255.255.0”，如图 8.2.10 所示。

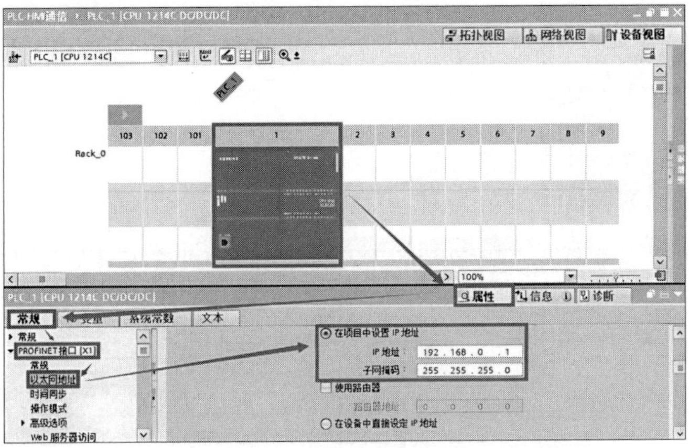

图 8.2.10　设置以太网 IP 地址

3. HMI 组态与通信

（1）HMI 设备组态

在项目树中，双击“添加新设备”，弹出“添加新设备”对话框，单击该对话框中的“HMI”按钮，选中 7in 的第二代精智系列面板 TP700，单击“确定”按钮，生成名为“HMI_1”的面板，详见图 8.2.11。

图 8.2.11　添加 HMI 设备

（2）HMI 通信地址设置

双击项目树中“PLC_1”项目文件夹内的“设备组态”，打开设备视图，单击该视图中的 HMI 设备，弹出 HMI 设备的巡视窗口，选择“属性”选项卡，然后在“常规”选项卡中选择“PROFINET 接口”→“以太网地址”选项。在“以太网地址”界面中，可以设置 HMI 的 IP 地址和子网掩码，这里选择默认设置，IP 地址为“192.168.0.2”，子网掩码为“255.255.255.0”，详见图 8.2.12。

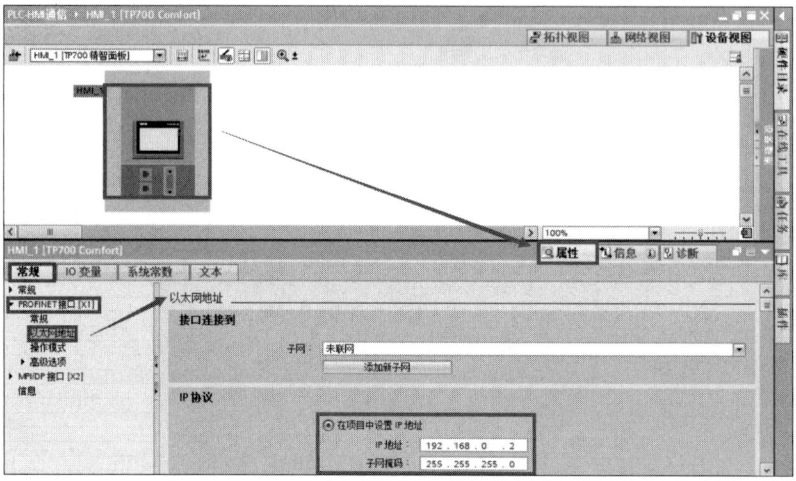

图 8.2.12　设置 HMI 以太网地址

4. PLC 和 HMI 的连接

将 PLC 和 HMI 进行连接，CPU 和 HMI 默认的 IP 地址分别为 192.168.0.1 和 192.168.0.2，子网掩码均为 255.255.255.0。生成 PLC 和 HMI 设备后，双击项目树中的“设备和网络”，打开网络视图。单击工具栏中的“连接”按钮，其右边的选择框显示连接类型为“HMI 连接”。单击选中 PLC_1 中的以太网接口（绿色小方框），单击鼠标并按住左键不放，移动鼠标，拖出一条浅蓝色直线，将它拖到 HMI_1 的以太网接口，松开鼠标左键，生成图中的“HMI_连接_1”，详见图 8.2.13 和图 8.2.14。

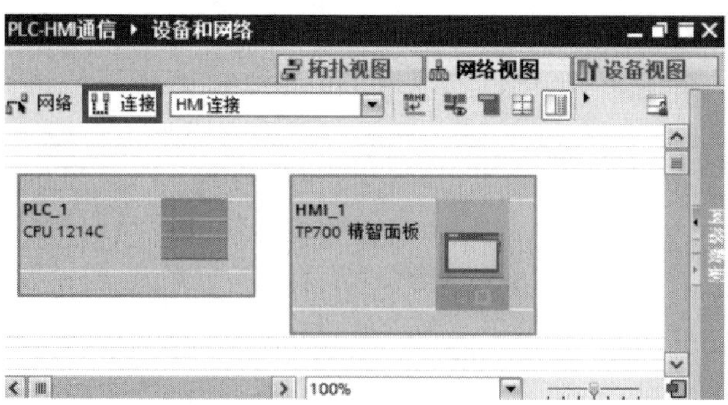

图 8.2.13　“设备和网络”界面

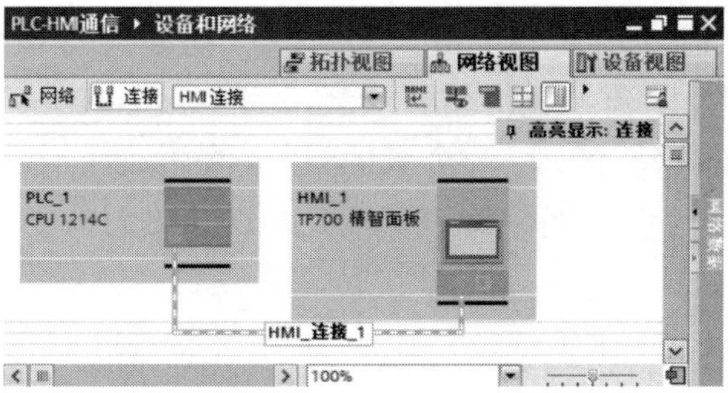

图 8.2.14　HMI 与 PLC 通信连接

任务评价

任务评价表如表 8.2.1 所示。

表 8.2.1　任务评价表

基本信息	实现 PLC 与 HMI 通信任务					
	班级		学号		分组	
	姓名		时间		总分	
项目内容	评价标准		分值	自评	小组互评	教师评价
任务考核（60%）	HMI 设备通信配置		20			
	PLC 硬件组态		30			
	HMI 组态与通信		40			
	PLC 和 HMI 的连接		10			
	总分		100			
素养考核（40%）	操作安全规范		20			
	遵守劳动纪律		20			
	分享、沟通、分工、协作、互助		20			
	资料查阅、文档编写		20			
	精益求精、追求卓越		20			
	总分		100			

任务拓展

1）在“PLC-HMI 通信”项目的 PLC_1 的 Main 函数中编写启保停程序。

2）在 HMI 中添加启动按钮、停止按钮和绿灯元素。

3）在 HMI 中设置元素的动作，并将元素与 PLC 变量进行连接。

4）在 HMI 界面中，通过 HMI 上的按钮控制绿灯的亮、灭。

知识链接

知识点 8.2.1　西门子 HMI 面板

1. 精简系列面板

精简系列面板是与 S7-1200 PLC 配套的触摸屏，它适用于简单应用场合，具有较高的性价比，有触摸屏和功能可以定义的按键。第二代精简面板有 4in、7in、9in 和 12in 可选，为高分辨率的 64K 色宽屏显示器，支持垂直安装，用 TIA Portal V13 或更高版本组态。精简系列面板有一个 RS-422/RS-485 接口、一个 RJ45 以太网接口和一个 USB 2.0 接口，采用 TFT 真彩液晶屏。RJ45 以太网接口的通信速率为 10/100Mbit/s。

2. 精智系列面板

高性能的精智系列面板有 4in、7in、9in、12in 和 15in 的按键/触摸型面板，还有 22in 的触摸型面板。精智系列面板支持多种通信协议，有 PROFINET、MPI/PROFIBUS 接口和 USB 接口。

3. 精彩系列面板

精彩系列面板 Smart Line IE 是与 S7-200 和 S7-200 SMART 配套的触摸屏，有 7in 和 10in 两种显示器，有以太网接口和 RS-422/485 接口。Smart 700 IE 具有很高的性价比。

4. 移动面板

移动面板可以在不同的地点灵活应用，有 7in 和 9in 的移动面板，还有 7.5in 的无线移动面板。

知识点 8.2.2 HMI 技术应用

HMI 可以帮助工艺工程师直接变更参数，而无须变更设备结构或控制程序。触摸屏是通过外部物体接触面板上的按钮开关或进行参数设置来完成工艺流程控制的，面板上的操作内容可以人为地通过编程软件来进行编辑，同时可以把完成的工艺状态显示在触摸屏上。它既是一个输入设备，也是一个输出设备，其操作灵活，功能强大。PLC 系统只需通过 DP 网络即可与触摸屏连接，减少了外部信号传输线路，实现了资源的有机整合。

纺织行业：HMI 产品几乎适用于所有的纺织机械，如开棉机、梳棉机、粗纱机、细纱机、络筒机、高档织机、染整机械。

电力行业：目前电力行业的 HMI 市场的整体规模并不大。未来 HMI 产品在电力行业的增长主要体现在电网系统中。电网保护和监控系统都会用到 HMI 产品。

市政工程：城市供水及水处理领域的 HMI 主要用作 PLC 的上位机，用于显示操作，或者用于控制系统的工作站，以显示工作状态。

化工行业：从整体来看，低端的文本终端产品用量最大，少量触摸屏和平板计算机会被应用在设备或控制系统中。在化工行业的各个单元操作过程中，HMI 产品用于设备上，以监控设备的生产状态。

塑料机械行业：目前我国的塑料机械厂商在 HMI 的使用方面主要分为高端和普通两种。普通塑料机械通常采用专用计算机控制系统，集成液晶显示，多数属于 MCU+文本终端。绝大多数的注塑机采用这种控制/显示方式。高端的塑料机械产品通常采用 PLC 来控制设备，以触摸屏作为 HMI。

触摸屏有着良好的抗干扰特性与应用稳定性，在工业生产线乃至日常生活的不同应用环境下都有着广阔的应用前景，是目前计算机微型化应用的替代品。相信在不久的将来，触摸屏一定会在工业控制领域发挥更为重要的作用。

知识点 8.2.3　PROFINET 通信口

S7-1200 CPU 本体上集成了一个 PROFINET 通信口（CPU 1211C-CPU 1214C）或两个 PROFINET 通信口（CPU 1215C-CPU 1217C），支持以太网和基于 TCP/IP 和 UDP 的通信标准。这个 PROFINET 物理接口是支持 10/100Mbit/s 的 RJ45 口，支持电缆交叉自适应，因此一个标准的或交叉的以太网线都可以用于这个接口。使用这个通信口可以实现 S7-1200 CPU 与编程设备的通信，与 HMI 触摸屏的通信，以及与其他 CPU 之间的通信。

工作手册

姓名：	学号：	班级：	日期：

8.2　实现 PLC 与 HMI 通信工作手册

课堂笔记

任务接收

表 8-2-1　任务分配表

序号	角色	姓名	学号	分工
1	组长			
2	组员			
3	组员			
4	组员			
5	组员			
6	组员			
7	组员			
8	组员			

任务准备

表 8-2-2　工作方案设计表

序号	工作内容	负责人
1		
2		
3		
4		
5		

表 8-2-3　实训设备、工具与耗材清单

序号	名称	型号与规格	数量	备注
1				
2				
3				
4				
5				
领取人：　　　　归还人：				

任务实施

表 8-2-4　任务实施表

PLC 与 HMI 通信的工作流程							
检查项目	检查内容（正常打“√”，不正常打“×”）						
HMI 设备通信配置							
PLC 硬件组态							
HMI 组态与通信							
PLC 和 HMI 的连接							

任务拓展

在 PLC 与 HMI 通信项目基础上编写启保停程序，并在 HMI 中进行界面设计，包括添加元素、设置动作、变量连接，实现通过 HMI 界面让灯亮、灭的功能。

课后作业

1）解释 HMI 的工作原理。

2）简述 HMI 技术的应用。

3）阐述 HMI 的以太网地址设置方法。

课堂笔记

任务 8.3

实现两台 S7-1200 PLC 间的通信

任务描述

本任务中，要求实现两台 S7-1200 PLC 间的 S7 通信：S7-1200 客户机将发送数据区 DB1 块中的 10 字节数据发送到 S7-1200 服务器的接收数据区 DB1 块中；S7-1200 客户机将 S7-1200 服务器

微课：S7-1200 PLC 的 S7 通信

发送数据区 DB2 块中的 10 字节数据读到 S7-1200 客户机的接收数据区 DB2 块中。

PLC 与 PLC 的网络硬件连接如图 8.3.1 所示。

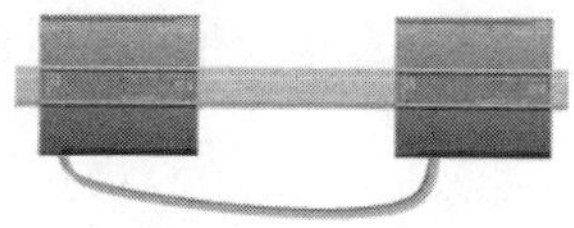

图 8.3.1　PLC 与 PLC 的网络硬件连接

任务要求

1）能使用博途软件。

2）能实现两台 S7-1200 通信的网络配置。

3）能利用博途软件正确编写 S7 通信程序。

4）能利用 PLC 软硬件实现两台 S7-1200 的 S7 通信。

任务准备

准备 PLC 硬件设备、计算机、网线。

任务实施

通过 S7 连接可以实现两台 S7-1200 PLC 间的通信。首先创建 S7 通信项目，并在项目中添加两个 S7-1200 PLC，分别作为客户机和服务器；然后分别对两台 PLC 进行组态和网络配置。配置完成后，通过 S7 连接将两台 PLC 连接起来。连接成功后，在客户机中编写读写数据的指令，并验证 S7 通信是否成功。任务实施步骤如下：

1. 创建项目，添加 PLC

创建一个新项目，在项目中添加两个 S7-1200 PLC，分别作为客户机和服务器。首先，在博途软件中创建一个新项目，命名为“S7 通信”。然后在“S7 通信”中，通过“添加新设备”组态 S7-1200 客户机，选择 CPU 1214C DC/DC/DC（客户机 IP 地址为“192.168.0.10”）；接着组态 S7-1200 服务器，选择 CPU 1214C DC/DC/DC（服务器 IP 地址为“192.168.0.12”），详见图 8.3.2 和图 8.3.3。

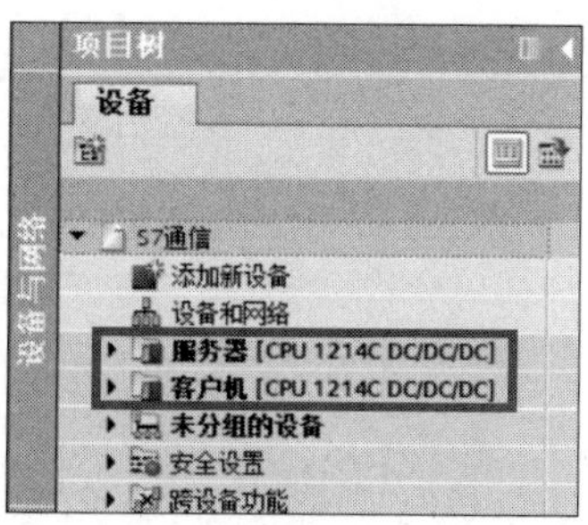

图 8.3.2　添加客户机和服务器

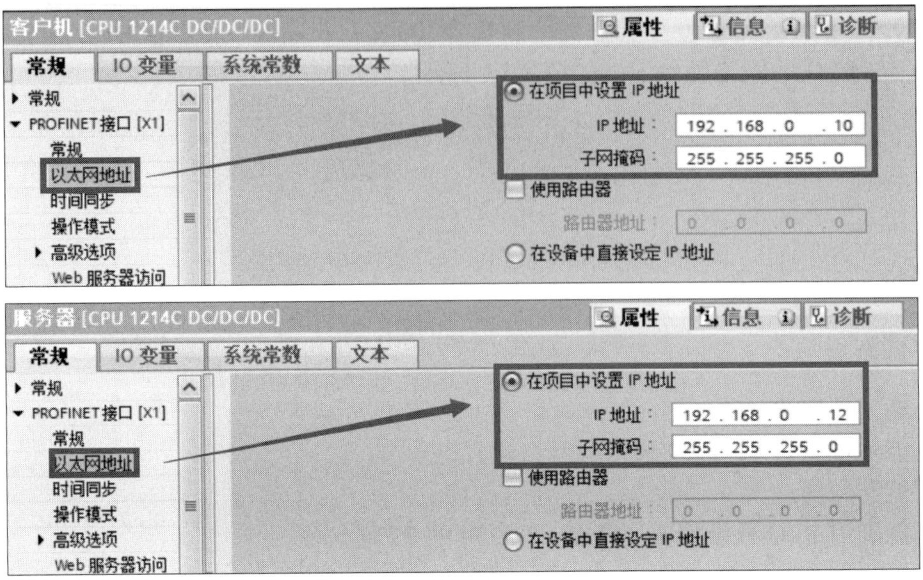

图 8.3.3　设置客户机和服务器的以太网地址

如果使用固件版本为 V4.0 以上的 S7-1200 CPU 作为服务器，则需要如下额外设置才能保证 S7 通信正常。

打开作为 S7 服务器的 CPU 的设备组态，选择“属性”→“常规”→“防护与安全”→“连接机制”选项，选中“允许来自远程对象的 PUT/GET 通信访问”复选框。组态完成后，分别对客户机和服务器的 PLC 进行编译和下载，详见图 8.3.4。

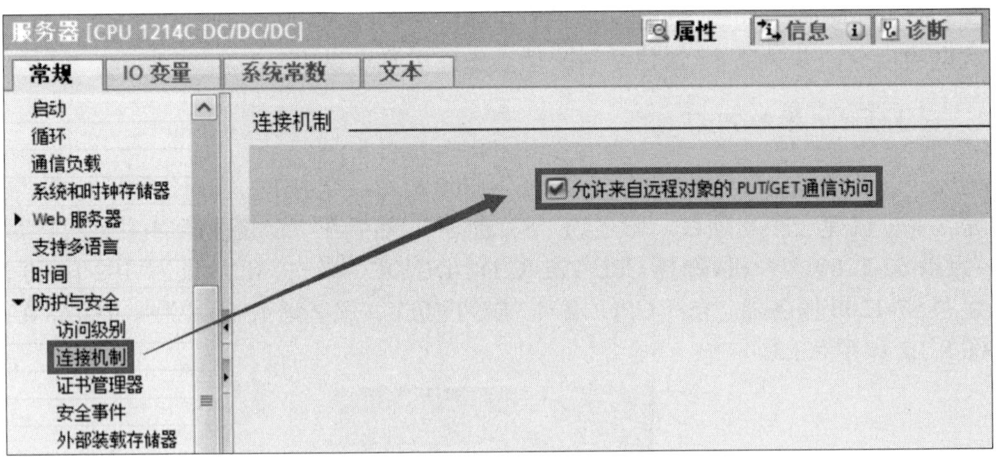

图 8.3.4　设置连接机制

2. 创建 S7 连接

（1）S7 连接

PLC 组态成功后，进行 S7 通信连接。如图 8.3.5 所示，在“设备组态”中选择“网络视图”选项卡进行网络配置。单击“连接”图标，在“连接”下拉列表中选择“S7 连接”选项，然后选中客户机，右击，在弹出的快捷菜单中选择“添加新连接”选项，在弹出的

“添加新连接”对话框中，选择连接对象为“服务器”，选中“主动建立连接”复选框，单击“添加”按钮建立新连接，新连接为“S7_连接_1”。

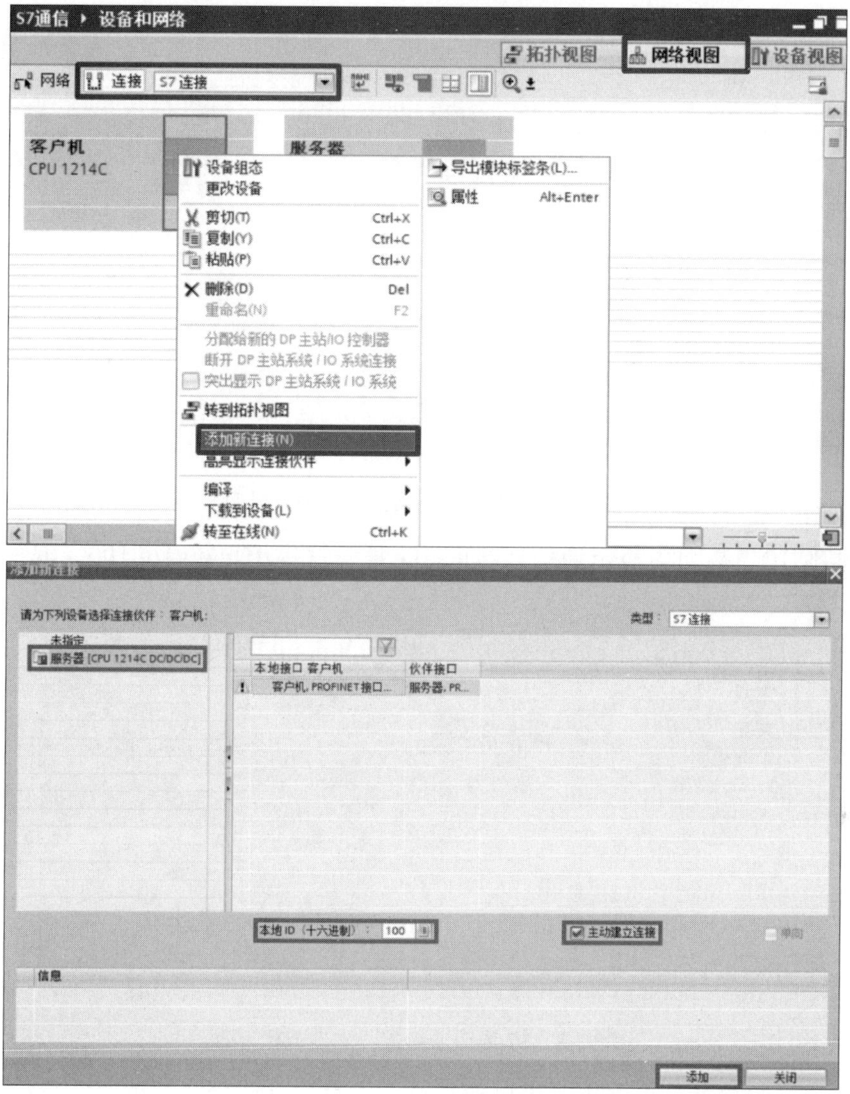

图 8.3.5　S7 通信连接

（2）S7 通信连接及其属性说明

单击网络视图右边竖条上三角形按钮，打开“连接”选项卡，可以看到生成的 S7 连接的详细信息，如图 8.3.6 所示。

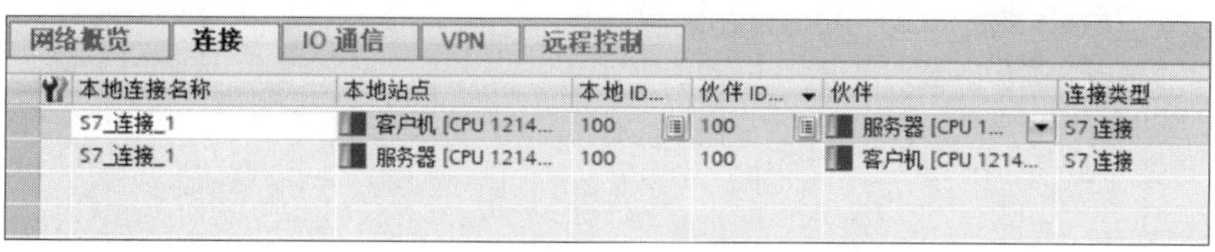

图 8.3.6　S7 通信连接信息

单击“S7_连接_1”连接，在“属性”选项卡中查看各项参数，在“常规”选项卡中显示连接双方的设备、IP 地址，如图 8.3.7 所示。

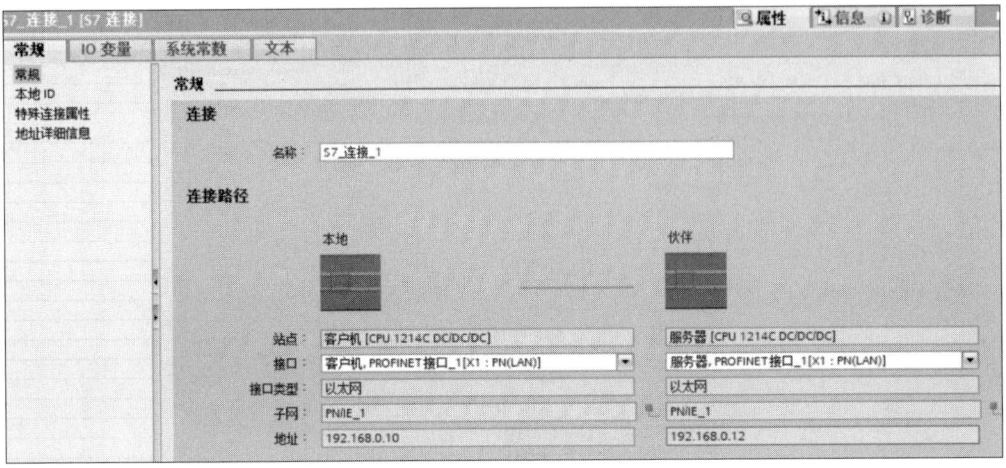

图 8.3.7　S7 通信连接的“常规”界面

在“本地 ID”界面中显示通信连接的 ID 号，这里 ID=W#16#100（编程使用），如图 8.3.8 所示。

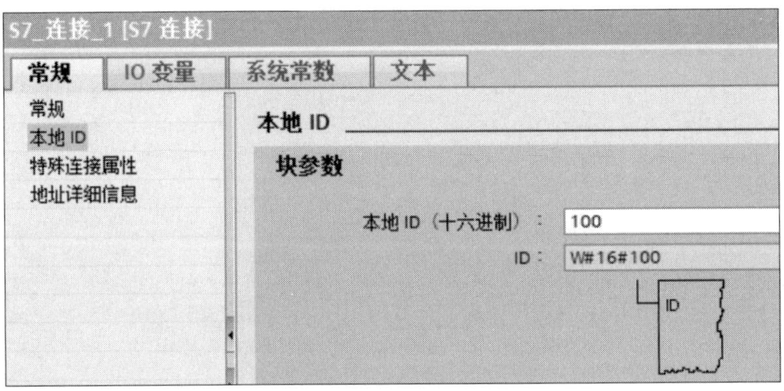

图 8.3.8　S7 通信连接的“本地 ID”界面

在“特殊连接属性”界面中，可以选择是否主动建立连接，这里的客户机是主动建立连接的，如图 8.3.9 所示。

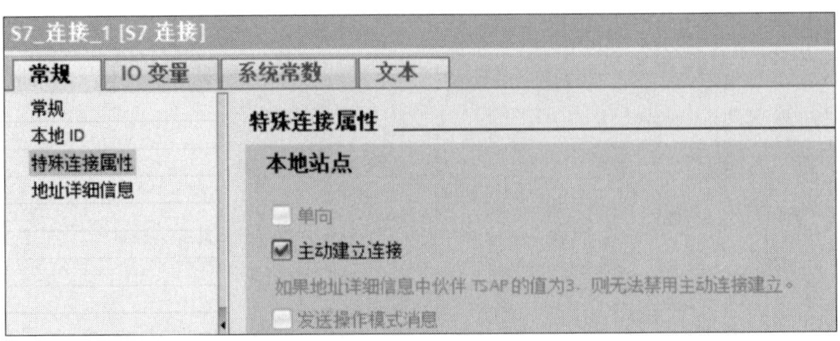

图 8.3.9　S7 通信连接的“特殊连接属性”界面

在“地址详细信息”界面中定义通信双方的 TSAP 号，这里不需要修改，如图 8.3.10 所示。

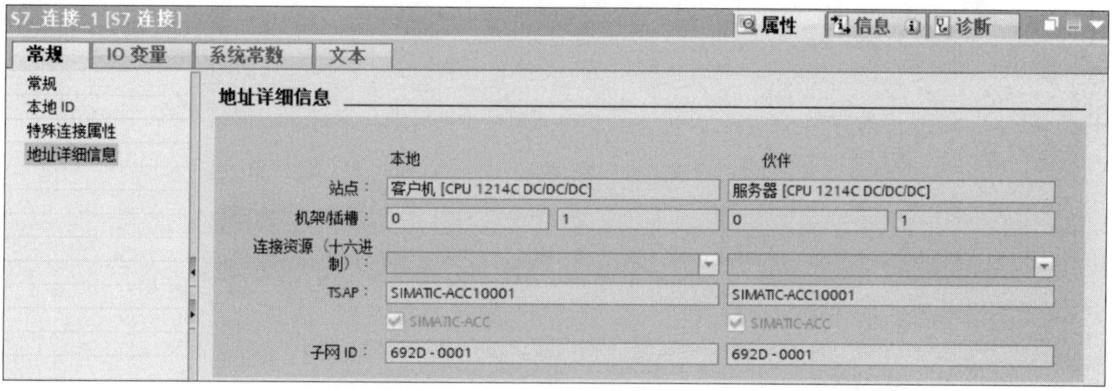

图 8.3.10　S7 通信连接的“地址详细信息”界面

（3）在线监控

此时，网络连接配置完成，客户机和服务器都已编译并下载，如果通信连接正常，则显示连接在线状态，如图 8.3.11 所示。

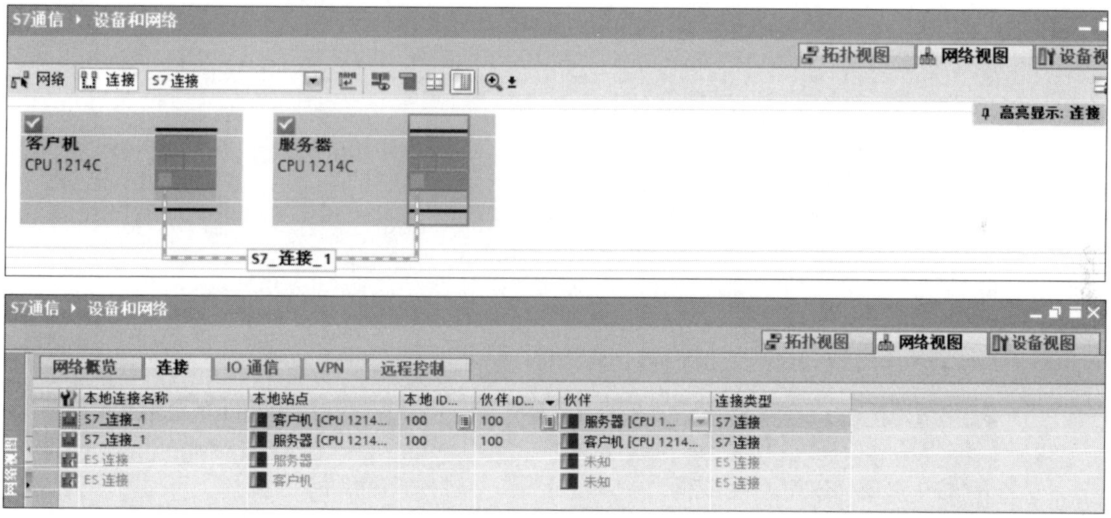

图 8.3.11　在线状态监控

3. S7 通信编程

（1）创建数据块

在 PLC 客户机和服务器中，分别创建发送数据块和接收数据块 DB1 和 DB2，定义成 10 字节的数组。客户机的 DB1 为发送数据块，DB2 为接收数据块；服务器的 DB1 为接收数据块，DB2 为发送数据块，分别如图 8.3.12、图 8.3.13 所示。

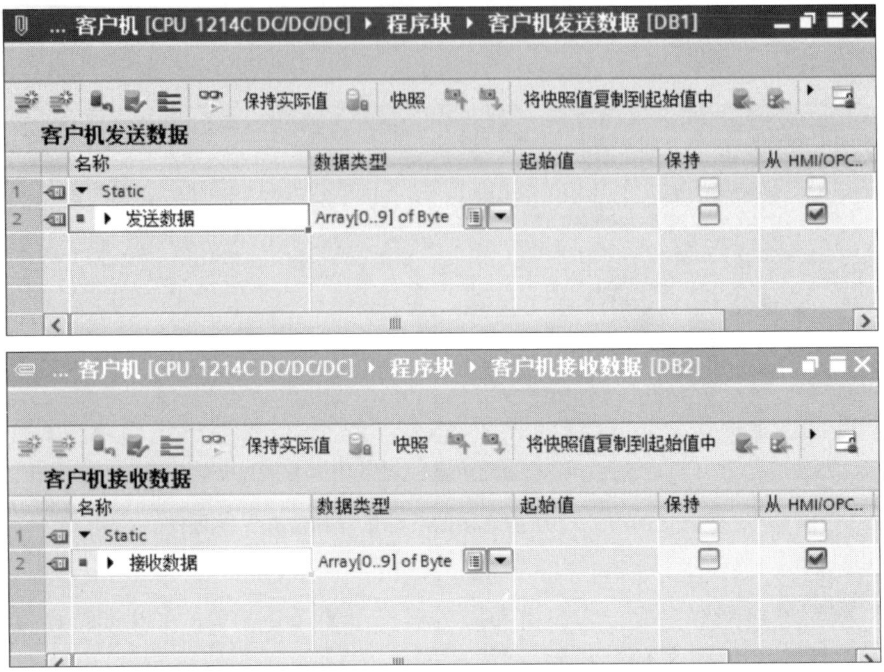

图 8.3.12　创建客户机的发送数据块和接收数据块

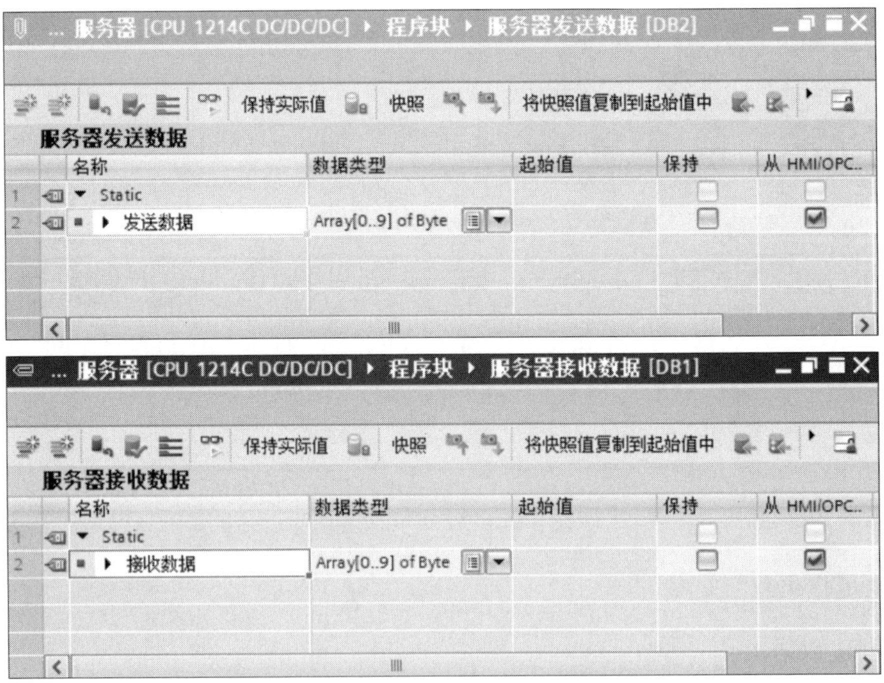

图 8.3.13　创建服务器的发送数据块和接收数据块

注意：在数据块的“属性”界面中，选择非优化块访问（取消默认的复选框的选中状态），如图 8.3.14 所示。

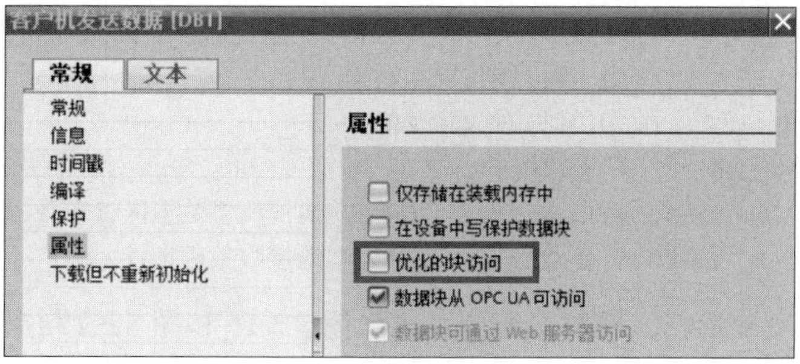

图 8.3.14　取消选中“优化的块访问”复选框

（2）编写通信程序

在主动建立连接的客户机中进行编程，在客户机的 Main 函数中，选择“指令”→“通信”→“S7 通信”选项，调用 PUT、GET 通信指令。双击或拖动 PUT、GET 指令至某个程序段中，自动生成 PUT_DB 和 GET_DB 背景数据块。

在 S7 通信中，作为服务器的 PLC 不用编写调用指令 PUT 和 GET 的程序，详见图 8.3.15。

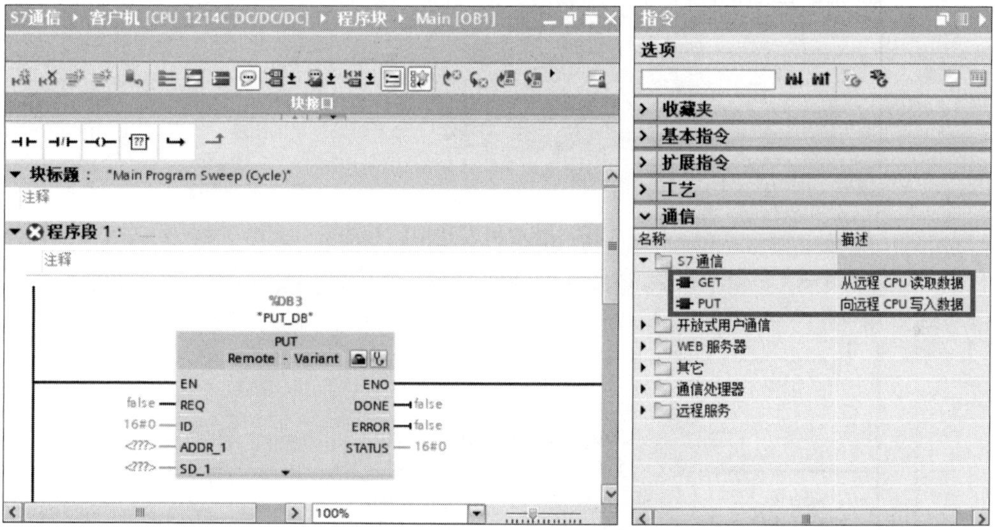

图 8.3.15　客户机中添加 S7 通信程序

PUT 和 GET 指令参数意义如下：

```
CALL "PUT"    , %DB1  //调用 PUT 指令,使用背景 DB 块：DB1
REQ  : =%M0.0         //上升沿触发
ID   : =W#16#100      //连接号,要与连接配置中一致,创建连接时的本地连接号
DONE : =%M2.0         //为 1 时,发送完成
ERROR    : =%M2.1     //为 1 时,有故障发生
STATUS   : =%MW10     //状态代码
ADDR_1   : =P#DB1.DBX0.0 BYTE 10 //发送到通信伙伴数据区的地址
SD_1 : =P#DB1.DBX0.0 BYTE 10     //本地发送数据区
CALL "GET"    , %DB2  //调用 GET 指令,使用背景 DB 块：DB2
REQ  : =%M0.0         //上升沿触发
```

```
ID    : =W#16#100 //连接号,要与连接配置中一致,创建连接时的本地连接号
NDR  : =%M2.3      //为 1 时,接收到新数据
ERROR     : =%M2.4//为 1 时,有故障发生
STATUS    : =%MW12//状态代码
ADDR_1    : =P#DB2.DBX0.0 BYTE 10 //从通信伙伴数据区读取数据的地址
RD_1 : =P#DB2.DBX0.0 BYTE 10      //本地接收数据地址
```

根据控制要求及参数表，编写的通信程序如图 8.3.16 和图 8.3.17 所示。

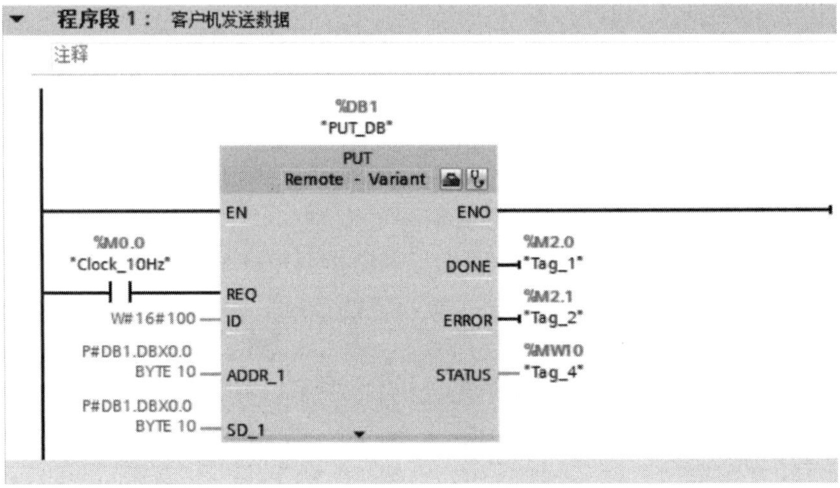

图 8.3.16　客户机发送数据程序

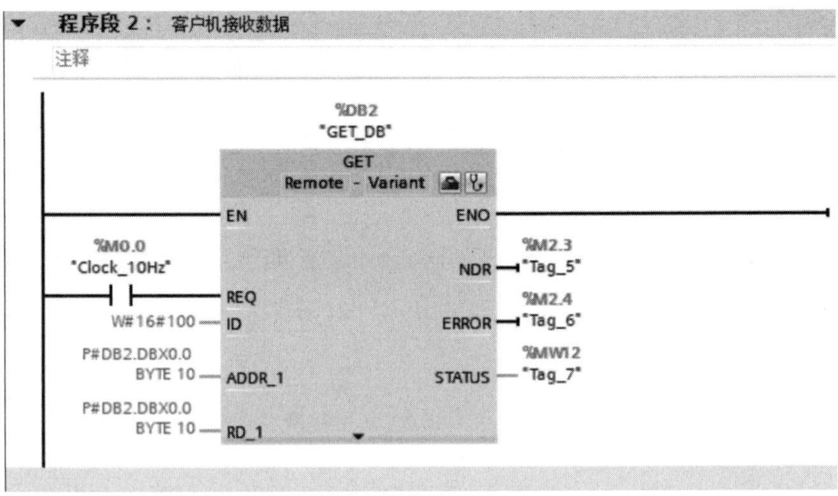

图 8.3.17　客户机接收数据程序

4. 通信监控

通过在 S7-1200 客户机中编程进行 S7 通信，实现客户机和服务器之间的数据交换，在监控表中监控通信数据，客户机依次发送 1～10 数字给服务器；同时，服务器依次发送 10～1 数字给客户机，通信监控结果如图 8.3.18 所示。

图 8.3.18　客户机和服务器的通信监控

任务评价

任务评价表如表 8.3.1 所示。

表 8.3.1　任务评价表

基本信息	实现两台 S7-1200 PLC 间的通信任务					
	班级		学号		分组	
	姓名		时间		总分	
项目内容	评价标准		分值	自评	小组互评	教师评价
任务考核（60%）	创建项目，添加 PLC		20			
	创建 S7 连接		30			
	S7 通信编程		40			
	通信监控		10			
	总分		100			
素养考核（40%）	操作安全规范		20			
	遵守劳动纪律		20			
	分享、沟通、分工、协作、互助		20			
	资料查阅、文档编写		20			
	精益求精、追求卓越		20			
	总分		100			

任务拓展

1）创建数据块，实现客户机和服务器能通过 S7 通信传输字符数据。

2）在客户机中编写程序，通过该程序实现数据的传输。

知识链接

知识点 8.3.1 S7 协议

S7 协议是专门为西门子控制产品优化设计的通信协议，它是面向连接的协议，在进行数据交换之前，必须与通信伙伴建立连接。面向连接的协议具有较高的安全性。

连接是指两个通信伙伴之间为了执行通信服务建立的逻辑链路，而不是指两个站之间用物理媒介（如电缆）实现的连接。S7 连接是需要组态的静态连接，静态连接要占用 CPU 的连接资源。基于连接的通信分为单向连接和双向连接，S7-1200 仅支持 S7 单向连接。

知识点 8.3.2 S7 通信的特点

S7-1200 的 PROFINET 通信口可以作为 S7 通信的服务器端或客户机端(需要 CPU v2.0 及以上版本)。S7-1200 仅支持 S7 单向通信，在客户端单边组态连接和编程，而服务器端只准备好通信的数据即可。

单向连接中的客户机是向服务器请求服务的设备，客户机调用 GET/PUT 指令读写服务器的存储区。服务器是通信中的被动方，用户不用编写服务器的 S7 通信程序，S7 通信是由服务器的操作系统完成的。因为客户机可以读写服务器的存储区，所以单向连接实际上可以实现双向传输数据。

工作手册

姓名：	学号：	班级：	日期：

8.3 实现两台 S7-1200 PLC 间的通信工作手册

任务接收

表 8-3-1 任务分配表

序号	角色	姓名	学号	分工
1	组长			
2	组员			
3	组员			
4	组员			

任务准备

表 8-3-2 工作方案设计表

序号	工作内容	负责人
1		
2		
3		
4		

课堂笔记

表 8-3-3　实训设备、工具与耗材清单

序号	名称	型号与规格	数量	备注
1				
2				
3				
4				
5				
6				
7				
领取人：　　　　归还人：				

课堂笔记

任务实施

表 8-3-4　任务实施表

实现两台 S7-1200 PLC 间的通信工作流程							
检查内容（正常打“√”，不正常打“×”）							
检查项目							
创建项目，添加 PLC							
创建 S7 连接							
S7 通信编程							
通信监控							

任务拓展

1）创建数据块，实现客户机和服务器通过 S7 通信传输字符数据。

2）在客户机中编写程序，通过程序实现数据的传输。

课后作业

1）解释 S7 协议的含义。

2）解释 S7 通信的特点。

任务 8.4

实现两台 S7-1200 PLC 间的 TCP 通信

任务描述

本任务中，要求实现两台 S7-1200 PLC 间的 TCP 通信：将 PLC_1 的发送数据块 DB5 块中的 8 位数据发送到 PLC_2

微课：S7-1200 PLC 的 TCP 通信

的接收数据块 DB5 块中；将 PLC_2 的发送数据块 DB5 块中的 8 位数据发送到 PLC_1 的接收数据块 DB5 块中。

任务要求

1）能使用博途软件。
2）能实现两台 S7-1200 的 TCP 通信的网络配置。
3）能利用博途软件正确编写 TCP 通信程序。
4）能利用 PLC 软、硬件实现两台 S7-1200 的 TCP 通信。

任务准备

准备 PLC 硬件设备、计算机、网线。

任务实施

任务实施步骤如下：

（1）创建项目，添加 PLC

首先，创建一个新项目，并添加两个 PLC，分别为 PLC_1 和 PLC_2。在博途软件的“博途视图”中创建一个新项目“TCP 通信”。进入“项目视图”，在“项目树”下双击“添加新设备”，在弹出的对话框中选择所使用的 S7-1200 CPU，将其添加到机架上，命名为 PLC_1。用同样的方法添加通信伙伴的 S7-1200 CPU，命名为 PLC_2，详见图 8.4.1。

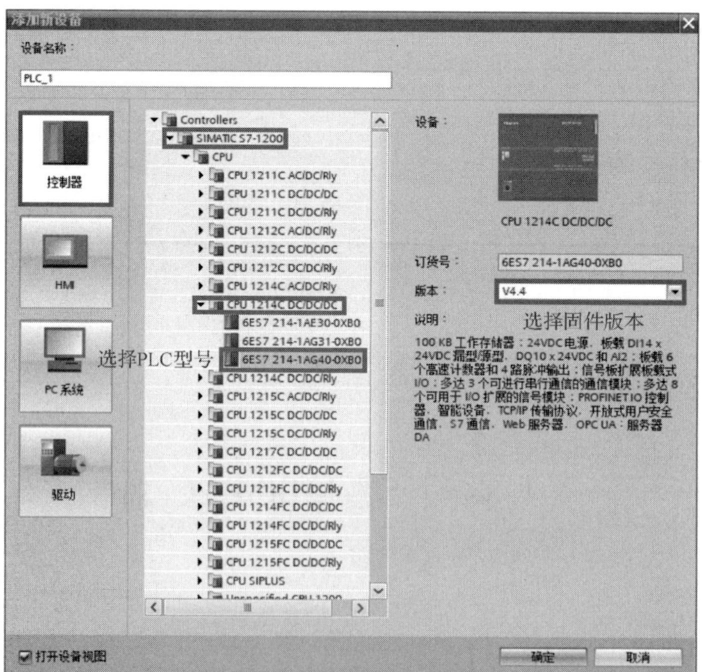

图 8.4.1 添加 PLC

为了方便编程，使用 CPU 属性中定义的时钟位，定义方法如下：

选择“项目树”→“PLC_1”→“设备组态”选项，然后选中 CPU，在“属性”选项卡中选择“常规”→“系统和时钟存储器”选项，将系统位定义在 MB1，将时钟位定义在 MB0。在 PLC_2 中也用同样的方式启动系统和时钟存储器，详见图 8.4.2。

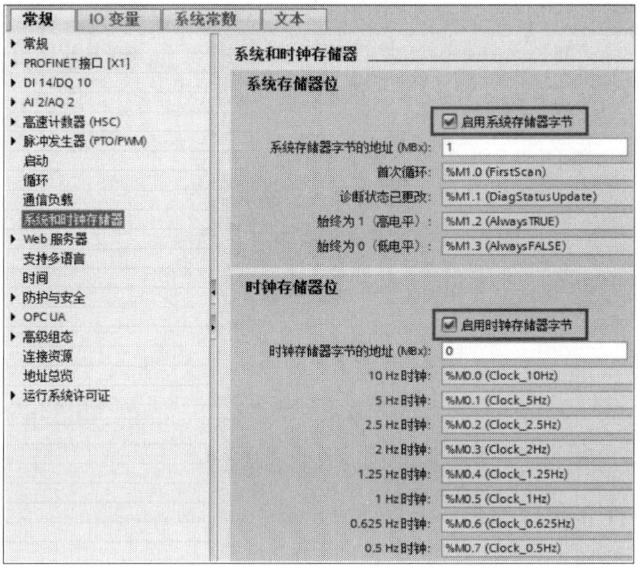

图 8.4.2 启用“系统和时钟存储器”

（2）TCP 通信配置

在“设备视图”中单击 CPU 上代表 PROFINET 通信口的绿色小方块，在下方会出现 PROFINET 接口的属性，在“以太网地址”界面中设置 IP 地址为“192.168.0.1”，子网掩码为“255.255.255.0”。用同样的方法设置 PLC_2 的 IP 地址为“192.168.0.2”子网掩码为“255.255.255.0”，如图 8.4.3 所示。组态完成后，分别对两台 PLC 进行编译和下载。

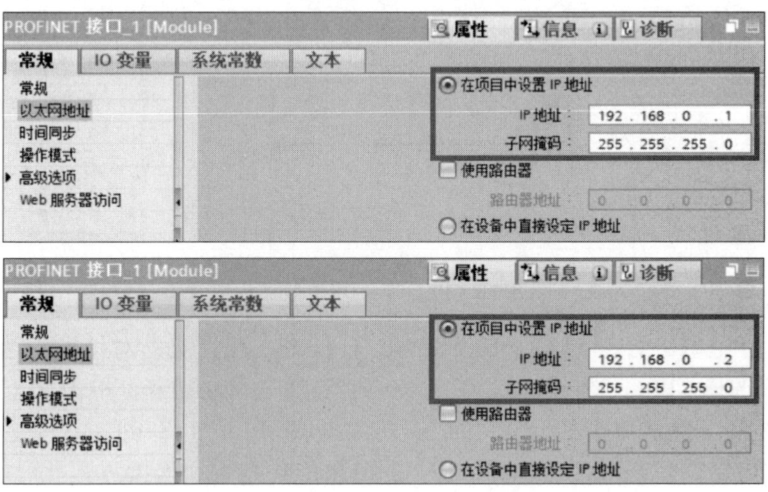

图 8.4.3 PLC_1 和 PLC_2 的以太网地址设置

PLC 组态成功后，进行两台 PLC 间的网络连接。在“项目树”→“设备和网络”→“网络视图”视图下，创建两个设备的连接。单击 PLC_1 上的 PROFINET 通信口的绿色小方块并按住鼠标左键不放，然后移动鼠标，拖动出一条线，到另外一个 PLC_2 上的 PROFINET 通信口上，松开鼠标左键，这样就建立起了连接，如图 8.4.4 所示。

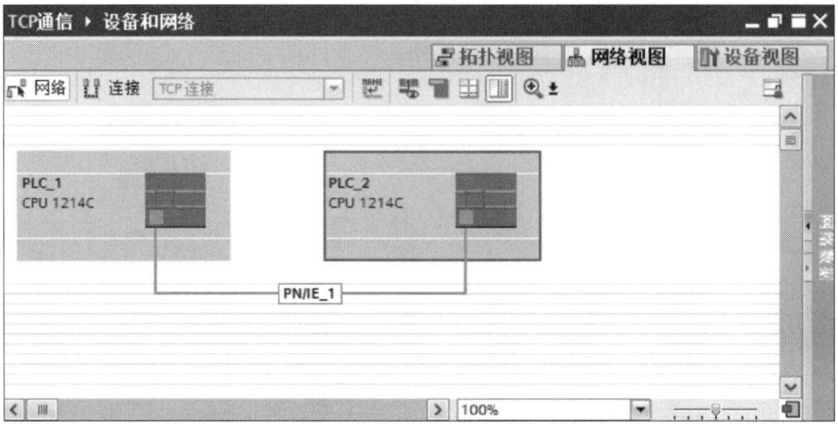

图 8.4.4　TCP 通信连接

（3）PLC_1 的 TCP 通信编程

下面在 PLC_1 和 PLC_2 中编写 TCP 通信程序。

在 PLC_1 中添加 TCP 通信指令。在 PLC_1 的 OB1 中调用 TSEND_C 通信指令。打开 PLC_1 主程序 OB1 的编辑窗口，在右侧“通信”指令文件中，打开“开放式用户通信”文件夹，用鼠标双击或拖动 TSEND_C 指令至某个程序段中，自动生成名为 TSEND_C_DB 的背景数据块。TSEND_C 指令用于控制本地机向远程机发送数据。用同样的方法添加 TRCV_C 通信指令，TRCV_C 指令使本地机接收远程机发送来的数据。PLC_1 中发送数据程序如图 8.4.5 所示。

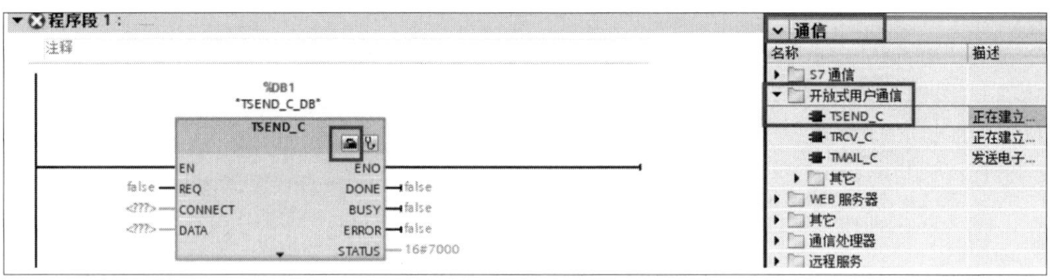

图 8.4.5　PLC_1 中发送数据程序

对通信进行组态。右击 PLC_1 的 TSEND_C 指令，在弹出的对话框中选择“组态”选项卡，“伙伴”选择“PLC_2”，接口、子网及地址等随之自动更新。单击 PLC_1 本地的“连接数据”下拉按钮，然后单击“新建”生成新的数据块“PLC_1_Send_DB”。选中伙伴 PLC_2 的“主动建立连接”复选框，即本地 PLC_2 在通信时为主动连接方。此时，“连接类型”和“连接 ID”两栏呈现亮色，“连接类型”为“TCP”，连接 ID 默认为“1”。单击“伙伴”的“连接数据”下拉按钮，单击“新建”生成新的数据块“PLC_2_Receive_DB”。详见图 8.4.6。

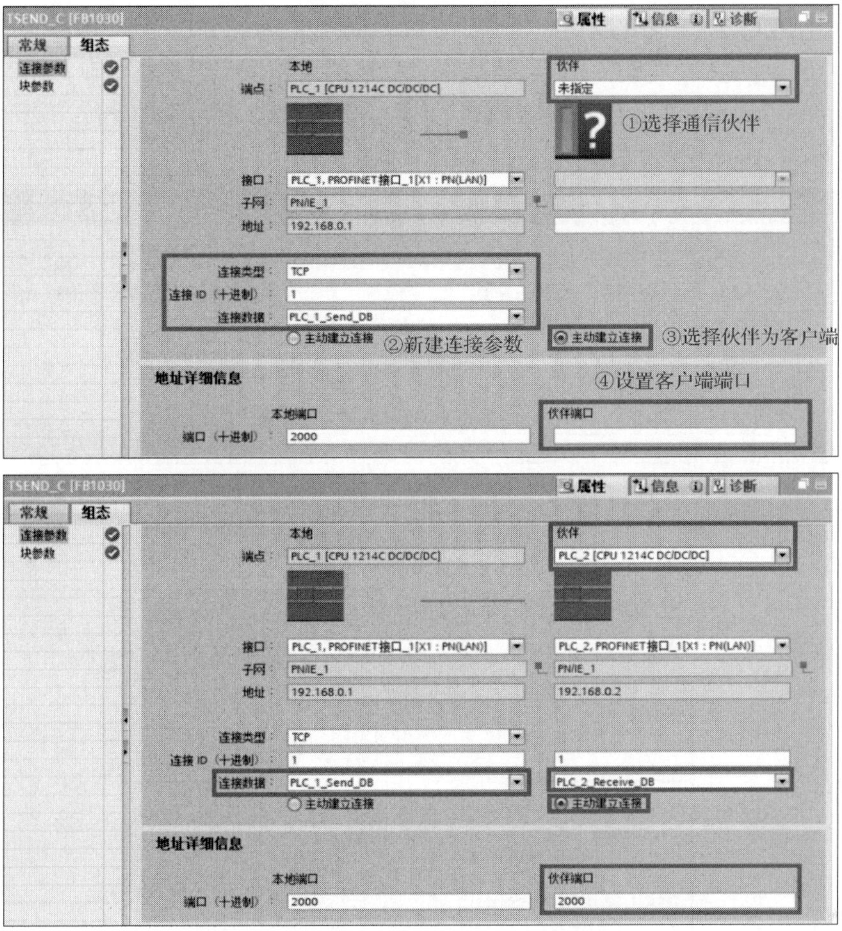

图 8.4.6　PLC_1 中 TSEND_C 指令通信组态

对接收指令 TRCV_C 进行通信组态。用同样的方法选择“伙伴”为 PLC_2，本地的连接数据为“PLC_1_Send_DB”，伙伴的连接数据为“PLC_2_Receive_DB”，如图 8.4.7 所示。

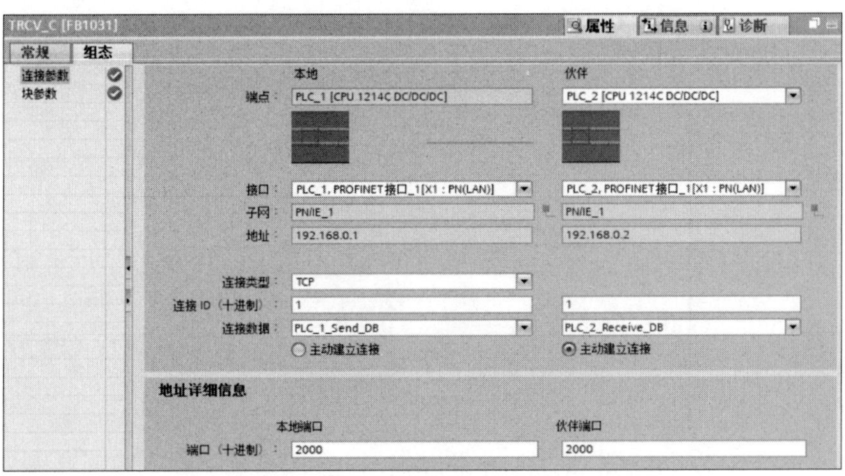

图 8.4.7　PLC_1 中 TRCV_C 指令通信组态

下面创建 PLC_1 的 TCP 通信数据块。在 PLC_1 中新建一个数据块，数据块名称为“TCP 通信数据”，在数据块的“属性”中取消选中“优化的块访问”复选框。在“TCP 通信数据”选项组中添加“发送数据”和“接收数据”变量，数据类型均为包含 8 位二进制数的数组，详见图 8.4.8。

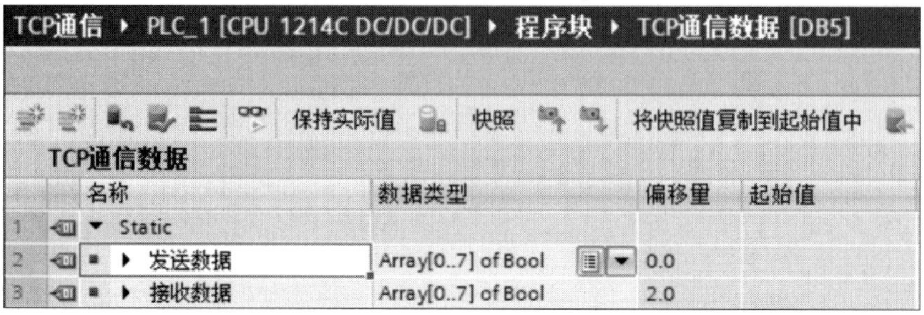

图 8.4.8　在 PLC_1 中添加数据块

然后定义 PLC_1 的发送指令和接收指令参数，具体定义如图 8.4.9 和图 8.4.10 所示。

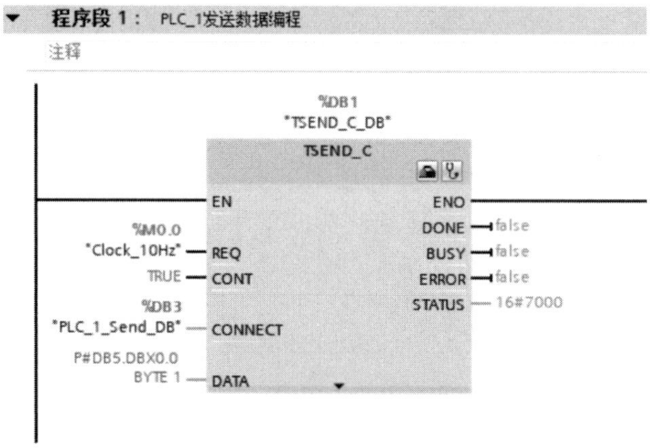

图 8.4.9　PLC_1 中 TSEND_C 指令的参数设置

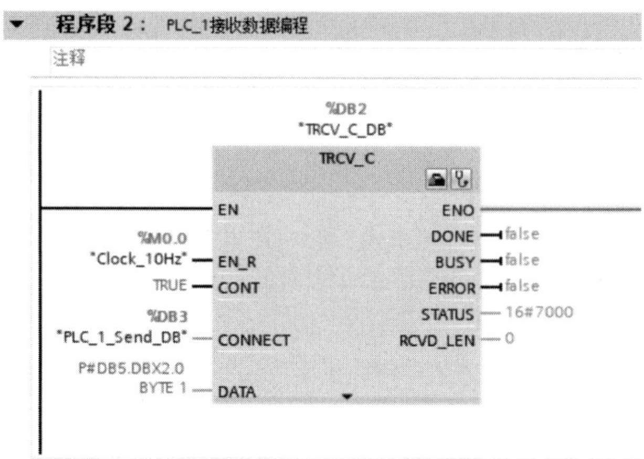

图 8.4.10　PLC_1 中 TRCV_C 指令的参数设置

（4）PLC_2 的 TCP 通信编程

对 PLC_2 进行 TCP 通信编程。首先添加 TCP 通信指令。在 PLC_2 中调用 TSEND_C 通信指令。右击 PLC_2 的 TSEND_C 指令，在弹出的对话框中选择“组态”选项卡，“伙伴”选择“PLC_1”，接口、子网及地址等随之自动更新。单击 PLC_2 本地的“连接数据”下拉按钮，单击“新建”生成新的数据块“PLC_2_Send_DB”。单击“伙伴”的“连接数据”下拉按钮，单击“新建”生成新的数据块“PLC_1_Receive_DB”，如图 8.4.11 所示。

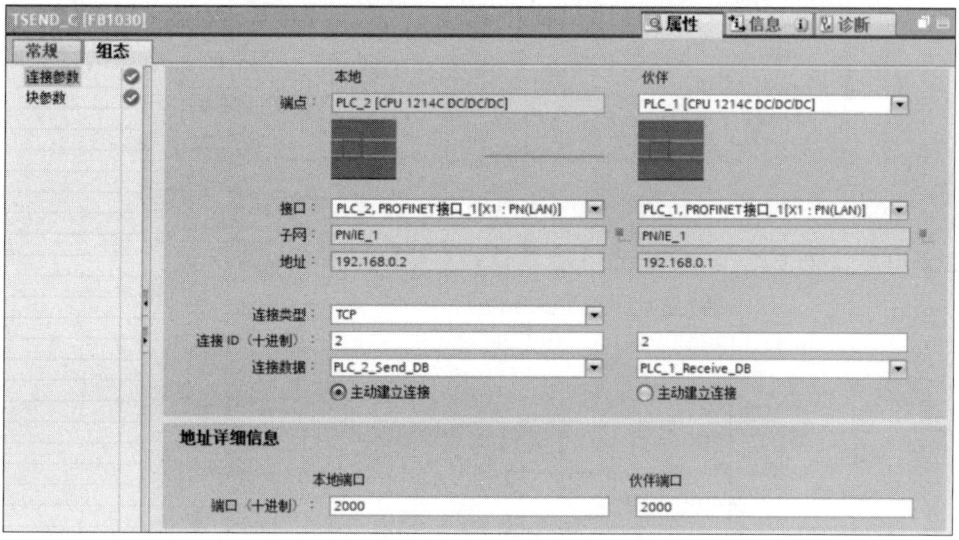

图 8.4.11　PLC_2 中 TSEND_C 指令通信组态

在 OB1 中调用 TRCV_C 接收指令。同样地，选择“伙伴”为 PLC_1，本地的连接数据为“PLC_2_Send_DB”，伙伴的连接数据为“PLC_1_Receive_DB”，详见图 8.4.12。

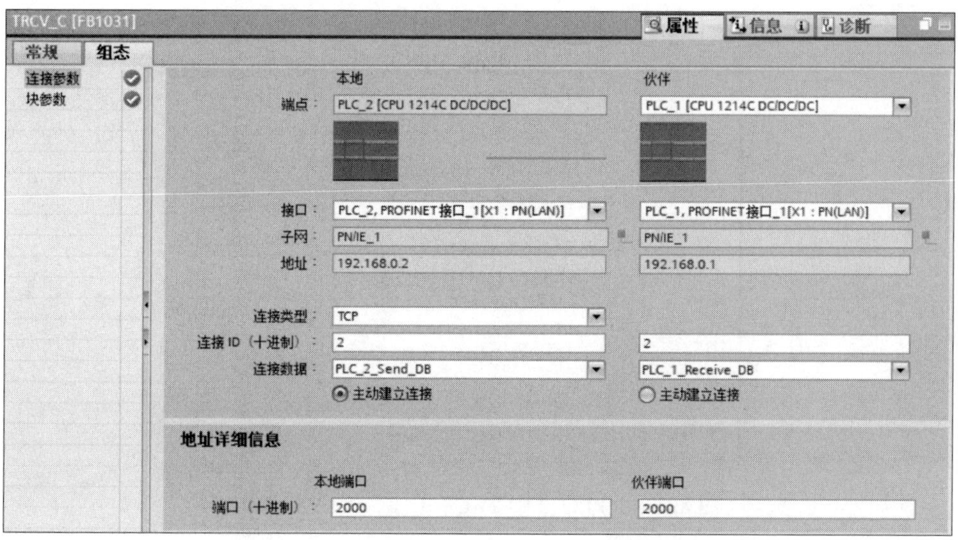

图 8.4.12　PLC_2 中 TRCV_C 指令通信组态

在 PLC_2 中新建一个数据块，数据块名称为“TCP 通信数据”，在数据块的“属性”

设置界面中取消选中“优化的块访问”复选框。在“TCP 通信数据”选项组中添加“发送数据”和“接收数据”变量，数据类型均为包含 8 位二进制数的数组，如图 8.4.13 所示。

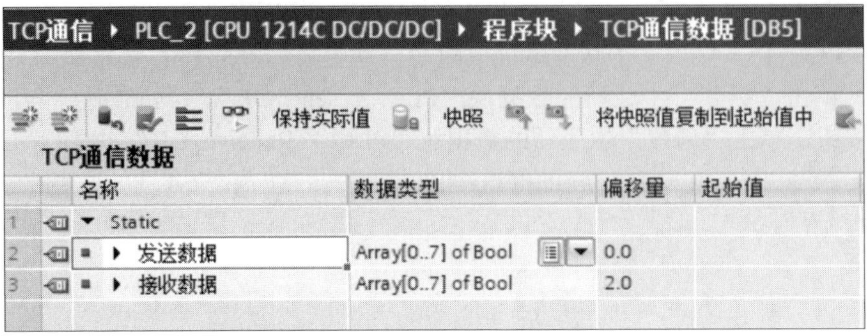

图 8.4.13　在 PLC_2 中添加数据块

定义 PLC_2 的发送指令和接收指令的连接参数，如图 8.4.14 所示。

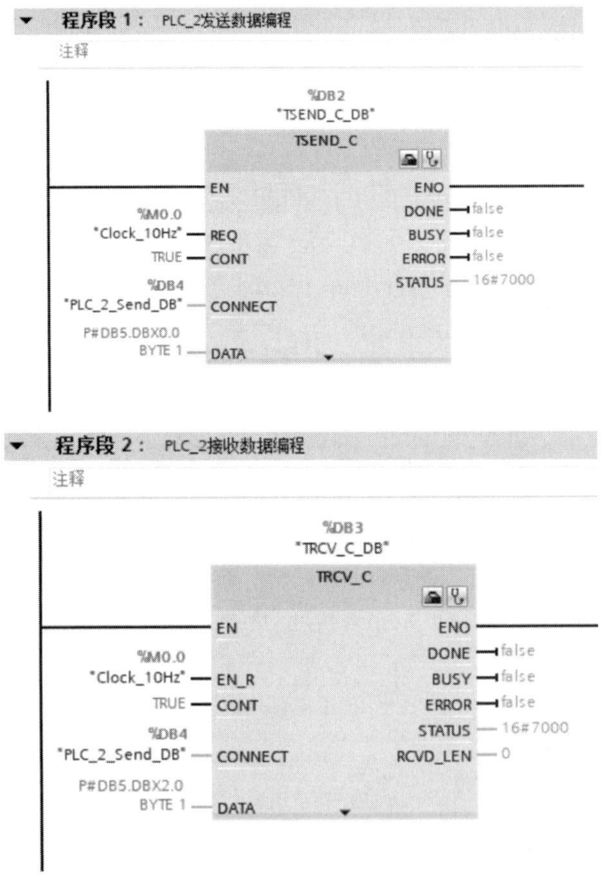

图 8.4.14　PLC_2 中 TRCV_C 指令的参数设置

（5）通信监控

通过在 S7-1200 PLC_1 和 PLC_2 中编程进行 TCP 通信，实现 PLC_1 和 PLC_2 之间的数据交换，监控通信数据，PLC_1 发送数据[0]置为 1，发送给 PLC_2 接收数据[0]；同时，

PLC_2 发送数据[3]置为 1，发送给 PLC_1 接收数据[3]。通信监控结果如图 8.4.15 所示。

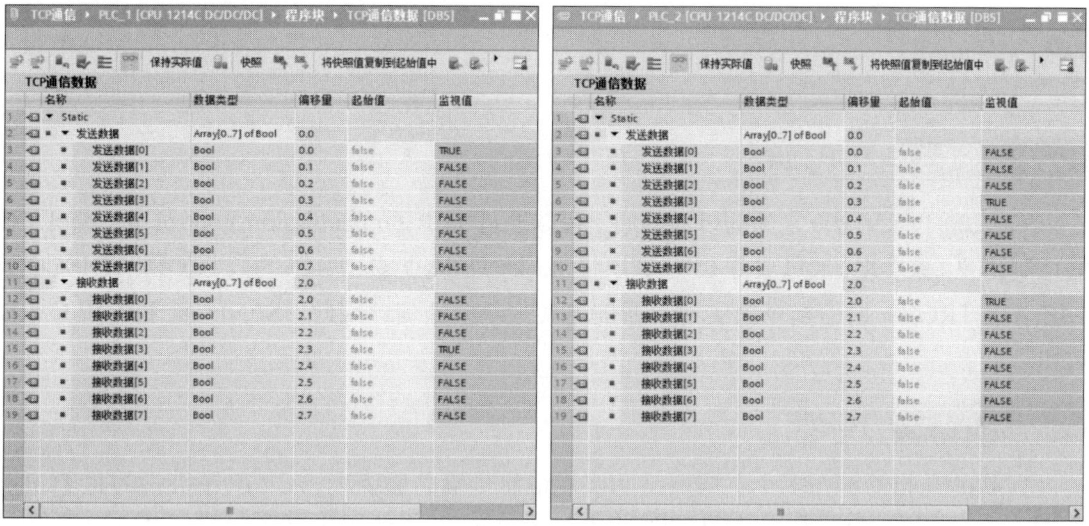

图 8.4.15　PLC_1 和 PLC_2 的 TCP 通信监控

任务评价

任务评价表如表 8.4.1 所示。

表 8.4.1　任务评价表

基本信息	实现两台 S7-1200 PLC 间的 TCP 通信任务					
	班级		学号		分组	
	姓名		时间		总分	
项目内容	评价标准		分值	自评	小组互评	教师评价
任务考核（60%）	创建项目		20			
	TCP 通信配置		10			
	PLC_1 的 TCP 通信编程		30			
	PLC_2 的 TCP 通信编程		30			
	通信监控		10			
	总分		100			
素养考核（40%）	操作安全规范		20			
	遵守劳动纪律		20			
	分享、沟通、分工、协作、互助		20			
	资料查阅、文档编写		20			
	精益求精、追求卓越		20			
	总分		100			

任务拓展

1）创建数据块，实现 PLC_1 和 PLC_2 通过 TCP 通信传输字符数据。

2）在 PLC_1 和 PLC_2 中编写程序，通过该程序实现数据的传输。

知识链接

知识点 8.4.1 TCP 通信

S7-1200 与 S7-1200 之间的以太网通信可以通过 TCP（transmission control protocol，传输控制协议）来实现，通过双方 CPU 调用 T-block（TSEND_C、TRCV_C、TCON、TDISCON、TSEND、TRCV）通信指令来实现。通信方式为双向通信，因此 TSEND 和 TRCV 必须成对出现。

知识点 8.4.2 TCP/IP

TCP/IP 是指能够在多个不同网络间实现信息传输的协议簇。TCP/IP 不仅指的是 TCP 和 IP 两个协议，还是指一个由 FTP（file transfer protocol，文件传输协议）、SMTP（simple mail transfer protocol，简单邮件传输协议）、TCP、UDP（user datagram protocol，用户数据报协议）、IP 等协议构成的协议簇，只是因为在 TCP/IP 中 TCP 协议和 IP 协议最具代表性，所以称为 TCP/IP。

TCP/IP 的历史应当追溯到 Internet 的前身——ARPAnet 时代。为了实现不同网络之间的互联，美国国防部于 1977—1979 年间制定了 TCP/IP 体系结构和协议。TCP/IP 是由一组具有专业用途的多个子协议组合而成的，这些子协议包括 TCP、IP、UDP、ARP、ICMP 等。TCP/IP 凭借其实现成本低、在多平台间通信安全可靠及可路由性等优势迅速发展，并成为 Internet 中的标准协议。20 世纪 90 年代，TCP/IP 已经成为局域网中的首选协议，在 Windows 7、Windows XP、Windows Server 2003 等操作系统中已经将 TCP/IP 作为其默认安装的通信协议。

TCP/IP 也称为网络通信协议，它是网络中最基本的通信协议。TCP/IP 对互联网中各部分进行通信的标准和方法进行了规定，并且是保证网络数据信息及时、完整传输的两个重要的协议。TCP/IP 严格来说是一个 4 层的体系结构，应用层、传输层、网络层和数据链路层都包含其中。

TCP/IP 是 Internet 最基本的协议，其中应用层的主要协议有 Telnet、FTP、SMTP 等，用来接收来自传输层的数据，或者按不同应用要求与方式将数据传输至传输层；传输层的主要协议有 UDP、TCP，该层是使用者平台和计算机信息网内部数据结合的通道，可以实现数据传输与数据共享；网络层的主要协议有 ICMP（Internet control message protocol，因特网控制报文协议）、IP、IGMP（Internet group management protocol，因特网组管理协议），主要负责网络中数据包的传送等；网络访问层（也称网络接口层或数据链路层）的主要协议有 ARP（address resolution protocol，地址解析协议）、RARP（reverse address resolution protocol，反向地址转换协议），主要功能是提供链路管理错误检测、对不同通信媒介有关信息细节问题进行有效处理等。

工作手册

姓名：	学号：	班级：	日期：
8.4　实现两台 S7-1200 PLC 间的 TCP 通信工作手册			

任务接收

表 8-4-1　任务分配表

序号	角色	姓名	学号	分工
1	组长			
2	组员			
3	组员			
4	组员			
5	组员			
6	组员			
7	组员			

任务准备

表 8-4-2　工作方案设计表

序号	工作内容	负责人
1		
2		
3		
4		
5		

表 8-4-3　实训设备、工具与耗材清单

序号	名称	型号与规格	数量	备注
1				
2				
3				
4				
5				
领取人：　　　　　　归还人：				

课堂笔记

任务实施

表 8-4-4　任务实施表

实现两台 S7-1200 PLC 间的 TCP 通信的工作流程							
检查内容（正常打“√”，不正常打“×”）							
检查项目							
创建项目							
TCP 通信配置							
PLC_1 的 TCP 通信编程							
PLC_2 的 TCP 通信编程							
通信监控							

任务拓展

1）创建数据块，实现 PLC_1 和 PLC_2 通过 TCP 通信传输字符数据。

2）在 PLC_1 和 PLC_2 中编写程序，通过该程序实现数据的传输。

课后作业

1）解释 TCP 通信的含义。

2）解释 TCP/IP 的含义。

课堂笔记

项目 9 认知制造业信息系统

>>>>

◎ **项目导入**

制造业信息化是将信息技术、自动化技术、现代管理技术与制造技术相结合，改善制造企业的经营、管理、产品开发和生产等各个环节，以提高生产效率、产品质量和企业的创新能力，降低成本和能耗，带动产品设计方法、设计工具、企业管理模式、制造技术及企业间协作关系的创新，并实现产品设计制造和企业管理的信息化、生产过程控制的智能化、制造装备的数控化及咨询服务的网络化，全面提升制造企业的竞争力。制造业信息系统的作用：为制造业企业整体优化提供了集成平台；提高制造业企业的新产品开发能力；改进传统制造技术；有效提高制造企业的响应速度；实现制造资源的优化配置和集约化运行；促进企业生产运营管理模式的变化。

◎ **学习目标**

知识目标	1. 了解制造业信息系统的概念、作用及主要内容； 2. 了解制造业信息系统的构成与关联关系； 3. 了解制造业信息系统的主要功能与基本操作
能力目标	1. 熟练掌握制造业信息系统的工作流程及基本操作； 2. 熟练掌握 MES 的工作流程及基本操作
素养目标	1. 树立信息安全意识，强化法治意识、风险意识； 2. 强化认真负责、精益求精和一丝不苟的工匠精神

任务 9.1 认知制造业企业信息系统

任务描述

小张是一位制造业信息系统企业的推销员，面对的目标制造企业信息化水平不高，没有工业 4.0 系统升级的强烈需求。现在，公司要求他向目标客户介绍制造业企业信息系统，以便争取到目标用户的肯定，为下一步销售产品打下坚实的基础。

任务要求

小组合作，查询资料，采用手绘海报的方式对目标客户介绍制造业企业信息系统的核心功能：

1）介绍 ERP、主要分类及其功能模块。

2）介绍 PLM、主要分类及其功能模块。

3）介绍 MES、主要分类及其功能模块。

4）介绍 SCM、主要分类及其功能模块。

5）介绍 CRM、主要分类及其功能模块。

任务准备

1）以 4～6 人为一个小组。

2）各小组使用个人计算机或手机上网查找资料。

3）各小组准备 A3 白纸、勾线笔、12 色以上马克笔、直尺、橡皮擦若干。

4）各小组依次完成以下任务。

任务实施

1）描述 ERP。

____

2）描述 PLM。

____

3）描述 MES。

____

4）描述 SCM。

____

____

5）描述 CRM。

____

____

6）各小组依次答辩展示。

任务评价

任务评价表如表 9.1.1 所示。

表 9.1.1　任务评价表

<table>
<tr><td rowspan="3">基本信息</td><td colspan="6">认知制造业企业信息系统任务</td></tr>
<tr><td>班级</td><td></td><td>学号</td><td></td><td>分组</td><td></td></tr>
<tr><td>姓名</td><td></td><td>时间</td><td></td><td>总分</td><td></td></tr>
<tr><td>项目内容</td><td colspan="2">评价标准</td><td>分值</td><td>自评</td><td>小组互评</td><td>教师评价</td></tr>
<tr><td rowspan="6">任务考核
（60%）</td><td colspan="2">描述 ERP</td><td>20</td><td></td><td></td><td></td></tr>
<tr><td colspan="2">描述 PLM</td><td>20</td><td></td><td></td><td></td></tr>
<tr><td colspan="2">描述 MES</td><td>20</td><td></td><td></td><td></td></tr>
<tr><td colspan="2">描述 SCM</td><td>20</td><td></td><td></td><td></td></tr>
<tr><td colspan="2">描述 CRM</td><td>20</td><td></td><td></td><td></td></tr>
<tr><td colspan="2">总分</td><td>100</td><td></td><td></td><td></td></tr>
<tr><td rowspan="6">素养考核
（40%）</td><td colspan="2">操作安全规范</td><td>20</td><td></td><td></td><td></td></tr>
<tr><td colspan="2">遵守劳动纪律</td><td>20</td><td></td><td></td><td></td></tr>
<tr><td colspan="2">分享、沟通、分工、协作、互助</td><td>20</td><td></td><td></td><td></td></tr>
<tr><td colspan="2">资料查阅、文档编写</td><td>20</td><td></td><td></td><td></td></tr>
<tr><td colspan="2">精益求精、追求卓越</td><td>20</td><td></td><td></td><td></td></tr>
<tr><td colspan="2">总分</td><td>100</td><td></td><td></td><td></td></tr>
</table>

任务拓展

利用 PPT 向客户展示制造业企业信息系统。

知识链接

知识点 9.1.1　制造业企业信息化技术内容

可将制造业企业信息化的关键技术归纳成“4 个数字化”+“1 个集成”，即设计制造数字化、管理数字化、装备数字化、生产数字化，以及在此基础上的系统集成。

1. 设计制造数字化

设计制造数字化主要通过产品设计制造手段和过程的数字化及智能化，缩短产品开发周期，促进产品的数字化，降低制造成本，提高企业创新能力。数字化设计制造系统包括以产品 3D 数字化模型为主要特征的产品设计、产品结构分析、工艺设计、虚拟样机、仿真验证、数控编程、产品数据和过程管理、面向过程的优化设计等。

2. 管理数字化

管理数字化是通过实现企业内外部管理的数字化，促进企业重组和优化，提高企业管理效率和水平。适用于制造业企业的管理系统包括 ERP、PLM、SCM 和 CRM 等，此外，还包括质量管理系统、商务智能和决策支持系统等。

3. 装备数字化

装备数字化通过实现制造装备的数字化、自动化和精密化来提高产品的精度和加工装备效率。其中包括机器人技术、精加工类数控机床及加工中心、高精尖精密加工装备的设计和制造，以及加工制造数字化中的关键技术，如数控系统中的产品信息集成接口、基于现场的网络化技术、智能化技术、远程监控、诊断技术、主动质量控制等。

4. 生产数字化

生产数字化是通过实现生产过程控制的自动化和智能化来提高企业生产过程智能化水平，主要包括 MES、基于物联网的控制系统、实时数据集成技术、过程控制技术、过程优化技术、流程工业生产计划和动态调度技术等。MES 以过程数据模型为核心系统，连接实时数据库和关系数据库，对生产过程进行实时监视、控制和诊断，进而完成环境检测、单元整合、过程模拟和参数优化，在生产过程中进行物料平衡、生产计划、调度、排产、离线和在线模拟优化等。

5. 系统集成

系统集成是通过信息集成技术，将上述各个分系统联结成一个有机的整体，使各个分系统在企业统一的运营目标和计划的指导下协调而顺畅地运行，实现企业三要素（运营、组织、技术）及三流（物流、信息流、价值流）的高度融合，主要内容包括纵向集成、横向集成与端到端集成、集成平台支撑技术等。

知识点 9.1.2 制造业企业信息系统体系结构

制造业企业信息系统应包含产品智能设计、企业智能管理、产品智能生产 3 个层次，覆盖产品开发设计、采购、生产制造、运营管理、质量保障、物流、客户服务等环节。制造业信息系统体系架构与关键信息流如图 9.1.1 所示。

1. 智能设计层

智能设计层由 PLM 系统进行产品设计数据、项目工作流程的统一协同管理，由 CAD、CAE、CAM 等计算机辅助应用软件，以及产品结构管理、项目管理、配置管理、变更管理、文档管理等模块构成。PLM 将产品设计数据传递给 ERP，并接收来自 ERP、SCM、CRM 等系统的产品关联数据，完成产品数据的集成管理。

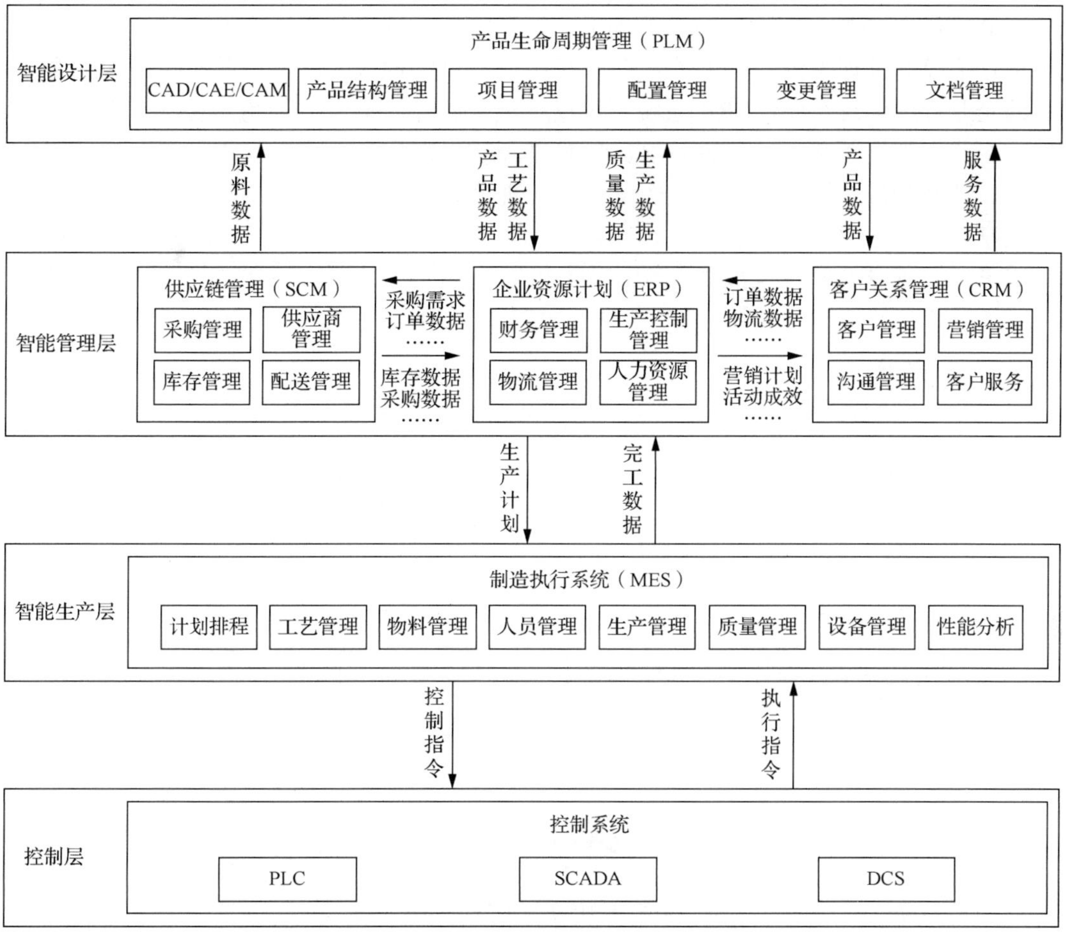

图 9.1.1　制造业信息系统体系架构与关键信息流

2. 智能管理层

智能管理层主要负责企业运营数据及流程管理，覆盖市场销售、物资供应、生产计划、财务管理、人力资源管理、运营决策等，由 ERP、SCM、CRM 等系统构成。智能管理层与智能设计层进行产品数据的交互，向智能生产层下发生产计划，并接收智能生产层的生产过程及结果反馈。

3. 智能生产层

智能生产层由 MES 负责生产的执行和监控，包括计划排程、工艺管理、物料管理、人员管理、生产管理、质量管理、设备管理、性能分析等功能。MES 接收来自 ERP 的生产计划与订单需求，转换成具体的生产计划，并下发给控制系统执行，且将生产状态与结果回传给 ERP。

知识点 9.1.3　企业资源计划（ERP）

ERP 系统是制造业信息系统的核心功能之一。

ERP 系统是指建立在信息技术基础上、以系统化的管理思想为企业决策层及员工提供决策运行手段的管理平台。ERP 系统是一种可以提供跨地区、跨部门甚至跨公司整合实时信息的企业管理信息系统。ERP 系统不仅仅是一个软件，更重要的是一种管理思想，它还实现了企业内部资源和企业相关外部资源的整合。ERP 系统通过软件把企业的人、财、物、产、供、销及相应物流、信息流、资金流、管理流、增值流等紧密地集成起来实现资源优化和共享。

ERP 系统的核心功能构成如图 9.1.2 所示。

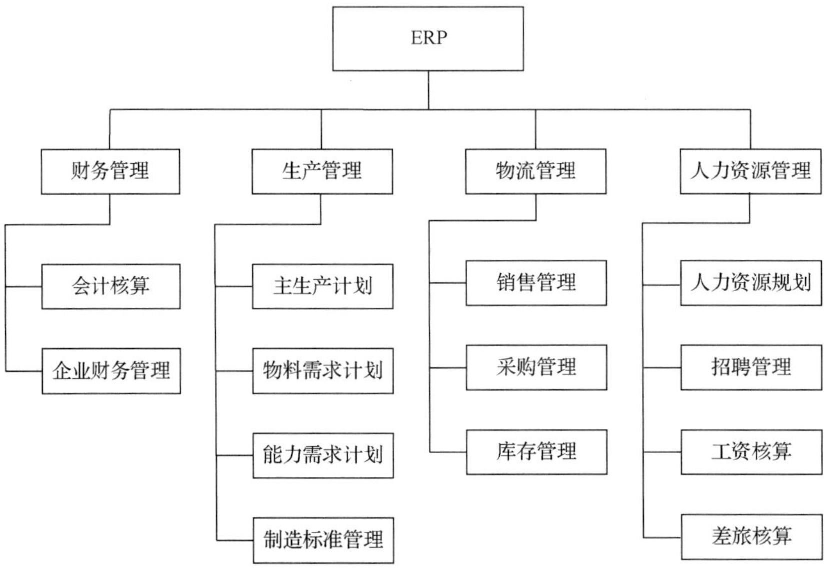

图 9.1.2　ERP 系统的核心功能构成

（1）财务管理

ERP 系统中的财务管理模块与一般财务软件不同，作为 ERP 系统中的一部分，它和系统的其他模块有相应接口，能够相互集成。例如，它可将由生产活动、采购活动输入的信息自动计入财务模块生成总账、会计报表，取消了输入凭证烦琐的过程，几乎完全替代以往传统的手工操作。一般 ERP 软件的财务模块分为会计核算与企业财务管理两大块。

1）会计核算：主要记录、核算、反映和分析资金在企业经济活动中的变动过程及其结果。它由总账、应收账、应付账、现金、固定资产、多币制等部分构成。

2）企业财务管理：主要基于会计核算的数据再加以分析，从而进行相应的预测、管理和控制活动。它侧重于财务计划、控制、分析和预测。

（2）生产管理

生产管理模块是 ERP 系统的核心所在，它将企业的整个生产过程有机地结合在一起，使得企业能够有效降低库存，提高效率。同时各个原本分散生产流程的自动链接，也使得生产流程能够前后连贯进行，而不会出现生产脱节，耽误生产交货时间。生产管理是一个以计划为导向的先进生产、管理方法。首先，企业确定一个总生产计划，再经过系统层层细分后下达到各部门去执行。

1）主生产计划：它是根据生产计划、预测和客户订单的输入来安排将来各周期中提供的产品种类和数量的，它将生产计划转为产品计划，在平衡了物料和能力的需要后，精确到时间、数量的详细进度计划。它是企业在一段时期内的总活动安排，是一个稳定的计划，是从生产计划、实际订单和对历史销售分析预测得来的。

2）物料需求计划：在主生产计划决定生产多少最终产品后，再根据物料清单，将企业要生产的产品数量转变为所需生产零部件的数量，并对照现有的库存量，可得到还需采购多少、生产多少、加工多少的最终数量。这才是整个部门真正依照的计划。

3）能力需求计划：在得出初步的物料需求计划之后，将所有工作中心的总工作负荷，与工作中心的能力进行平衡后产生详细工作计划，以此来保证生成物料需求计划的可行性。能力平衡解决的问题包括超负荷、低负荷、资讯利用率、瓶颈等问题。

4）制造标准管理：编制计划时需要许多生产基本信息，这些基本信息就是制造标准。

（3）物流管理

物流管理主要包括以下 3 个方面。

1）销售管理：从产品的销售计划开始，对销售产品、销售地区、销售客户等各种信息进行管理和统计，并对销售数量、单价、金额、利润、绩效、客户服务做出全面的分析。销售管理模块大致有 3 个方面的功能：客户信息管理、销售订单管理和销售统计分析。

2）采购管理：确定合理的订货量、优秀的供应商和最佳的安全储备。它能够随时提供订购、验收的信息，跟踪和催促外购或委外加工的物料，保证货物及时到达；还能够建立供应商的档案，用最新的成本信息来调整库存的成本。

3）库存管理：控制存储物料的数量，以保证稳定的物流支持正常生产。它是一种相关的、动态的、极真实的库存控制系统。它能够结合、满足相关部门的需求，可以随时间变化动态地调整库存，精确反映库存现状。

（4）人力资源管理

人力资源管理主要包括以下 4 个方面。

1）人力资源规划：对企业人员、组织结构编制的多种方案进行模拟比较和运行分析，并辅以图形的直观评估，辅助管理者做出最终决策；进行人员成本分析，对人员成本做出分析及预测，并通过 ERP 集成环境，为企业成本分析提供依据。

2）招聘管理：进行招聘过程的管理，优化招聘过程，减少业务工作量；对招聘的成本进行科学管理，从而降低招聘成本，为选择聘用人员的岗位提供辅助信息，并有效地帮助企业挖掘人才资源。

3）工资核算：能根据公司跨地区、跨部门、跨工种的不同薪资结构及处理流程制定与之相适应的薪资核算方法；能够及时更新员工的薪资结构，通过和其他模块的集成，自动根据要求调整员工的薪资结构及数据。

4）差旅核算：系统能够自动控制差旅申请、差旅批准到差旅报销的整个流程，并且通过集成环境将核算数据导进财务成本核算模块中。

通过近 30 年的发展，ERP 解决方案已趋于成熟，并在制造业得到广泛应用。国内知名的 ERP 供应商有用友、金蝶、浪潮等，国际知名的 ERP 供应商有 SAP、Oracle 等。国外的 ERP 软件在行业版本、软件功能完善、实施能力方面占有明显优势，但在与我国国情结合度上比较薄弱，其在客户化修改、接口的开放度、客户数据转换支持、软件价格和实施费用等方面不容易被国内企业认同与接受。国外知名 ERP 软件适用于已与国际接轨、信息化基础较好的大型企业，不适合生产（经营）规模较小、信息化管理程度低的中小型企业。对于具有自主知识产权的国内 ERP 软件，在中国 ERP 市场上占有比较大的份额，产品在分步实施、软件结构及其接口的开放性、数据转换等方面容易使客户接受。国内 ERP 软件价格和实施费用较低，但在软件功能完善性、广泛性、成熟性等方面与国外知名 ERP 软件存在差距。

知识点 9.1.4 产品生命周期管理（PLM）

PLM 是制造业企业信息系统的核心功能之一，是从人们对产品有需求开始，到产品淘汰报废、回收的全部生命历程的管理，其应用于企业内部及在产品研发领域具有协作关系的企业之间。其支持产品全生命周期信息的创建变更、管理、分发和应用等一系列解决方案，能够集成与产品相关的人力资源、流程、应用系统和信息。PLM 是一种先进的企业信息化思想，它促使人们思考在激烈的市场竞争中，如何用最有效的方式和手段为企业增加收入和降低成本。

PLM 的 3 个核心理念如下：①统一、安全、可管理的访问和使用产品信息；②在产品的全生命周期中保持产品定义及相关信息的完整性；③管理和维护用于创建、管理、传播、分享和使用产品信息的业务流程。在 PLM 出现之前，与产品相关的信息保存在不同的独立系统中。例如，在产品设计阶段，产品结构数据保存在设计软件中；在产品生产过程中，由 SCM 负责原材料采购信息管理，一旦产品进入市场，由 CRM 系统帮助管理客户关系。然而企业需要集成所有这些信息，以便更好地优化产品开发、生产和销售部署。例如，CRM 数据须将当天的客户需求反馈给产品设计人员，以体现到下一代产品中；为了节省成本，SCM 系统须从产品定义阶段就开始介入，从而节省采购时间和资金，支持产品开发过程；业务伙伴、供应商和客户等所有相关方，都须及时了解产品信息的变更，以便更快地做出相应的调整。PLM 正是产品的完整信息视图与协作流程的入口，为 CRM、SCM、ERP 等业务系统同步产品信息提供统一、集成的平台，并支持协作创新。

PLM 系统的核心功能构成如图 9.1.3 所示。

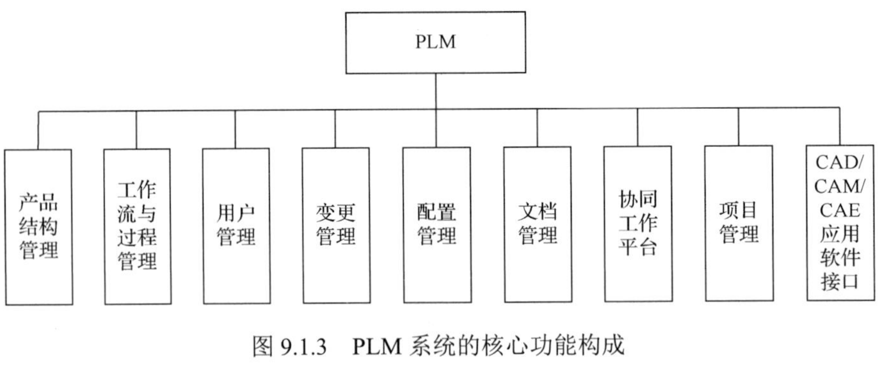

图 9.1.3 PLM 系统的核心功能构成

1）产品结构管理。PLM 系统一般采用视图控制法对某个产品结构的各种不同划分方法进行管理和描述。产品结构视图可以按照项目任务的具体需求来定义，也可以反映项目里程碑对产品结构信息的要求。

2）工作流与过程管理。PLM 系统的工作流与过程管理提供一个控制并行工作流的软件工具；利用 PLM 图示化的工作流编辑器，可以在 PLM 系统中建立符合各企业习惯的并行的工作流程。根据项目任务的结构特点，可以利用工作流与过程管理模块为任务数据对象建立相关的串行或并行流程。当任务中的数据对象被赋予流程后，流程用于控制该数据对象的流转过程，会自动将文档推到下一环节。如果任务有相关数据对象被赋予了流程，那么只有当所有被赋予流程的数据对象走完相应的流程后，该任务才能提交，继续下一步的任务。

3）用户管理。PLM 系统对系统用户的个人信息进行管理，项目负责人利用这些信息，可以针对一个既定的项目，组织一个完整的集成产品研发团队。

4）变更管理。PLM 系统的变更管理是建立在工作流与过程管理基础上的，通过变更流程来管理变更请求、变更审核与审批、变更发布的整个过程。

5）配置管理。配置管理建立在产品结构管理功能之上，它使产品配置信息可以被创建、记录和修改，允许产品按照特殊要求采用不同的配置，记录某个变异产品的结构。同时，也为产品周期中不同领域提供不同的产品结构表示。

6）文档管理。提供图档、文档、实体模型安全存取、版本发布、自动迁移、归档、签审过程中的格式转换、浏览、圈阅和标注，以及全文检索、打印、邮戳管理、网络发布等一套完整的管理方案，并提供多语言和多媒体的支持。

7）协同工作平台。PLM 系统提供协作笔记本、团队数据库、团队论坛和即时消息等支持协同工作的工具。在项目立项之后的整个管理阶段中，用户会需要与项目中其他分配有任务的人员交流项目信息，这时可以利用 PLM 的协同工作工具，进行多用户的即时通信。

8）项目管理。管理项目的计划、执行和控制等活动，以及与这些活动相关的资源。将它们与产品数据和流程关联在一起，最终达到项目的进度、成本和质量的管理。

9）CAD/CAM/CAE 应用软件接口。CAD/CAM/CAE 有时也统称为 CAD，是 20 世纪 60 年代以来迅速发展起来的一门新兴综合性计算机应用技术，是设计人员在计算机系统的辅助下，根据一定的设计流程进行产品设计的一项专门技术，是人的智慧和创造力与计算机软硬件功能的巧妙结合。设计人员通过人机交互操作方式进行产品设计构思，直观、形象地建立集合模型，快速、准确地进行性能分析和计算，进而利用专用信息库（数据库和图形库）进行结构设计、详细设计，编制工程图。

这些计算机辅助应用软件系统所产生的工程数据将统一保存到 PLM 中，由 PLM 进行集成管理。

知识点 9.1.5　制造执行系统（MES）

MES 是制造业企业信息系统的核心功能之一。

20 世纪 80 年代后期，美国总结了 MRP（material requirements planning，物料需求计划）的实施成功率总是徘徊在 60%的原因，吸收日本准时制造系统经验，提出将计划与制造过程统一起来的 MES。美国制造执行系统协会关于 MES 的定义是，MES 能通过信息传递，对从订单下达到产品完成的整个生产过程进行优化管理。当企业发生实时事件时，MES 能对此及时做出反应、报告，并用当前的准确数据对其进行指导和处理。这种对状态变化的迅速响应使 MES 能够减少企业内部不增值的活动，有效地指导企业的生产运作过程，从而既能提高企业及时交货的能力，又能改善物料的流通性。MES 还通过双向的直接通信，在企业内部和整个产品供应链中提供有关产品活动的关键信息 ID。MES 是 ERP 与设备控制之间承上启下的“信息枢纽”，在 ERP 系统产生的长期计划的指导下，MES 根据底层控制系统采集的与生产有关的实时数据，进行短期生产作业的计划调度、监控、资源配置和生产过程的优化等工作。MES 在整个企业信息集成系统中承上启下，是生产活动与管理活动信息沟通的桥梁。MES 对企业生产计划进行“再计划”，“指令”生产设备“协同”或“同步”动作，对产品生产过程进行及时响应，对生产过程进行及时调整、更改或干预。

按照国际制造执行系统协会（Manufacturing Execution System Association，MESA）的定义，MES 应具有 11 个功能模块，如图 9.1.4 所示。

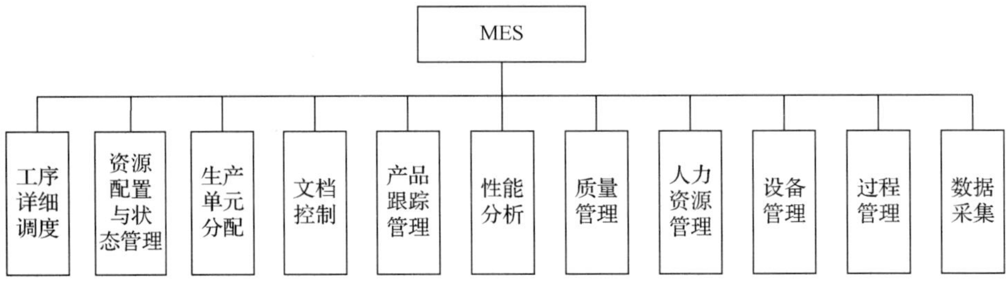

图 9.1.4　MES 的功能构成

1）工序详细调度（operations/detail scheduling）。该功能提供与指定生产单元相关的优先级（priorities）、属性（attributes）、特征（characters）及处方（recipes）等，通过基于有限能力的调度，以及考虑生产中的交错、重叠和并行操作来准确计算出设备上下料和调整时间，实现良好的作业顺序，从而最大限度地缩短生产过程中的准备时间。

2）资源配置与状态管理（resource allocation and status）。该功能管理机床、工具、人员物料、其他设备及其他生产实体，满足生产计划的要求对其所做的预定和调度，用以保证生产的正常进行，提供资源使用情况的历史记录和实时状态信息，确保设备能够正确安装和运转。

3）生产单元分配（dispatching production units）。该功能以作业、订单、批量和工作单等形式管理生产单元间的工作流。通过调整车间已制定的生产进度，对返修品和废品进行处理，用缓冲管理的方法控制在制品数量。当车间有事件发生时，需要提供一定顺序的调度信息并按此进行相关操作。

4）文档控制（document control）。该功能控制、管理并传递与生产单元有关的工作指令、配方、工程图纸、标准工艺规程、零件的数控加工程序、批量加工记录、工程更改通知，以及各种转换操作间的通信记录，并提供信息编辑及存储功能，向操作者提供操作数据或将向设备控制层提供生产配方等指令下达给操作层，同时包括对其他重要数据（如与环境、健康和安全制度有关的数据及信息）的控制与维护。

5）产品跟踪管理（product tracking and genealogy）。该功能可以看出完成作业的位置，通过状态信息了解正在作业的对象，以及供应商的资财、关联序号、生产条件、警报状态及再作业后与生产有关联的其他事项。

6）性能分析（performance analysis）。该功能通过对过去记录和预想结果的比较，提供实际的作业运行结果。执行分析结果包括资源利用率、资源可用性、生产单元的周期、日程遵守情况及标准遵守的测试值等。性能分析具体化了从测试作业因素中收集到的许多不同功能的信息，这些信息可以报告的形式准备或在线提供，用于对执行情况进行实时评价。

7）质量管理（quality management）。该功能是指通过对从制造现场收集的数据进行实验分析来保证产品质量，控制和确定生产中需要注意的问题。质量管理功能应向用户推荐纠正错误所应采取的纠正措施，以帮助用户识别错误根源并解决问题。

8）人力资源管理（labor management）。该功能以 min 为单位提供每个人的状态，以时间对比、出勤报告、行为跟踪及基于行为（包含资财及工具准备作业）的费用分析为基准，实现对人力资源间接行为的跟踪。

9）设备管理（maintenance management）。该功能用以提高生产和日程管理能力，对设备和工具的维修行为、维修计划进行指示及跟踪，以实现设备和工具的最佳工作效率。

10）过程管理（process control）。该功能是通过数据采集接口实现智能设备与 MES 之间的数据交换，以此来监控生产过程并自动修正生产中的错误，或者向用户提供纠正错误的决策支持，以提高生产活动的效率和质量。过程管理的焦点集中在被监控或被控制的机器上，通过跟踪连续的操作来跟踪整个生产处理过程。过程管理应包括报警功能，以保证企业员工及时意识到生产过程中的变化。

11）数据采集（data collection/acquisition）。该功能通过数据采集接口来获取并更新与生产管理功能相关的各种数据和参数，包括产品跟踪、维护产品历史记录及其他参数。这些现场数据可以从车间手工方式输入或由各种自动方式获取。

知识点 9.1.6　供应链管理（SCM）

SCM 是制造业企业信息系统的核心功能之一。

供应链是由供应商、制造商、仓库、配送中心和渠道商等构成的物流网络。供应链管理使供应运作达到最优化，以最低成本完成所有过程，包括实现工作流、物流、资金流和信息流等高效率地操作，并把合适的产品以合理的价格及时、准确地送达消费者手上。SCM 是一种集成的管理思想和方法，它提供供应链中从供应商到最终用户的物流计划和控制等职能。从单一的企业角度来看，SCM 是指企业通过改善上下游供应链关系，整合和优化供应链中的信息流、物流、资金流，以获得企业的竞争优势。

SCM 系统能为企业带来如下益处：

1）增加预测的准确性。

2）减少库存，提高发货、供货能力。

3）缩短工作流程周期，提高生产效率，降低供应链成本。

4）减少总体采购成本，缩短生产周期，加快市场响应速度。

SCM 系统的核心功能构成如图 9.1.5 所示。

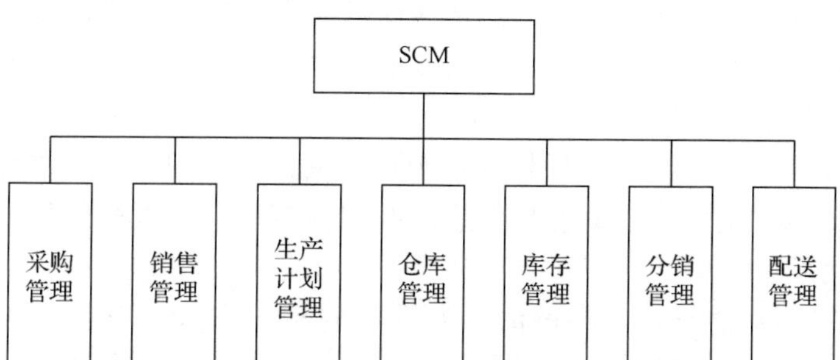

图 9.1.5　SCM 系统的核心功能构成

1）采购管理。融入供应链管理的理念，采用“以无定购”的原则，以达到减少库存异样、加快周转的管理目标。采购管理按照当前库存和销售计划自动计算所需要采购的商品种类和数量；全程跟踪订单从签订、执行、物流配送和货款收付，多部门协同工作，实现采购部门、管理部门、仓库配送、财务部门等之间的全面协调与合作；建立完善的供应商资料和供应商评估信息，实现对供应商的分类管理和业务分权限管理。

2）销售管理。具有完善的客户管理功能，包括客户分类、业务员分区和客户分配等功能，以及全面的货款管理功能，包括应收账款查询、账款风险提示和分析等功能。

3）生产计划管理。根据销售计划、生产能力和物料供应情况，生成生产计划。根据生产计划生成物料需求计划和物料采购计划，通过系统与供应商协同并根据供应商的供应能力来调整生产计划。

4）仓库管理。对来货签收、入库管理、出库管理、发货管理、库存盘点、库内移位和库间调拨进行全方位的管理。可以随时准确查询商品的库存数目和存放库位，全面了解仓库的库容情况。融合多种物流设备接口，可以兼容普通条码、RFID 标签等采集设备和自动分拣设备。

5）库存管理。可以根据每个商品的历史周转，对商品的库存上下限进行设置，以达到对不同商品库存分类管理的目标。应用供应链一体化理念，实现供应链上下游之间的库存数据实时共享，以便随时掌握供应链的每一个环节的库存情况。

6）分销管理。根据不同的客户类型授权不同的商品和销售价格。实现对订单从签订、执行、物流配送到货款收付的全程跟踪。具有应收账款查询、账款风险提示和分析等功能。

7）配送管理。根据不同的配送方式和线路自动生成费用清单。适应多网点、跨区域的收发货和转运管理。

知识点 9.1.7 客户关系管理（CRM）

CRM 是制造业企业信息系统的核心功能之一。

CRM 是指企业为提高核心竞争力，利用相应的信息技术及互联网技术协调企业与客户间在销售、营销和服务方面的关系，以提升其管理方式并向客户提供创新式交互和服务的过程。其最终目标是吸引新客户、保留老客户，将已有客户转化为忠实客户。

CRM 系统是指利用软件、硬件和网络技术，为企业建立的一个客户信息收集、管理、分析和利用的信息系统。其以客户数据的管理为核心，记录企业在市场营销和销售过程中与客户产生的各种交互行为，以及各类有关活动的状态，并提供各类数据模型，为后期的分析和决策提供支持。它集合了市场上最新的信息技术，包括互联网和电子商务、多媒体技术、数据仓库和数据挖掘技术、人工智能技术等。

CRM 系统的作用体现在如下几个方面：

1）通过 CRM 系统，客户可方便地通过电话、网络等访问企业，进行业务往来，任何与客户打交道的员工都能全面了解客户信息，并根据客户需求进行交易和提供服务，记录自己获得的客户信息。

2）能够对市场活动进行规划和评估，从不同角度提供成本、利润、生产率、风险率等信息，并对客户、产品、时间、职能部门、地理区域等进行多维度分析。

3）能够对各种销售活动进行追踪，跟踪每个客户的状况、需求、成交、服务全过程的信息。

4）提供对市场活动、销售活动的分析功能，提供产品的技术信息，进行市场的预测和分析。

CRM 系统的功能构成如图 9.1.6 所示。

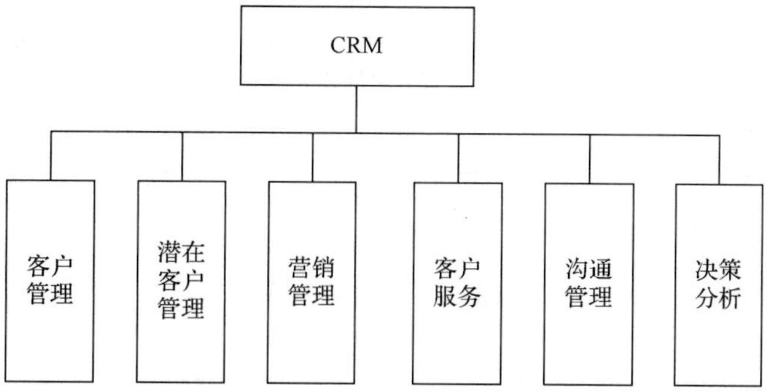

图 9.1.6　CRM 系统的功能构成

1）客户管理：管理、维护客户基本信息、联系方式、活动历史，跟踪客户订单。

2）潜在客户管理：包括对业务线索、销售机会、潜在客户的管理、跟踪。

3）营销管理：包括对活动计划、预算的管理，对活动投资收益的分析，对活动执行进度的跟踪。

4）客户服务：包括服务请求记录、服务计划安排、服务跟踪、客户反馈记录、事件升级等。

5）沟通管理：沟通计划安排，通过不同渠道沟通联系，包括呼叫中心、电子邮件、电商、社交 App 等。

6）决策分析：通过信息查询、统计，产生报告及图表，支持决策分析。

工作手册

姓名：	学号：	班级：	日期：	课堂笔记

9.1　认知制造业企业信息系统工作手册

任务接收

表 9-1-1　任务分配表

序号	角色	姓名	学号	分工
1	组长			
2	组员			
3	组员			
4	组员			
5	组员			

任务准备

表 9-1-2　工作方案设计表

序号	工作内容	负责人
1		
2		
3		
4		
5		
6		

表 9-1-3　实训设备、工具与耗材清单

序号	名称	型号与规格	数量	备注
1				
2				
3				
4				
5				
6				
领取人：	归还人：			

课堂笔记

任务实施

（1）描述企业资源计划（ERP）

表 9-1-4　任务实施表 1

序号	描述企业资源计划（ERP）
1	概念：
2	特点：
3	核心功能：
4	发展趋势：
5	其他：

（2）描述生命周期管理（PLM）

表 9-1-5　任务实施表 2

序号	描述生命周期管理（PLM）
1	概念：
2	特点：
3	核心功能：
4	发展趋势：
5	其他：

（3）描述制造执行系统（MES）

表 9-1-6　任务实施表 3

序号	描述制造执行系统（MES）
1	概念：
2	特点：
3	核心功能：
4	发展趋势：
5	其他：

课堂笔记

（4）描述供应链管理（SCM）

表 9-1-7　任务实施表 4

序号	描述供应链管理（SCM）
1	概念：
2	特点：
3	核心功能：
4	发展趋势：
5	其他：

（5）描述客户关系管理（CRM）

表 9-1-8　任务实施表 5

序号	描述客户关系管理（CRM）
1	概念：
2	特点：
3	核心功能：
4	发展趋势：
5	其他：

课堂笔记

任务拓展

利用 PPT 向客户展示制造业企业信息系统。

课后作业

小组合作，录制一段向客户展示制造业企业信息系统的视频，时长不超过 5min。

任务 9.2　认知制造执行系统

任务描述

某手机生产制造企业为了提高其信息化水平，依托 CP Lab，购置了一套具有工业 4.0 特征的 MES。你作为该产品厂家的技术人员，现需要对该手机生产制造企业的员工进行 MES 相关知识培训，使他们能完成 MES 下单准备、资源准备、工作计划配置、零部件关联、客户订单、工厂生产订单、订单状态查看等相关操作。

任务要求

1）描述 MES 的主要界面功能。

2）配置 MES，包括下单准备、资源准备、工作计划配置、零部件关联、客户订单、工厂生产订单、订单状态查看等。

3）利用 MES 完成订单生产，监控手机前盖下料、测量、钻孔、入库等相关操作。

任务准备

CP Lab 1 套、螺钉旋具 1 套、内六角扳手 1 套、万用表 1 只。

任务实施

1）描述 MES 的主要界面功能。

2）利用 MES 完成下单准备、资源准备、工作计划配置、零部件关联、客户订单的添加、工厂生产订单的添加、订单状态查看等操作。

3）检查硬件运行前的安全性。

检测各电路的正确性，确保无误后再通电使用。

依次检查前盖料仓工作站、激光测量工作站、钻孔加工工作站、工件输出工作站，确保工具部件无遗漏、无杂物；硬件安装牢固；无接线错误、接线不牢；流量压力正常、阀门打开、指示正常；设备各部件正常，无损坏、无短路、无发热等不良现象。

4）自动操作完成订单加工流程。

利用 MES 监控手机前盖下料、测量、钻孔、入库等相关操作。

任务评价

任务评价表如表 9.2.1 所示。

表 9.2.1　任务评价表

基本信息	认知制造执行系统任务					
	班级		学号		分组	
	姓名		时间		总分	
项目内容	评价标准		分值	自评	小组互评	教师评价
任务考核（60%）	描述 MES 的主要界面功能		10			
	配置 MES		70			
	利用 MES 完成订单生产		20			
	总分		100			
素养考核（40%）	操作安全规范		20			
	遵守劳动纪律		20			
	分享、沟通、分工、协作、互助		20			
	资料查阅、文档编写		20			
	精益求精、追求卓越		20			
	总分		100			

任务拓展

利用 PPT 结合 MES 软件向客户展示制造执行系统。

知识链接

知识点 9.2.1　MES 界面介绍

MES 界面主要包括生产管理（Production Control）、订单管理（Order Management）、质量管理（Quality Management）、主数据库（Master Data）4 个部分，如图 9.2.1 所示。

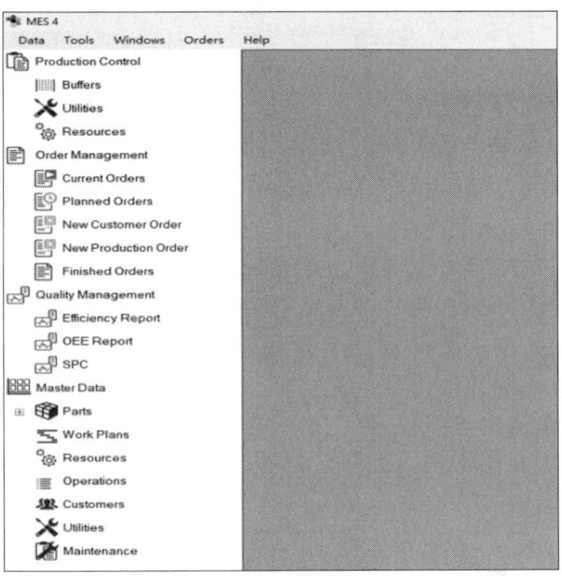

图 9.2.1　MES 界面

1. 订单管理

订单管理包含当前订单（Current Orders）、计划订单（Planed Orders）、新建客户订单（New Customer Order）、新建产品订单（New Production Order）、已完成订单（Finished Orders），如图 9.2.2 所示。

2. 主数据库

主数据库包含零件（Parts）、工作计划（Work Plans）、资源（Resources）、操作（Operations）、客户信息（Customers）、通用部件（Utilities）、维护（Maintenance）。详见图 9.2.3。

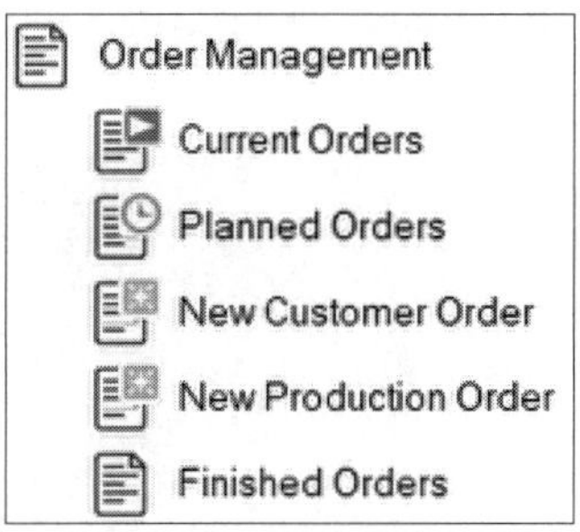

图 9.2.2　订单管理

图 9.2.3　主数据库

知识点 9.2.2　MES 下单准备

开机前的准备工作：取走闭环传输带小车上的托盘及工件，并且小车箭头朝向传输带运行的方向；将托盘放入仓库（注意托盘上抓取钉的一侧朝向仓库里面）；将工件底壳放入料仓；将熔丝放入机械手单元熔丝库；将 PCB 放在机械手托盘上（注意托盘的方向）。

打开 380V 电源，压缩气源，打开每个单元上的电源开关（凸轮开关）；确保每个单元上的 PLC 都处于运行状态；确保每个单元的二联件压力值不低于 5bar；确保每个单元上的急停按钮都已经被拔起（释放）。

将各个工作站触摸屏上的模式选择为 MES。单击图 9.2.4 中的方框处，在弹出的“Operat. mode”界面中单击右边的下拉按钮，在弹出的下拉列表中选择“MES Mode”选项，再单击“Automatic”按钮就能成功切换为 MES 模式；如果“Automatic”按钮是灰色的，则单击“Setup”按钮，停止当前的 Default 模式，“Automatic”按钮就能被选择了，如图 9.2.4 所示。

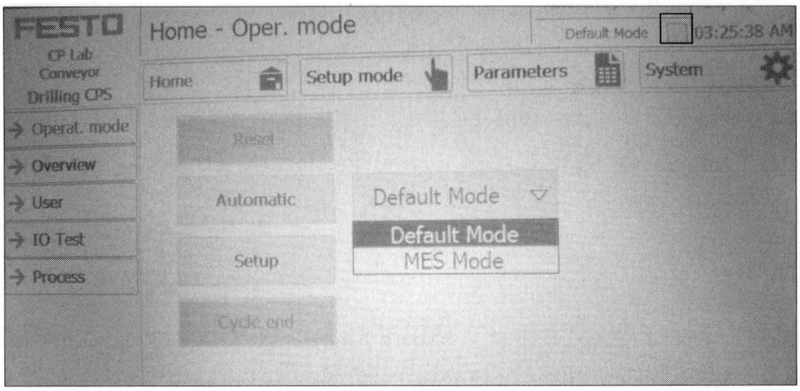

图 9.2.4　设置 MES Mode

若成功切换为 MES 模式，则右上角的 MES Mode 小方块变为绿色，否则显示“Communication to MES4 broken !! Please check connectivity.”（与 MES4 的通信故障，请检查连接），如图 9.2.5 所示。各站的设置方式相同。

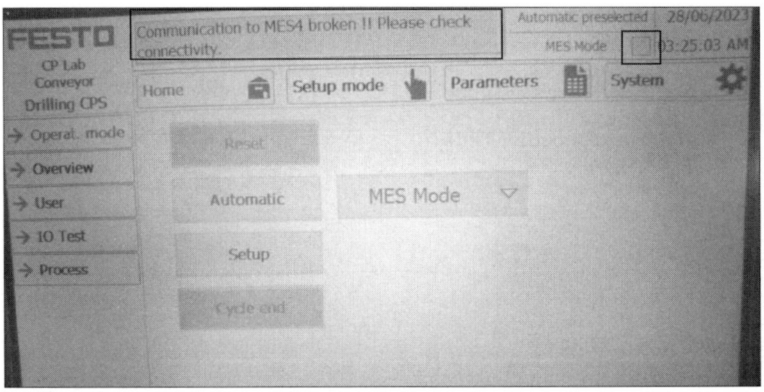

图 9.2.5　与 MES4 的通信故障

如果有机械手装配工作站，则可单击“Oper. Mode”界面中的“Reset”按钮，在安全继电器复位后，触摸屏上的“Reset”按钮闪烁；单击触摸屏上的“Reset”按钮，单元复位，复位完成后，“Automatic”按钮闪烁；“Automatic”按钮长亮表示本单元启动完成。如果“Reset”灯不闪烁且触摸屏有报警，则单击触摸屏上的红色条，进入报警信息界面。根据提示信息清除报警后（如果机械手报警不能清除，请在示教器上操作），单击“Quit Fault”按钮退出报警信息界面。

以典型系统为例，包含前盖料仓工作站、激光测量工作站、钻孔加工工作站、成品入库工作站。首先打开 CP 工厂的订单管理计算机，双击桌面上的“MES 4”快捷方式图标，并查看计算机服务器的状态，即观察计算机是否和 PLC 连接成功；再选择“Production Control”→“Resources”选项，查看状态，如果图 9.2.6 中右边两个方框中的灯显示绿色，那就说明连接成功了，其他的灯颜色不同，可以忽略不计；若有灯显示黄色，那就说明有工作站的传感器没有调试好，需要调试。

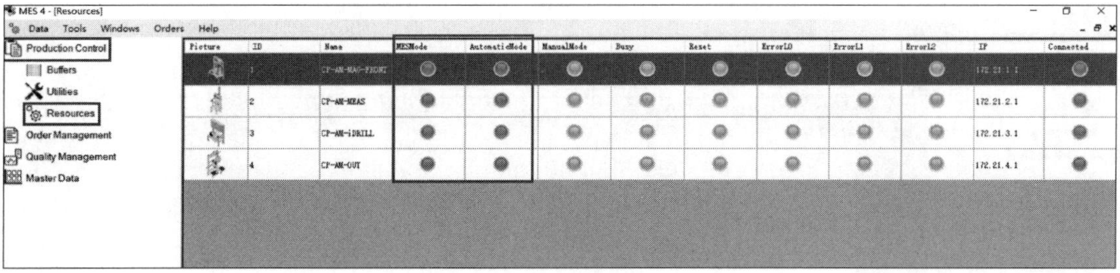

图 9.2.6 典型案例

知识点 9.2.3 MES 资源准备

选择“Master Data”→“Resources”选项，弹出“Resources”窗口，如图 9.2.7 所示。

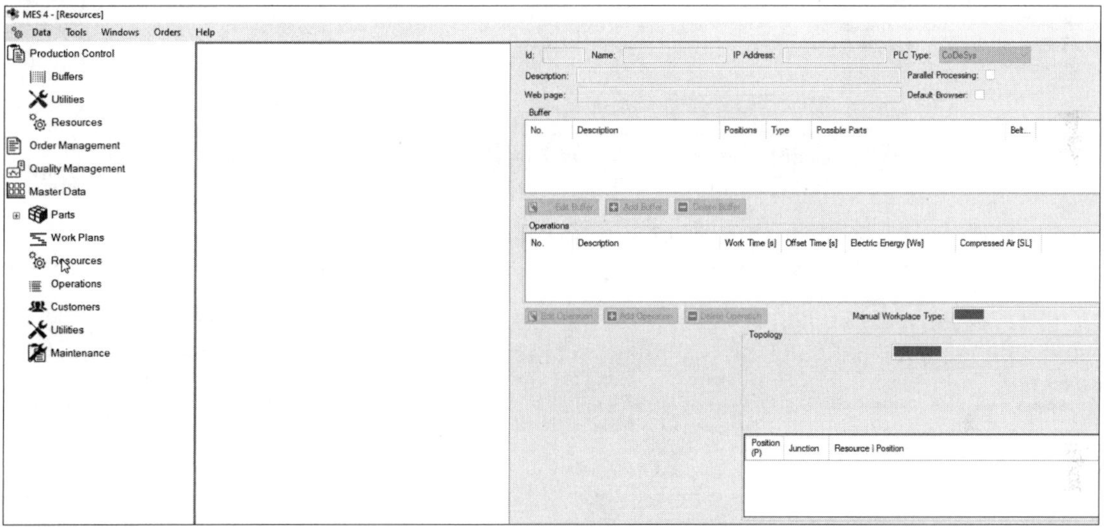

图 9.2.7 “Resources”窗口

在“Resources”窗口左边空白处右击，在弹出的快捷菜单中选择“Import”选项，如图 9.2.8 所示。

在弹出的“打开”对话框中选择“CP-AM-MAG-FRONT.xml”（这是第一个站的名字）选项，再单击“打开”按钮，如图 9.2.9 所示。

在弹出的“Resources”窗口中设置 Id、IP 地址、PLC 类型。第一个站的 Id 设置为“1”，IP 地址设置为“172.21.1.1”，PLC 类型设置为“Siemens”（西门子），再单击“Save”按钮进行保存，如图 9.2.10 所示。

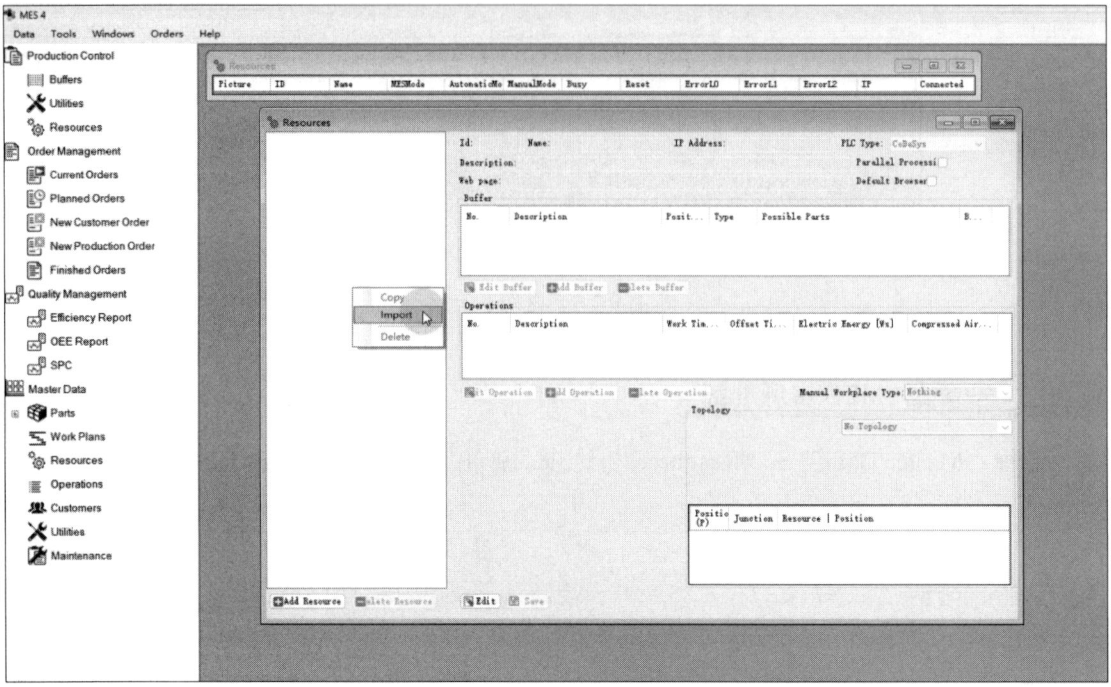

图 9.2.8　选择“Import”选项

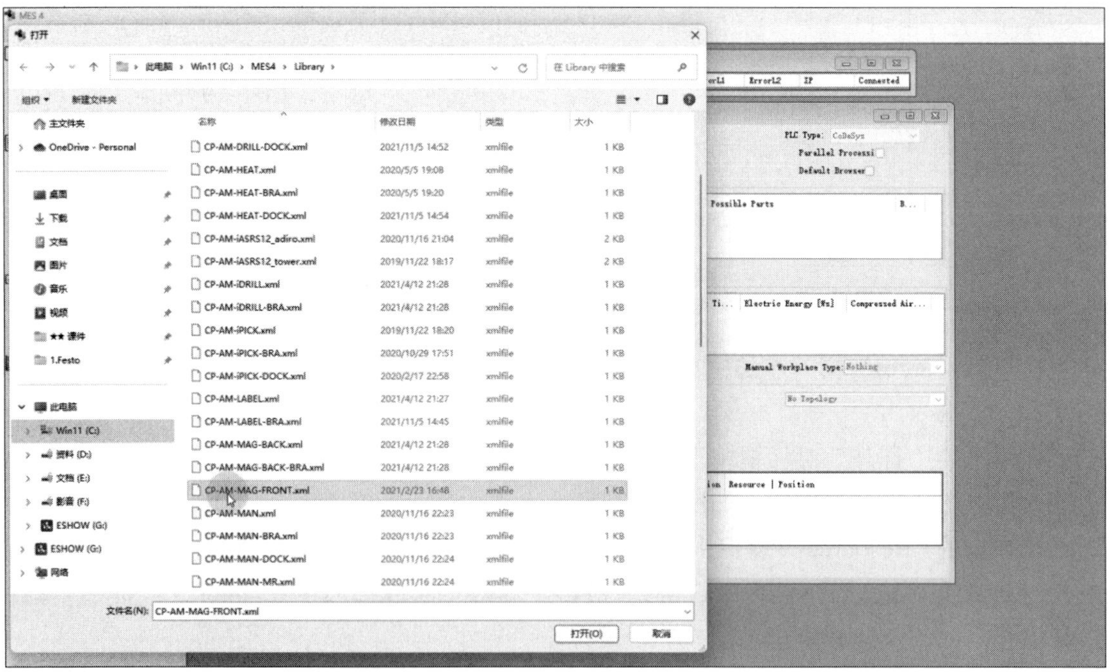

图 9.2.9　选择“CP-AM-MAG-FRONT.xml”选项

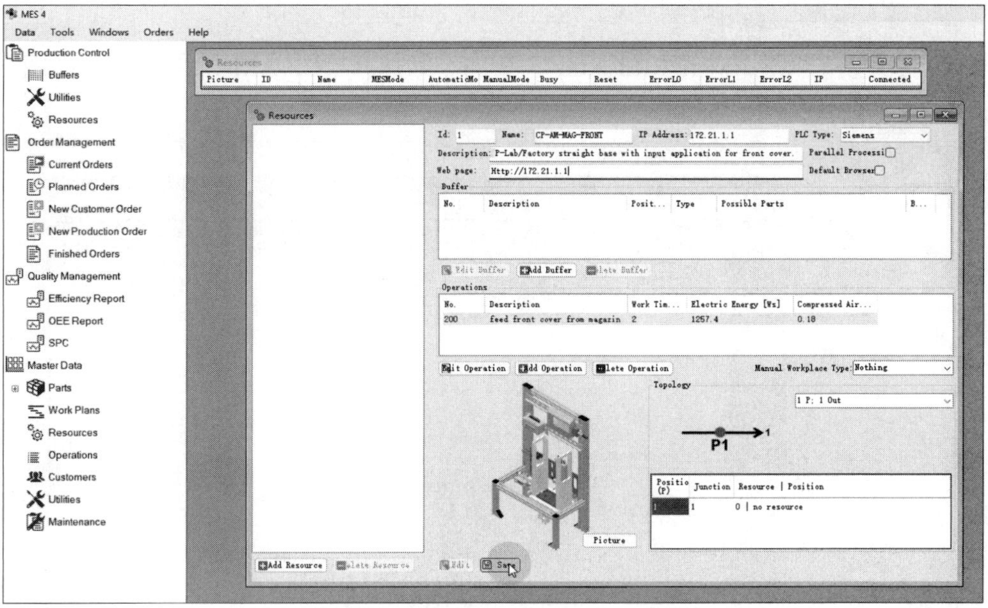

图 9.2.10 设置 Id、IP 地址、PLC 类型

接下来，在窗口左边空白处右击，在弹出的快捷菜单中选择“Import”选项，弹出“打开”对话框，选择“CP-AM-MEAS.xml”（这是第二个站的名字）选项，再单击“打开”按钮，如图 9.2.11 所示。

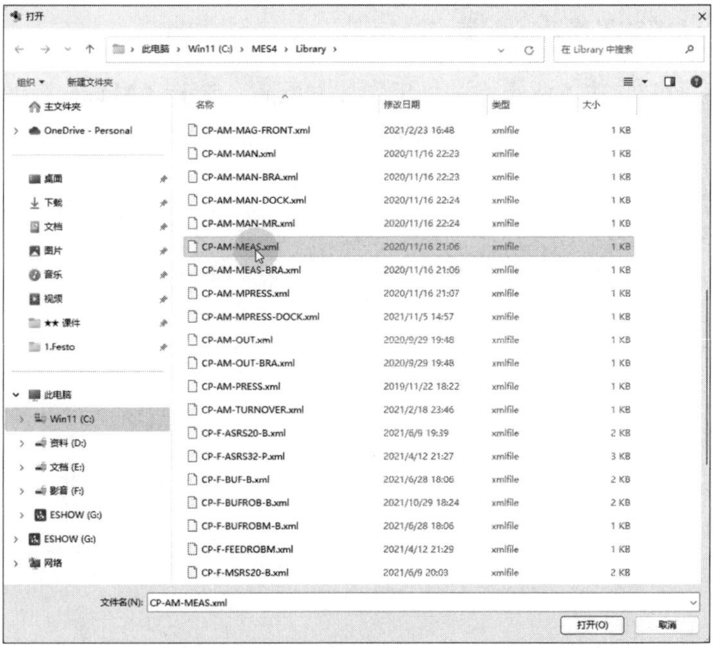

图 9.2.11 选择“CP-AM-MEAS.xml”选项

在弹出的“Resources”窗口中设置 Id、IP 地址、PLC 类型。第二个站的 Id 设置为“2”，IP 地址设置为“172.21.2.1”，PLC 类型设置为“Siemens”，再单击“Save”按钮进行保存。

对剩下的站进行同样的操作。

第三个站选择“CP-AM-iDRlLL.xml”，第四个站选择“CP-AM-OUT.xml”，如图 9.2.12 所示。

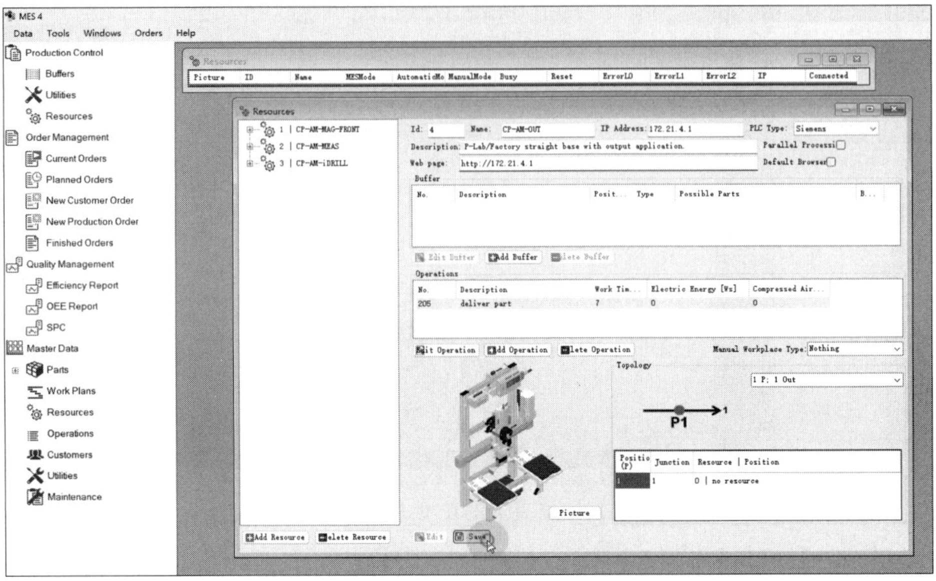

图 9.2.12　选择“CP-AM-OUT.xml”选项

知识点 9.2.4　MES 工作计划配置

为了在 MES 下单成功，还需要进行工作计划配置。选择“Master Data”→“Parts”→“Work Plans”选项，在弹出的“Workplans”窗口中单击“Add Work Plan”（添加工作计划）按钮，如图 9.2.13 所示。

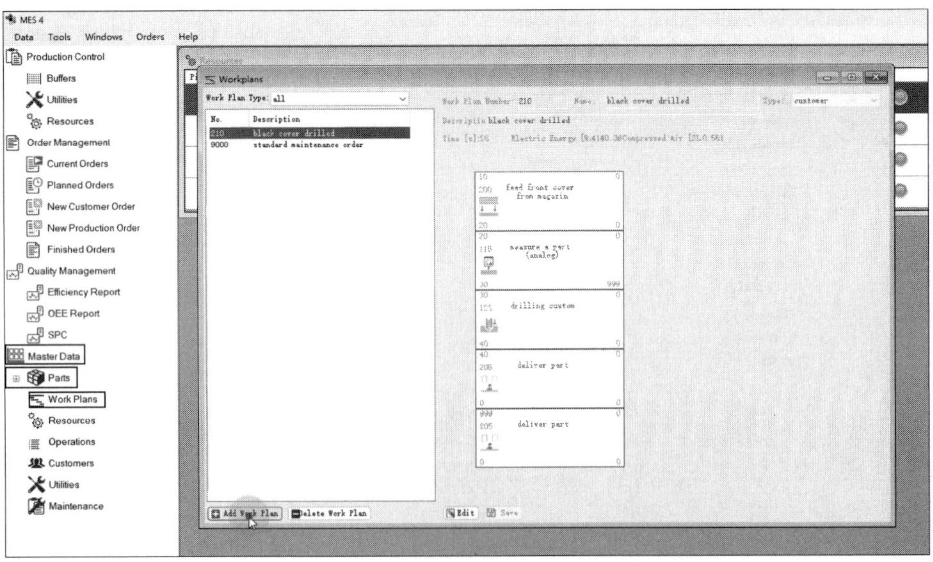

图 9.2.13　添加工作计划

如图 9.2.14 所示，分别在“Work Plan Number”（工作计划编号）、“Name”（名字）和“Description”（工件描述）文本框中输入相关内容；在“Type”（类型）下拉列表中，可以选择“production”（生产者模式）选项，也可以选择“customer”（客户模式）选项。

注意：工作计划编号只能填写数字，不能有字符。

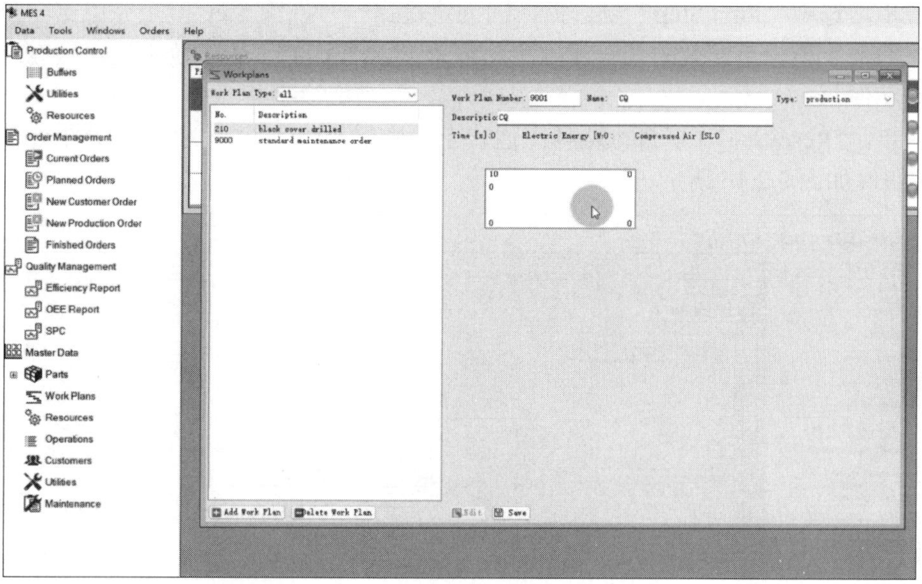

图 9.2.14　设置添加的工作计划的相关信息

（1）添加前盖料仓工作站

添加的工作计划的相关信息填写完成后，在下方的空白框中右击，可在弹出的快捷菜单中选择“edit”（编辑）、“add above”（向上添加）、“add below”（向下添加）、“delete”（删除）等选项，如图 9.2.15 所示。这里选择“edit”选项，对该模块进行参数的定义与资源的选择。

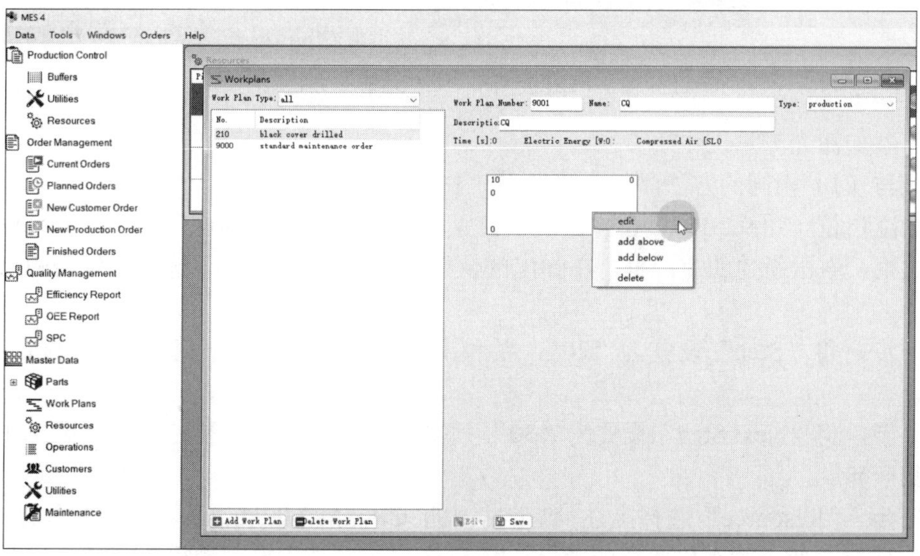

图 9.2.15　选择选项

选择“edit”选项后，在弹出的“Step”对话框中最少需要设置 4 个参数，其他参数可以保持默认设置。

第一步，将“Step”（步数）设置为 10。

第二步，将“Next Step”（下一步）设置为“20”。

第三步，选中“First Step”复选框，因为这是第一步，而 Step 就是完成第一步后反馈给下一站的数字值。下一站的第一步数字值要对应上一站的下一步数字值，只有这样下一站才会有动作。

第四步，“Resource”（资源）选择上述 4 个站中的“CP-AM-MAG-FRONT.xml”，单击“Ok”按钮，如图 9.2.16 所示。

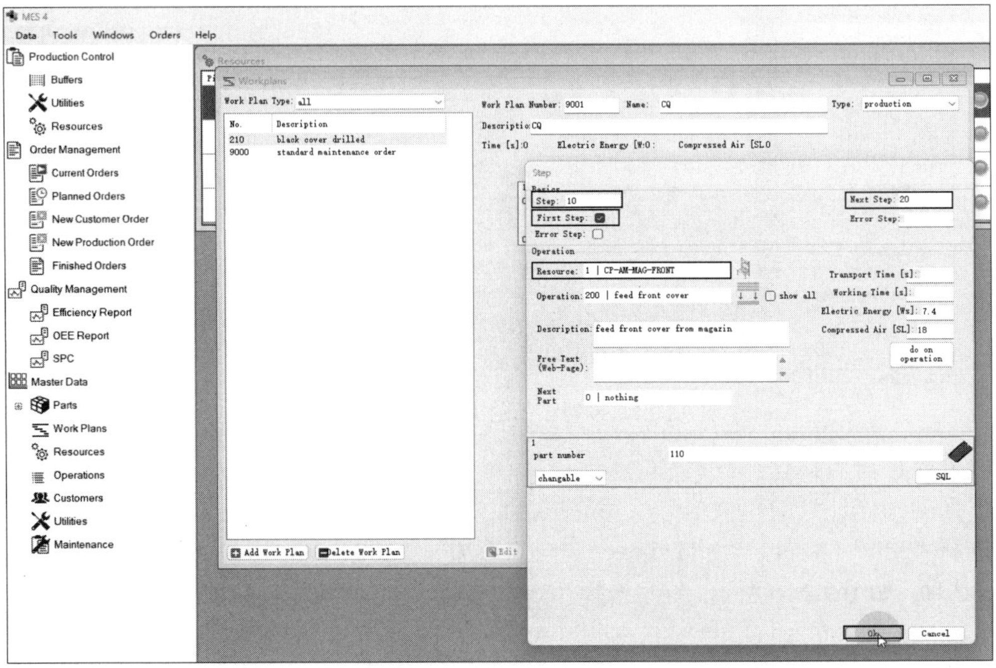

图 9.2.16　设置参数

（2）添加激光测量工作站

按照与（1）相同的方法添加激光测量工作站。

右击空白框（图 9.2.15），在弹出的快捷菜单中选择“add below”选项，就可以再添加一个空白框，右击新建的空白框，在弹出的快捷菜单中选择“edit”选项，就会弹出一个新的界面。

第一步，将“Step”设置为“20”，要和上一站的下一步数字值对应，否则此站不会有动作。

第二步，将“Next Step”设置为“30”，下面的“First Step”复选框不需要选中，因为这不是第一步。

第三步，“Resource”选择上述 4 个站中的 CP-AM-MEAS 测量站；下面的“default difference”是指两个测距传感器的差值，“upper limit”是指最高的极限，“lower limit”是指最低的极限，具体设置如图 9.2.17 所示。

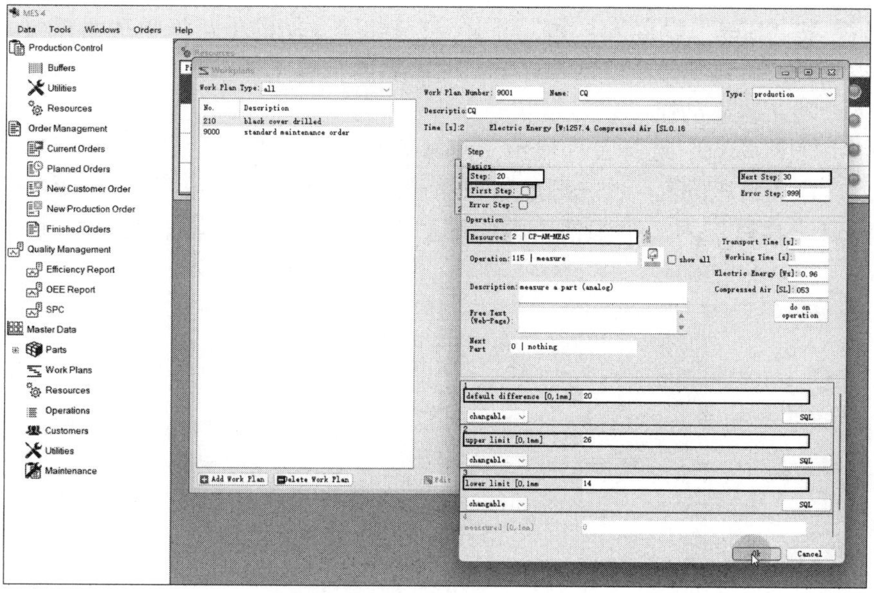

图 9.2.17　添加激光测量工作站

（3）添加钻孔加工工作站

按照与（2）相同的方法添加钻孔加工工作站。

第一步，将“Step”设置为“30”，同样也要和上一站的下一步数字值相同。

第二步，将“Next Step”设置为“40”。

第三步，“Resource”选择钻孔加工工作站 CP-AM-iDRILL。

第四步，选择钻孔位置，可以选择钻左边孔或右边孔，或者两边都钻孔。选择 parameter（参数）：1 表示左边钻孔，2 表示右边钻孔，3 表示两边都钻孔，如图 9.2.18 所示。

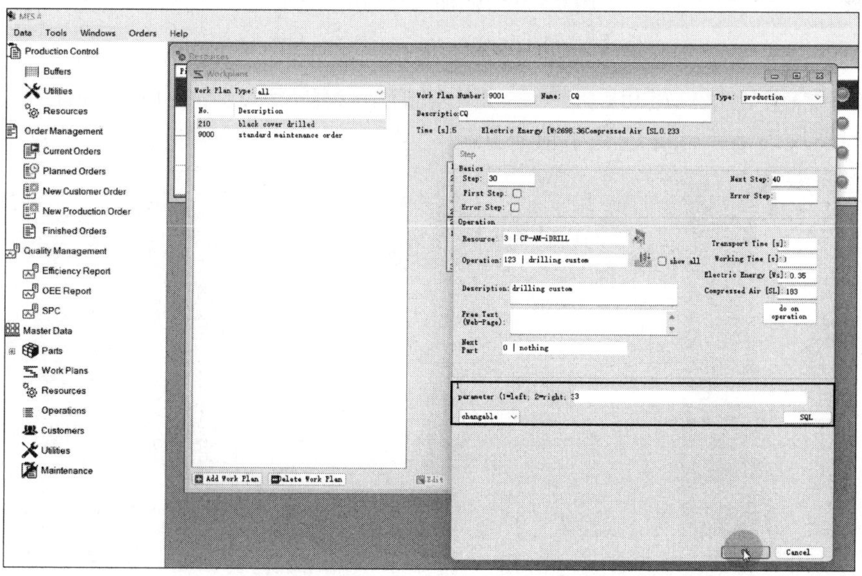

图 9.2.18　添加钻孔加工工作站

（4）添加工件输出工作站

按照与（2）相同的方法添加工件输出工作站。

第一步，将“Step”设置为“40”，同样也要和上一站的下一步数字值相同。

第二步，将“Next Step”设置为“0”，因为后面没有工作站了，所以写 0 作为下一步，表示没有下一站，即无动作。

第三步，“Resource”选择工件输出工作站 CP-AM-OUT。

第四步，选择出库位置，放左边库位或右边库位，或者随便放库位，如图 9.2.19 所示。但是每边库位的容量均为 2 个工件，因此库房最多放置 4 个工件就装满而无法再存放工件了。

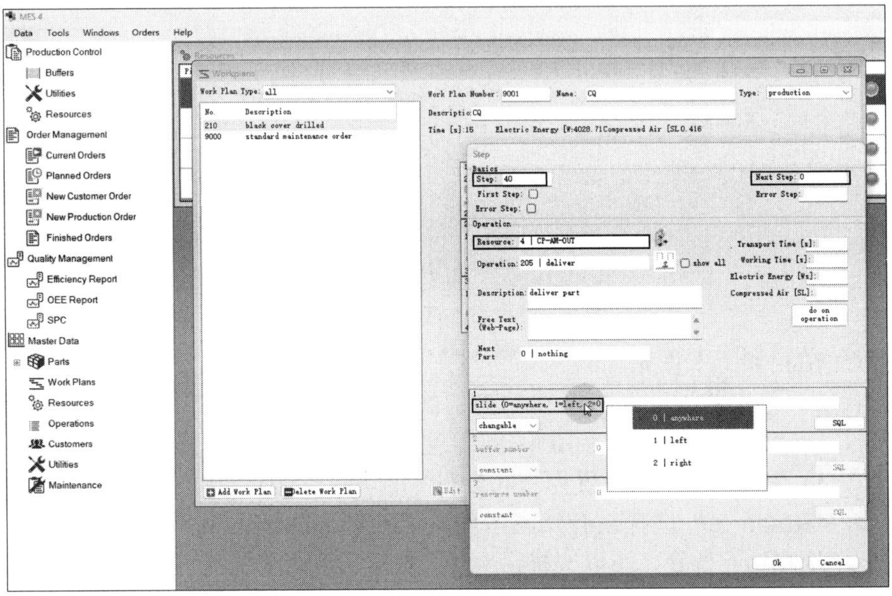

图 9.2.19　添加工件输出工作站

图 9.2.20 所示为 4 个工作站对应的 4 个模块的工作计划。单击“Save”按钮，保存工作计划。如果保存出错，则可检查第一个模块的站台是否未选中“First Step”复选框，或者是对应的站反馈给下一站的数字值不正确，又或者是没有对应的工作站的反馈数字值。

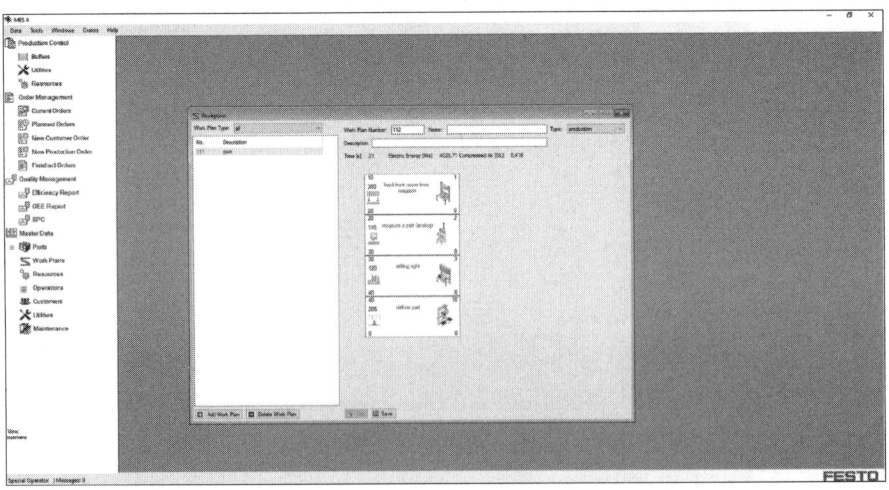

图 9.2.20　工作计划展示

知识点 9.2.5　MES 零部件关联

选择“Master Data”→“Parts”选项，弹出“Parts”窗口，如图 9.2.21 所示。

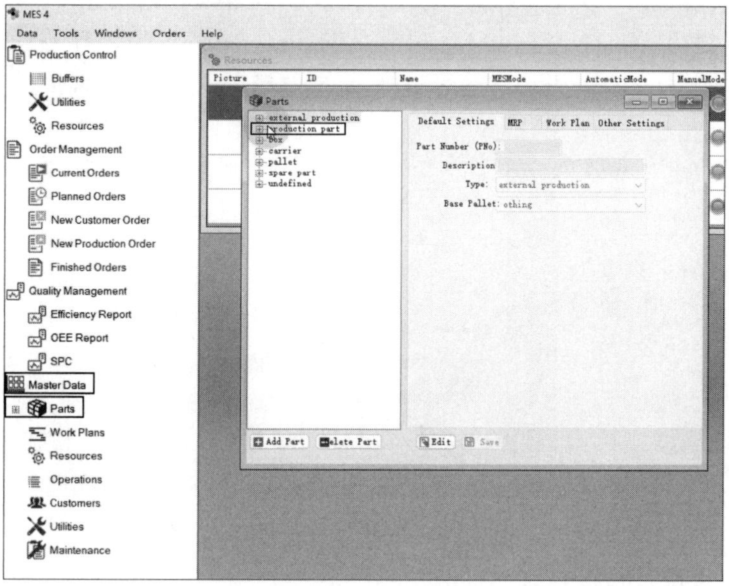

图 9.2.21　“Parts”窗口

需要将该零件和工作计划关联在 production part 中，所以要先选择“production part”选项，再单击“Add Part”按钮，在右侧窗格中设置编号和描述，如图 9.2.22 所示。

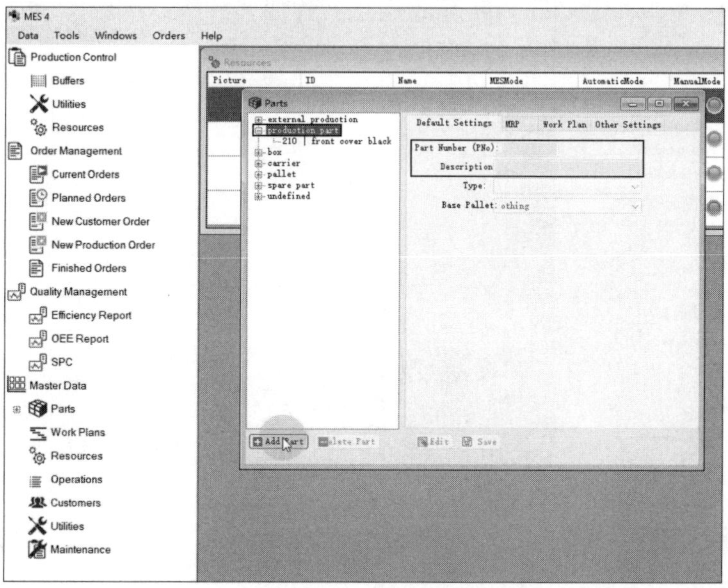

图 9.2.22　零件与工作计划关联

再选择“Work Plan”选项卡，关联在工作计划中建立的文件编号名称，如图 9.2.23 所示。

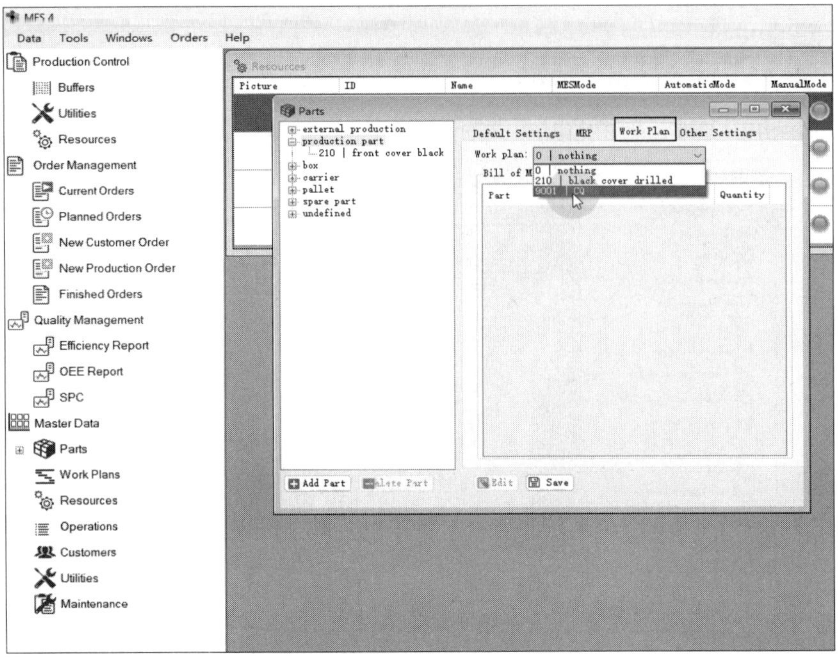

图 9.2.23　关联文件编号名字

按图 9.2.24 所示选择好关联的工作计划，单击“Save”按钮保存即可。

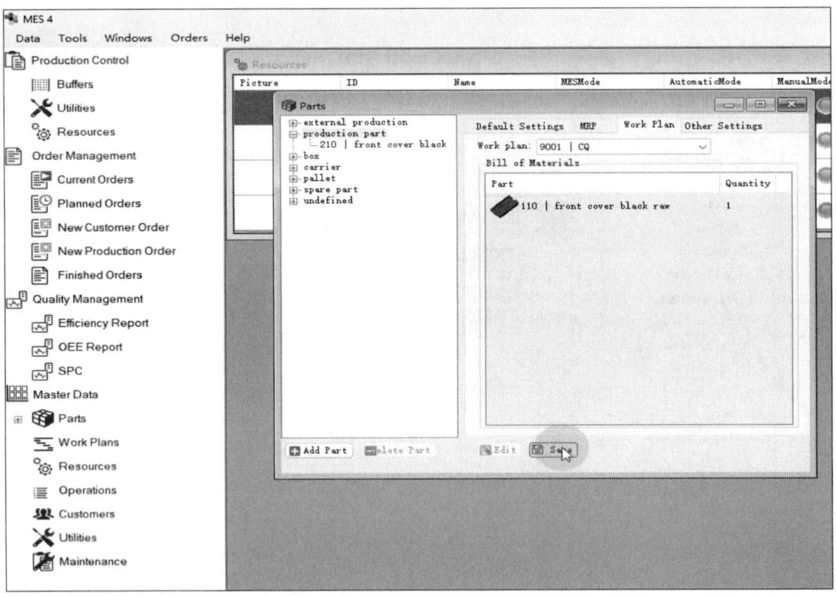

图 9.2.24　关联工作计划的保存

知识点 9.2.6　MES 客户订单的添加

选择“Order Management”→“New Customer Order”选项，在弹出的“Customer Order”窗口中单击“Add Position”按钮添加订单，如图 9.2.25 所示。

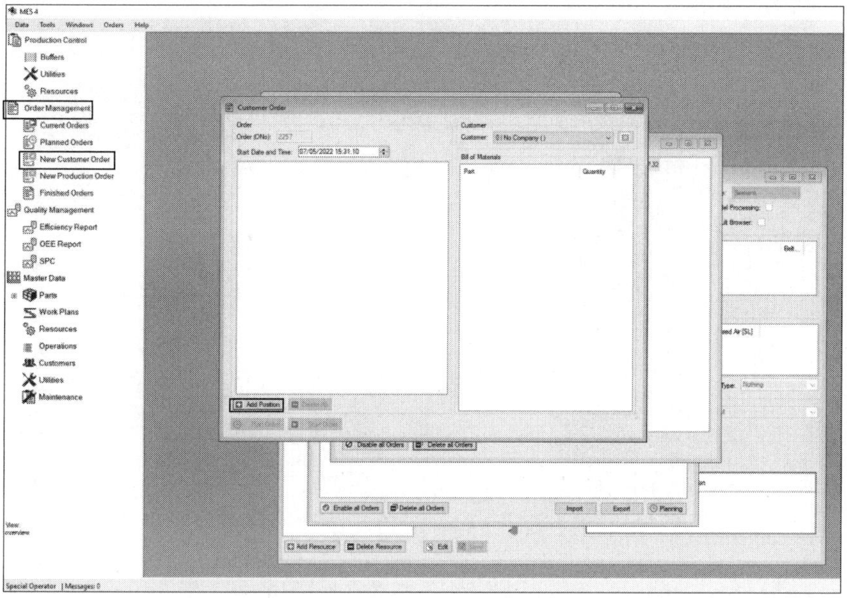

图 9.2.25 MES 客户订单的添加

在弹出的“new position”对话框中，选择相对应的零件，如图 9.2.26 所示（Windows 版本不一致，显示的内容也不一致）。

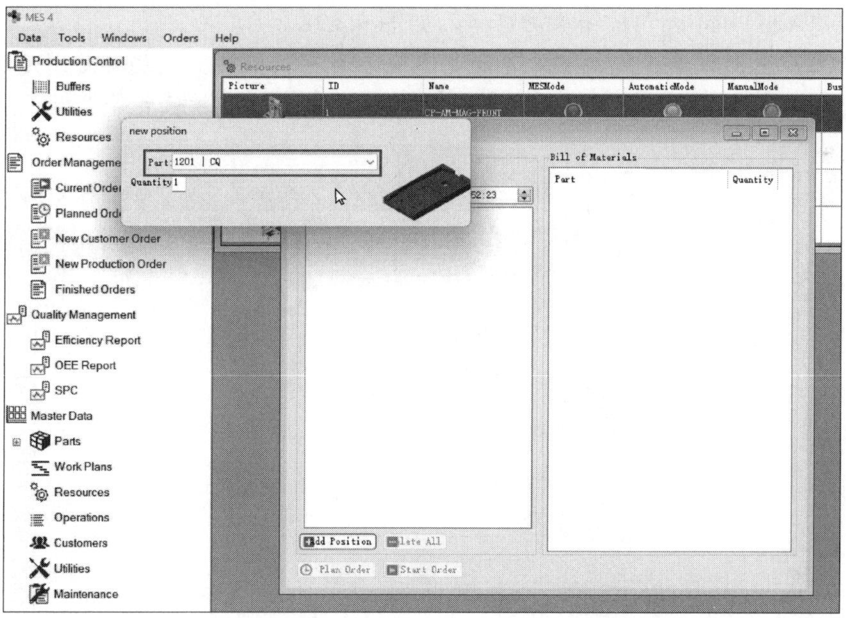

图 9.2.26 参数设置

再单击“Start Order”按钮，就能正常下单了，如图 9.2.27 所示。

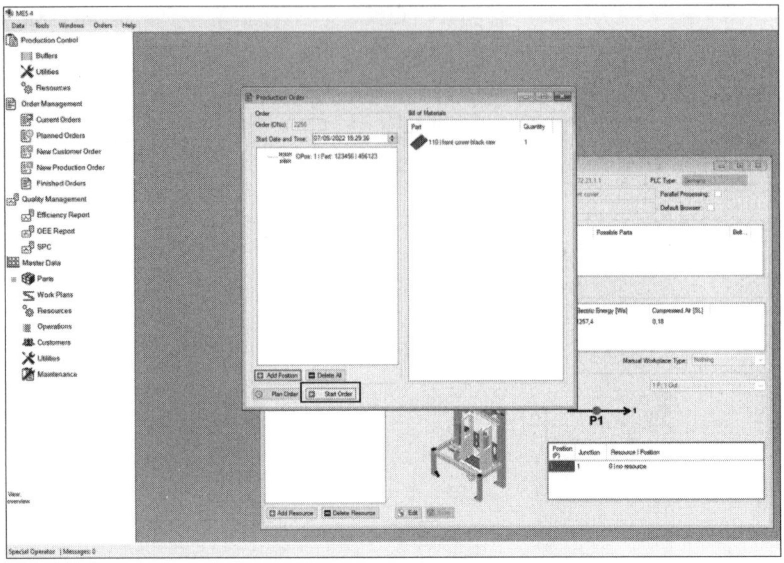

图 9.2.27　正常下单

知识点 9.2.7　MES 工厂生产订单的添加

选择“Order Management”→“New Production Order”选项，在弹出的“Production Order”窗口中单击“Add Position”按钮添加订单，如图 9.2.28 所示。

注意：工厂生产订单不能在下单时改变高度差和存放位置，这些都是固定的，和前面的模块设置相关。也就是说，只能在前面模块的设置中更改存放位置等参数。

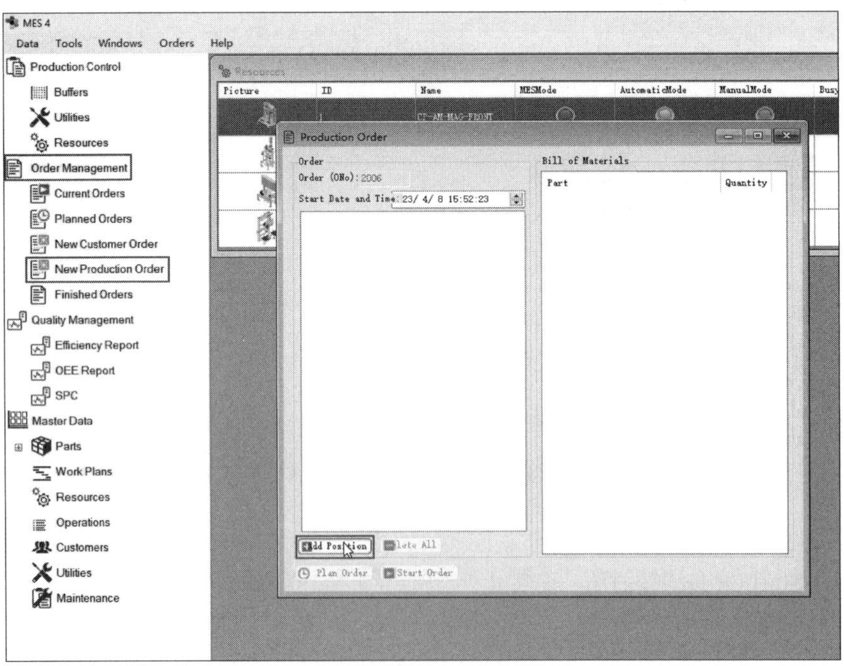

图 9.2.28　更改参数设置

后续操作和客户订单的添加操作一样。

知识点 9.2.8　MES 订单状态查看

选择“Order Management”→“Current Orders”选项查看当前的订单状态，可以看见正在进行的订单和已经完成的订单，如图 9.2.29 所示。

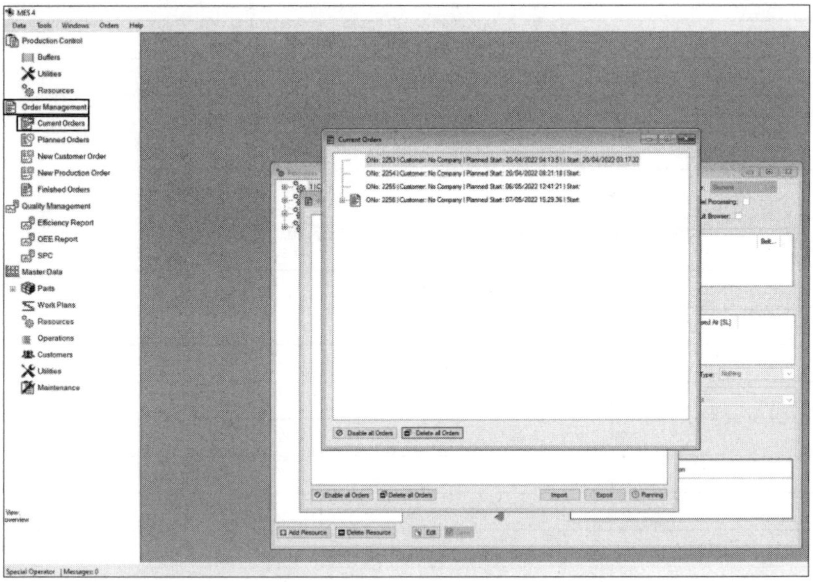

图 9.2.29　订单状态查看

工作手册

姓名：	学号：	班级：	日期：

9.2　认知制造执行系统工作手册

任务接收

表 9-2-1　任务分配表

序号	角色	姓名	学号	分工
1	组长			
2	组员			
3	组员			
4	组员			
5	组员			
6	组员			
7	组员			
8	组员			

课堂笔记

任务准备

表 9-2-2　工作方案设计表

序号	工作内容	负责人
1		
2		
3		
4		
5		
6		

表 9-2-3　实训设备、工具与耗材清单

序号	名称	型号与规格	数量	备注
1				
2				
3				
4				
5				
6				
领取人：　　　　归还人：				

任务实施

（1）描述 MES 的主要界面功能

表 9-2-4　任务实施表 1

描述 MES 的主要界面功能

（2）配置 MES

表 9-2-5　任务实施表 2

序号	配置 MES 的步骤	操作记录
1	下单准备	
2	资源准备	

课堂笔记

续表

序号	配置 MES 的步骤		操作记录
3	工作计划配置	添加前盖料仓工作站	
		添加激光测量工作站	
		添加钻孔加工工作站	
		添加工件输出工作站	
4	零部件关联		
5	客户订单的添加		
6	工厂生产订单的添加		
7	订单状态查看		

课堂笔记

（3）检查硬件运行前的安全性

连接硬件电路，检测各电路的正确性，确保无误后通电使用。

表 9-2-6　任务实施表 3

检查硬件运行前的安全性					
检查内容（正常打“√”，不正常打“×”）					
检查模块	工具部件无遗漏、无杂物	硬件安装牢固	无接线错误、接线不牢	流量压力正常、阀门打开、指示正常	设备各部件正常，无损坏、无短路、无发热等不良现象
前盖料仓工作站					
激光测量工作站					
钻孔加工工作站					
工件输出工作站					
负责人				验收签字	

（4）自动操作完成订单加工流程

利用 MES 监控手机前盖下料、测量、钻孔、入库等相关操作。

表 9-2-7　任务实施表 4

利用 MES 自动操作完成订单加工					
检查内容（正常打“√”，不正常打“×”）					
检查项目	前盖料仓工作站	激光测量工作站	钻孔加工工作站	工件输出工作站	监控反馈显示
料仓中有前盖 小车中有托盘 托盘中有工件					
料仓中有前盖 小车中有托盘 托盘中无工件					
料仓中有前盖 小车中无托盘 托盘中无工件					
料仓中无前盖 小车中有托盘 托盘中有工件					
其他					

课堂笔记

任务拓展

1）完成加工方式不同等个性化的生产订单任务。

2）完成一次下多个生产订单的任务。

课后作业

1）总结 MES 的核心组成。

2）操作 MES 完成生产订单加工任务。

项目 10 认知能源管理系统

◎ 项目导入

《荀子·富国》云：故明主必谨养其和，节其流，开其源，而时斟酌焉。大意是，贤明的君主必须谨慎地顺应时节的变化，开源节流，时刻慎重地考虑这些问题。

《中华人民共和国节约能源法》中指出，节约能源是指加强用能管理，采取技术上可行、经济上合理以及环境和社会可以承受的措施，从能源生产到消费的各个环节，降低消耗、减少损失和污染物排放、制止浪费，有效、合理地利用能源。

节能降耗的意义在于：减少对环境的污染和资源的消耗；有效利用资源，延长资源的使用寿命；减少企业的能源消耗和生产成本，提高企业竞争力；优化生产流程、提高设备利用率和效率；等等。因此，优化能源管理、开源节流、节能降耗，在人类社会发展中具有非常重要的意义。

◎ 学习目标

知识目标	1. 了解能源管理模块的硬件组成； 2. 能够分析能源监控模块的统计曲线
能力目标	1. 能够熟练安装能源管理模块的硬件； 2. 能够熟练监控能源管理模块的数据； 3. 能够熟练统计分析能源管理模块的能量消耗
素养目标	1. 树立节能意识、绿色意识，强化环保意识； 2. 积极践行和谐发展观、可持续发展观

任务 10.1 认知能源管理模块

任务描述

本任务中，需要描述能源管理模块的硬件组成，熟悉气路连接、电路连接和网络连接的操作方法，完成能源管理模块的硬件安装。

微课：能源管理模块之能源管理硬件安装

任务要求

1）描述能源管理模块的硬件组成。

2）描述气路连接的方法和步骤。

3）描述电路连接的方法和步骤。

4）描述网络连接的方法和步骤。

任务准备

1）作业资料：示意图、排版图、工作手册等，保证资料完整。

2）作业场所：保证作业场所的整齐、规范、有序。

3）电气材料：CP Lab 1 套、螺钉旋具 1 套、万用表 1 只。作业前，电气材料必须按时到位。

任务实施

本任务主要认知能源管理模块，具体为描述能源管理模块的组成、气路连接的方法和步骤、电路连接的方法和步骤、网络连接的方法和步骤。

任务实施步骤如下：

（1）描述能源管理模块的组成

能源管理模块包括 1 个 PLC 控制器、1 个气源监控模块和 1 个电源监控模块，如图 10.1.1 所示。

其中，气源监控模块包括 3 个气体流量传感器（图 10.1.2）、3 个气体压力传感器（图 10.1.3）；电源监控模块包括 1 只电能表及内部的 24V 直流稳压电源。

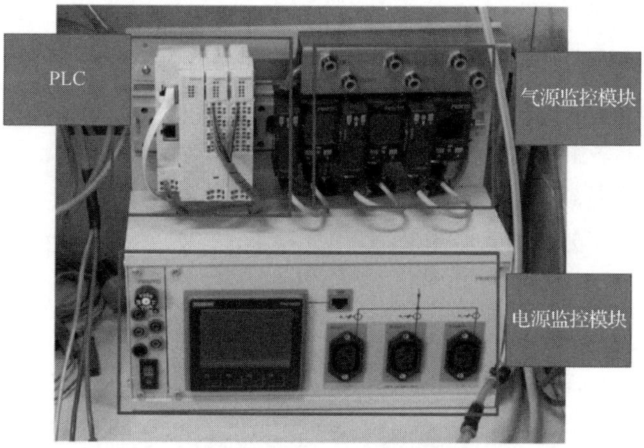

图 10.1.1　能源管理模块实物

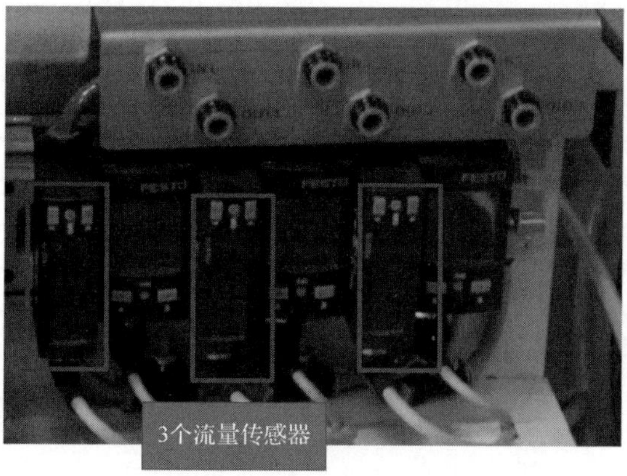

图 10.1.2　流量传感器实物

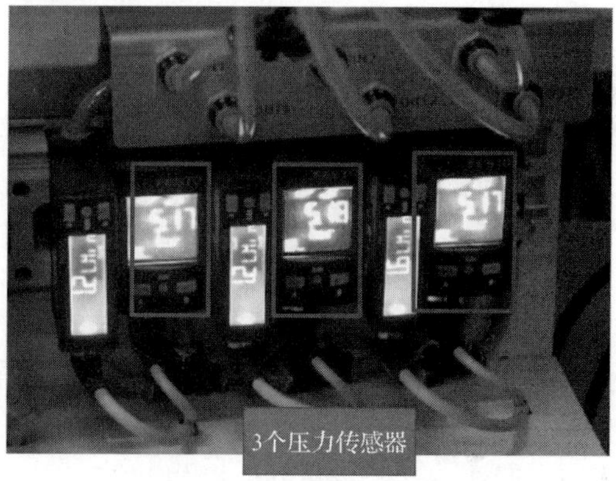

图 10.1.3　压力传感器实物

（2）描述气路连接的方法和步骤

压缩气泵输出主气路为一根直径为 6mm 的气管；使用 3 个三通接头将主气路分为 4 路输出。因为激光测量站没有气动装置，所以第一路无须进行气路监控而直接输出；第二路到第四路通过气源监控模块之后再输出到其他各站。这里的气源监控模块有 3 个输入接口和 3 个输出接口。将第二路到第四路气管分别插入 IN1～IN3 接口。气源监控模块的输出接口为 OUT1～OUT3，分别使用气管输出到钻孔加工站、料仓工作站、工件输出站。将这 3 个站的输入气管分别接入本站。其中，将钻孔加工站的输入气管插入左边第一个输出接口 OUT1，应连接牢固、无松动；同理，将料仓工作站的输入气管、工件输出站的输入气管依次插入输出接口 OUT2、OUT3。这样通过气源监控模块的气体流量传感器、气体压力传感器就可以监控钻孔加工站、料仓工作站、工件输出站的气体消耗情况。

（3）描述电路连接的方法和步骤

将系统总电源从能源管理模块的后方接入，使用 AC 220V 插头供电；经过电路监控模块之后，通过设备前方的 3 个电源交流输出接口可以监控 3 个工作站的电能使用情况。

（4）描述网络连接的方法和步骤

在系统网络中，由于能源管理模块已通过白色的网线与 PLC 连接，因此将能源管理模块的网口用一根网线连接到网络交换机上就可进行通信。

打开模块电源开关和气路开关，从相关显示设备中可以看到，3 个流量传感器、3 个压力传感器、PLC、电源监控均工作正常，有相应的数值显示。

能源管理模块硬件安装到此结束。

任务评价

任务评价表如表 10.1.1 所示。

表 10.1.1　任务评价表

基本信息	认知能源管理模块任务					
	班级		学号		分组	
	姓名		时间		总分	
项目内容	评价标准		分值	自评	小组互评	教师评价
任务考核（60%）	描述能源管理模块的硬件组成		10			
	手动操作完成气路连接		30			
	手动操作完成电路连接		30			
	手动操作完成网络连接		30			
	总分		100			
素养考核（40%）	操作安全规范		20			
	遵守劳动纪律		20			
	分享、沟通、分工、协作、互助		20			
	资料查阅、文档编写		20			
	精益求精、追求卓越		20			
	总分		100			

任务拓展

完成能源管理模块的硬件安装。

知识链接

知识点　宏观能源管理的定义

宏观能源管理是对能源的生产、分配、转换和消耗的全过程进行科学的计划、组织、检查、控制和监督工作的总称，内容包括：制定正确的能源开发政策和节能政策，不断完善能源规划、能源法规，完善能源控制系统，安排好工业能源、生活能源的生产与经营；加强能源设备管理，及时对锅炉、工业窑炉、各类电器等进行技术改造和升级，提高能源利用率，实行能源定额管理，设置能源的有效消耗及工艺性损耗的指标，层层核定各项能源消耗定额；通过经济责任制度和奖惩制度把能源消耗定额落实到车间、班组和个人，督促企业达到耗能先进水平；定期检查耗能大的重点企业、重点项目和重点设备，不断对能源有效利用程度进行技术分析；建立健全能源管理制度，形成专业管理与群众管理相结合的能源管理网；教育职工树立节能意识，并不断加强对能源消耗的计量监督、标准监督和统计监督。

工作手册

姓名：	学号：	班级：	日期：

10.1　认知能源管理模块工作手册

任务接收

表 10-1-1　任务分配表

序号	角色	姓名	学号	分工
1	组长			
2	组员			
3	组员			
4	组员			

任务准备

表 10-1-2　工作方案设计表

序号	工作内容	负责人
1		
2		
3		
4		

表 10-1-3　实训设备、工具与耗材清单

序号	名称	型号与规格	数量	备注
1				
2				
3				
4				
领取人：　　归还人：				

课堂笔记

任务实施

（1）描述能源管理模块的组成

表 10-1-4 任务实施表 1

序号	能源管理模块的组成
1	能源管理模块硬件包括__________、__________和__________三部分。
2	气源监控模块包括__________和__________。
3	电源监控模块包括__________和__________。
4	其他注意事项：

（2）描述气路连接的方法和步骤

表 10-1-5 任务实施表 2

气路连接的方法和步骤

（3）描述电路连接的方法和步骤

表 10-1-6 任务实施表 3

电路连接的方法和步骤

（4）描述网络连接的方法和步骤

表 10-1-7 任务实施表 4

网络连接的方法和步骤

课堂笔记

任务拓展 　　完成能源管理模块的硬件安装。 课后作业 　　小组合作，用 PPT 展示以下任务： 　　1）描述能源管理模块的硬件组成。 　　2）描述气路连接的方法和步骤。 　　3）描述电路连接的方法和步骤。 　　4）描述网络连接的方法和步骤。 　　5）动手完成能源管理模块的硬件安装。	课堂笔记

任务 10.2 能源数据监控统计

任务描述

CP Lab 的能源管理模块能实现气能、电能的监控，如图 10.2.1 所示。能源、原材料、半成品的积压库存，设备厂房等超过生产能力的实际需要，供能与用能环节不协调，以及低效率和超负荷生产，等等，都是对社会能源资源的浪费。能源统计分析是实现企业能源的科学管理和国民经济健康发展切实可行的一项重要工作。CP Lab 能进行相关的能源消耗统计。

微课：能源管理模块之能源数据监控

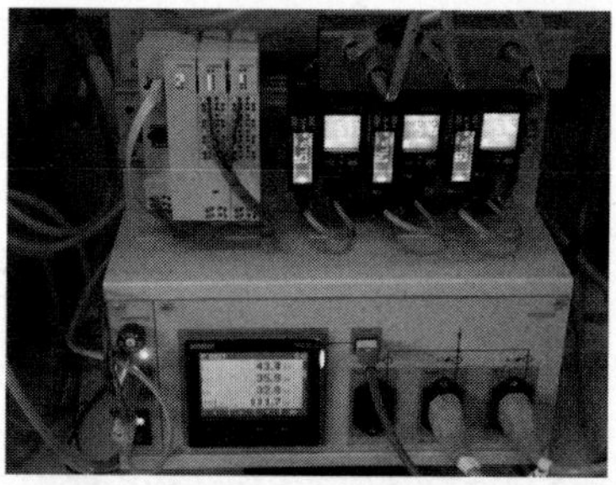

图 10.2.1　能源数据监控显示

任务要求

1）描述如何实现设备软件监控。

2）描述如何实现设备硬件监控。

3）动手操作完成软硬件的数据监控。

任务准备

数据监控硬件设备 1 套、装有 FactoryViews Control Panel 软件的硬件设备一台。

任务实施

本任务主要认知能源数据监控统计方法，具体为描述如何实现设备软件监控、如何实现设备硬件监控、动手操作完成软硬件的数据监控。

任务实施步骤如下：

（1）设备软件监控

打开 FactoryViews Control Panel 软件，单击“Open FactoryViews”（打开工厂视图）按钮，在出现的工厂视图中，单击“能源”图标，出现“Energy Mearsurement Boxes”（能源测量盒子），软件会自动搜索，搜索完成后，在 OPC UA Server 中选择 CPX-E Energy。

在软件中，选择左侧的“Resources”（资源）选项，可以看到 Resources（资源）、Monitoring（监视）、Footprint（耗能占用情况）、Analyze（分析）、Factory（单击之后为节能状态）、Settings（设置）、Save Configuration（保存配置）等选项。选择“Monitoring”选项，可以看到左边为“Signal Browser”（信号浏览），有 3 个压力传感器的压力和 111～113 三个压力传感器通道，如图 10.2.2 所示；有 3 个流量传感器的流量和 121～123 三个流量传感器通道，如图 10.2.3 所示；有 3 个电能监控和 L1～L3 三个电压通道，如图 10.2.4 所示。

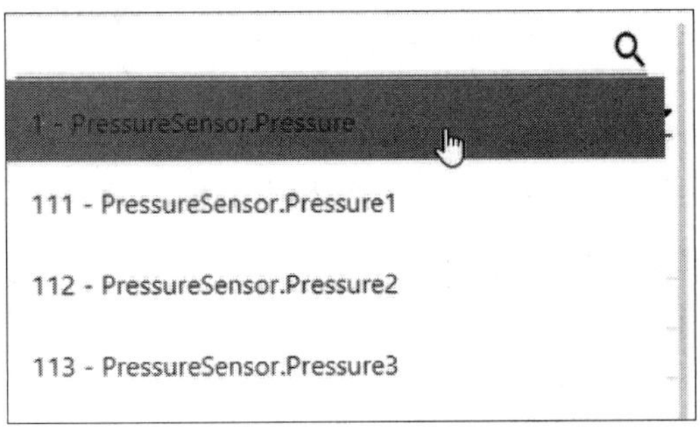

图 10.2.2　压力传感器通道监控

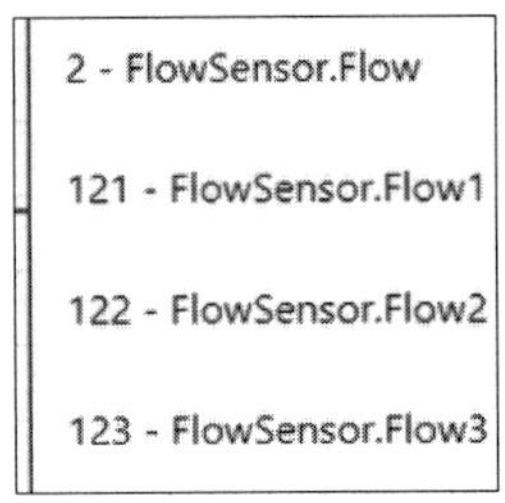

图 10.2.3　流量传感器通道监控

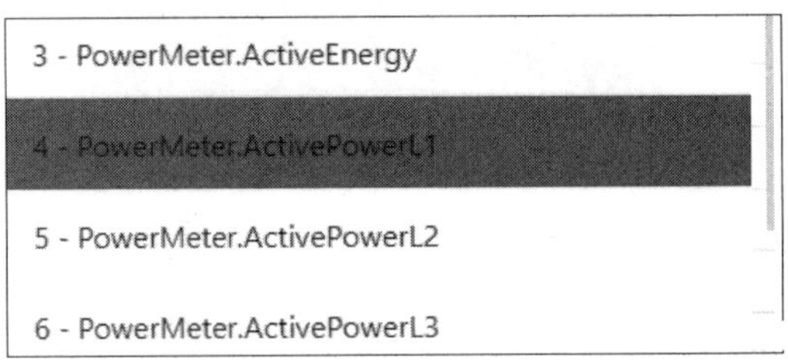

图 10.2.4　电压通道监控

还可以进行其他相关信息的监控，如监控流量和电源的变化。

1）监控流量的变化。例如，选择在线监控第一通道的流量，如图 10.2.5 所示。观察到流量显示接近零。在工作站工作现场的第一通道制造一个气体泄漏点，此时可以观察到该通道气体流量急剧上升。关闭泄漏点，流量降为零。

图 10.2.5　流量传感器 121 通道监控

2）监控电源的变化。例如，选择在线监控第一通道的电流，如图 10.2.6 所示，观察到电流约为 0.26A，在工作站工作现场的第一通道制造一个耗电场景，如起动现场电动机，此时可以观察到该通道的电流急剧上升到约 0.3A；电动机停转后又降至约 0.25A。同样，还可以监测电压、功率等。

图 10.2.6　电源 L1 通道监控

（2）设备硬件监控

监控第一路钻孔加工站的气体和电能消耗情况。

任务评价

任务评价表如表 10.2.1 所示。

表 10.2.1　任务评价表

基本信息	能源数据监控统计任务					
	班级		学号		分组	
	姓名		时间		总分	
项目内容	评价标准		分值	自评	小组互评	教师评价
任务考核（60%）	描述如何实现设备软件监控		30			
	描述如何实现设备硬件监控		30			
	监控数据		40			
	总分		100			
素养考核（40%）	操作安全规范		20			
	遵守劳动纪律		20			
	分享、沟通、分工、协作、互助		20			
	资料查阅、文档编写		20			
	精益求精、追求卓越		20			
	总分		100			

任务拓展

完成能源数据监控、能量消耗统计和分析。

知识链接

知识点 能源管理的意义

通过对能源的监控、数据收集、储存与分析，可以降低能耗、将能耗控制在合理范围内，实现对能耗指标的量化管理，分析出同比、环比的能源消耗对比，还可以制定不同的用能策略，达到节能的目的。

工作手册

姓名：	学号：	班级：	日期：
10.2 能源数据监控统计工作手册			

课堂笔记

任务接收

表 10-2-1 任务分配表

序号	角色	姓名	学号	分工
1	组长			
2	组员			
3	组员			

任务准备

表 10-2-2 工作方案设计表

序号	工作内容	负责人
1		
2		
3		
4		

表 10-2-3 实训设备、工具与耗材清单

序号	名称	型号与规格	数量	备注
1				
2				
3				
4				
5				
6				
7				
领取人： 归还人：				

任务实施

（1）描述如何实现设备软件监控

表 10-2-4　任务实施表 1

描述如何实现设备软件监控

（2）描述如何实现设备硬件监控

表 10-2-5　任务实施表 2

描述如何实现设备硬件监控

（3）动手操作完成软、硬件的数据监控

表 10-2-6　任务实施表 3

动手操作完成软、硬件的数据监控步骤			
负责人		验收签字	

课堂笔记

任务拓展

完成能源数据监控、能量消耗统计和分析。

课后作业

小组合作，用 PPT 展示以下任务：

1）描述如何实现设备软件监控。

2）描述如何实现设备硬件监控。

3）动手操作完成软、硬件的数据监控。

任务10.3

能源消耗统计

任务描述

随着我国节能减排工作的积极推进，在一系列政策措施的大力推动下，我国能源保供取得显著成效，生产稳步增长，为国民经济持续稳定恢复和满足民生需求提供了有力保障；能源绿色低碳发展扎实推进，能源消费逐季回落，能源结构持续优化，能耗强度保持下降。

微课：能源管理模块之能源消耗统计

本任务要求使用 CP Lab 进行简单的能源消耗统计。

任务要求

1）完成能量消耗统计和分析。

2）动手完成节能模式的操作。

任务准备

1）作业资料：软件操作指导书、工作手册等，保证资料完整。

2）作业场所：保证作业场所的整齐、规范、有序。

3）电气材料：能源管理模块 1 套、实验小车 1 台。作业前，电气材料必须按时到位。

任务实施

本任务主要完成能源消耗统计和分析，以及节能模式的设置。

任务实施步骤如下：

（1）完成能源消耗统计和分析

选择“Resources”下拉菜单中的“Footprint”选项，在打开的窗口中可以看到整体的能耗情况，如图 10.3.1 所示。

窗口左侧的 Total 表示总共耗能，是动态变化的。例如，现在耗电的功率是 135.92W，就是靠上的曲线；空气的消耗流量是 5.32L/min，也就是靠下的曲线。

窗口中间部分显示的是电能的统计和分析信息，也是动态变化的。例如，平均每天耗电 3.26kW·h，平均每年耗电 1191kW·h，平均每年需要支出 188.84 欧元的电费，平均每年排放二氧化碳 582kg，而吸收二氧化碳需要植树 47 棵。

窗口右侧显示的是压缩空气的统计和分析信息，也是动态变化的。例如，平均每天消耗压缩空气 7.7m^3，平均每天耗能 0.92kW·h，平均每年耗能 337kW·h，平均每年需要支出 53.49 欧元的电费，平均每年排放二氧化碳 165kg，而吸收二氧化碳需要植树 13 棵。

选择左边“Resources”下拉菜单中的“Analyze”选项，按通道分析。切换 Signals 信号为“Total”，根据时间来统计整体耗电功率，如图 10.3.2 所示。在图 10.3.2 中，左边是电能消耗曲线，右边是压缩空气消耗曲线，可以看到压缩空气消耗量是逐步下降的。可以设置观察的时间跨度为 2～120s，这样可以看到下方的电能消耗和压缩空气消耗，还可以观察到最大值、平均值、最小值；可以切换 3 个通道，分别对它们进行统计。

选择左边“Resources”下拉菜单中的“Factory”选项，如图 10.3.3 所示。可以使用 CP Lab 设备进行节能模式的切换。选择“Energy Efficiency”选项，传输带激活节能模式。当没有小车工件时，传输带自动停止。选择“Manual load reduction”选项，传输带激活能耗减半模式，也就是传输带处于速度减半的低速模式，传输带的速度降为正常速度的一半，也可以节能。

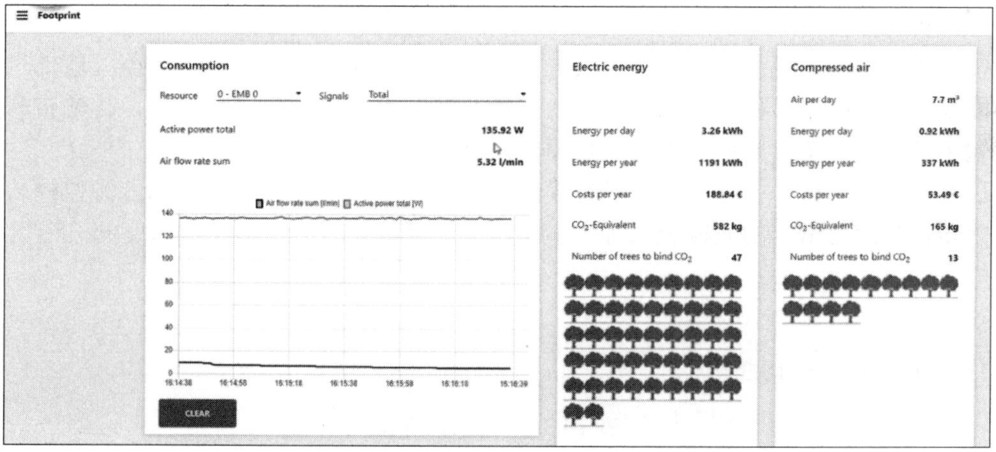

图 10.3.1　“Footprint”菜单下的能耗统计

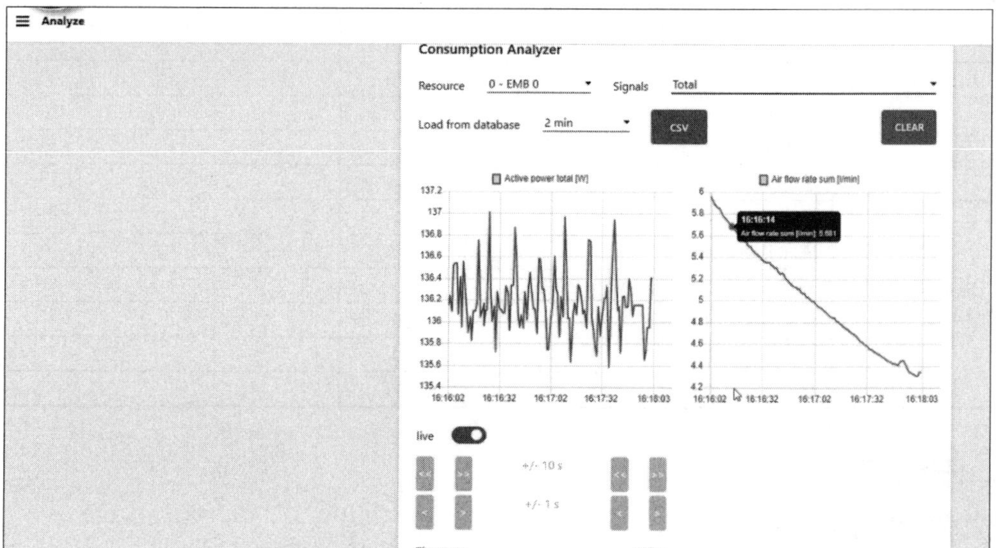

图 10.3.2　“Analyze”菜单下的能耗统计

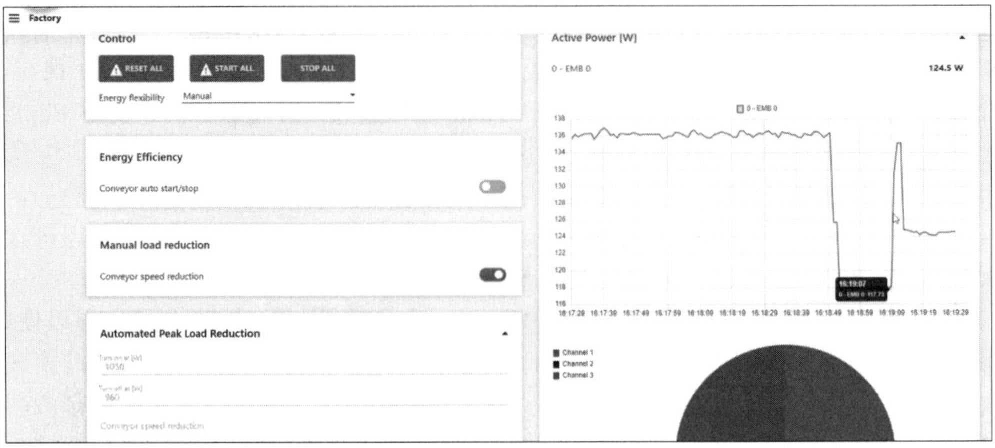

图 10.3.3　“Factory”菜单下的能耗统计

（2）实物操作

使工作站传输带处于正常运行模式，小车以正常的速度前进。当能源监控软件中设置为节能模式时，传输带停止。当小车进入传输带时，触发进口电容传感器，传输带开始启动运输小车；当小车离开传输带时，触发出口电容传感器，延时 5s，传输带停止。

现在使工作站传输带处于正常运行模式，小车以正常的速度前进。当能源监控软件中设置为传输带速度减半的低速模式时，小车运行速度就会减慢，为正常速度的一半。

任务评价

任务评价表如表 10.3.1 所示。

表 10.3.1　任务评价表

基本信息	能源消耗统计任务					
	班级		学号		分组	
	姓名		时间		总分	
项目内容	评价标准		分值	自评	小组互评	教师评价
任务考核（60%）	完成能量消耗统计和分析设置		60			
	动手完成节能模式的操作		40			
	总分		100			
素养考核（40%）	操作安全规范		20			
	遵守劳动纪律		20			
	分享、沟通、分工、协作、互助		20			
	资料查阅、文档编写		20			
	精益求精、追求卓越		20			
	总分		100			

任务拓展

完成能量消耗统计和分析。

知识链接

知识点　能量统计分析的定义

能源统计分析是指在有大量的能源统计资料和深入实际调查研究的基础上，运用统计分析的基本原则和方法，对能源系统流程运动的内在联系及其发展变化规律、能源综合平衡状况、能源资料构成和能源消费构成、能源流转、能源加工深度、能源储存、能源经济效益、能源综合利用及与国民经济发展的依存关系等方面，进行分析、研究、判断和推理，找出新情况、新问题并提出切实可行的建议。

工作手册

姓名：	学号：	班级：	日期：

10.3　能源消耗统计工作手册

任务接收

表 10-3-1　任务分配表

序号	角色	姓名	学号	分工
1	组长			
2	组员			
3	组员			

任务准备

表 10-3-2　工作方案设计表

序号	工作内容	负责人
1		
2		
3		
4		

表 10-3-3　实训设备、工具与耗材清单

序号	名称	型号与规格	数量	备注
1				
2				
3				
4				
5				
6				
7				
领取人：　　　归还人：				

课堂笔记

任务实施

（1）完成能源消耗统计和分析

表 10-3-4　任务实施表 1

序号	完成能源消耗统计和分析		
1	如何实现总能耗的分析		
2	如何实现电能的统计和分析		
3	如何实现压缩空气的统计和分析		
4	如何实现按通道进行统计和分析		
5	如何设置节能模式		
负责人		验收签字	

（2）动手完成节能模式的操作

表 10-3-5　任务实施表 2

动手完成节能模式的操作			
负责人		验收签字	

任务拓展

完成能量消耗统计和分析。

课后作业

小组合作，用 PPT 展示以下任务：

1）描述如何完成能源消耗统计和分析。

2）动手完成节能模式的操作。

课堂笔记

项目11 认知网络商城系统

>>>>

◎ 项目导入

三项集成是工业4.0的核心内容。三项集成即纵向集成、横向集成和端到端集成。纵向集成即实现企业内部的信息共享，横向集成是指企业间的信息共享，端到端集成的目标则是实现价值链上所有端的互联。制造企业与互联网的融合，可实现制造能力的在线发布、协同和交易，有利于整合线上线下交易资源，拓展销售渠道，从而打造制造、营销、物流等高效协同的生产流通一体化新生态。

本项目将要介绍的网络商城就是实现端到端集成的一个环节。网络商城将商家、客户、制造过程实时链接在一起，客户可以参与产品的全生命周期，企业可以获取客户的真实使用反馈并缩短销售管理链条，从而提效降本。

◎ 学习目标

知识目标	1. 能描述网络商城模块的整体功能； 2. 能描述网络商城的结构和工作流程； 3. 能描述网络商城的构成及各部分之间的关系
能力目标	1. 能正确使用网络商城客户端进行下单操作； 2. 能正确使用 MES 对前述订单进行生产； 3. 能正确新建产品并上架该产品
素养目标	1. 强化安全意识、效率意识、服务意识、创新意识； 2. 强化科学思维、数据思维、产品思维

任务 11.1 认知网络商城客户端

任务描述

本任务中，要求分析现有工业 4.0 系统网络商城模块的结构组成和工作流程，并在网络商城中下单购买一个前盖，然后在 MES 中生产该订单。

微课：网络商城的构成

微课：网络商城客户端及生产端

任务要求

1）描述网络商城客户端的整体功能。

2）描述网络商城客户端的结构和工作流程。

3）正确使用网络商城客户端进行下单操作。

4）正确使用 MES 对前述订单进行生产。

任务准备

安装 FESTO 工业 4.0 教学软件。

任务实施

本任务主要认知网络商城客户端，具体为描述网络商城客户端的整体功能、网络商城客户端的结构和工作流程、正确使用网络商城客户端进行下单操作、正确使用 MES 对前述订单进行生产。

任务实施步骤如下：

1）进入网络商城工业 4.0 软件首页，如图 11.1.1 所示。

2）在软件首页单击“网店”图标，进入客户注册/登录界面。按要求输入注册/登录信息，完成注册/登录。

3）了解客户端主页面各部分的功能。客户端主页面如图 11.1.2 所示，可以看到主页面包含结算货币设置；客服电话、账户信息、愿望清单、购物车、结算标签栏；搜索栏；根据工厂名称排列的产品列表，以及展示图等内容。可以通过单击“Admin”按钮切换至网络商城管理销售端账户。

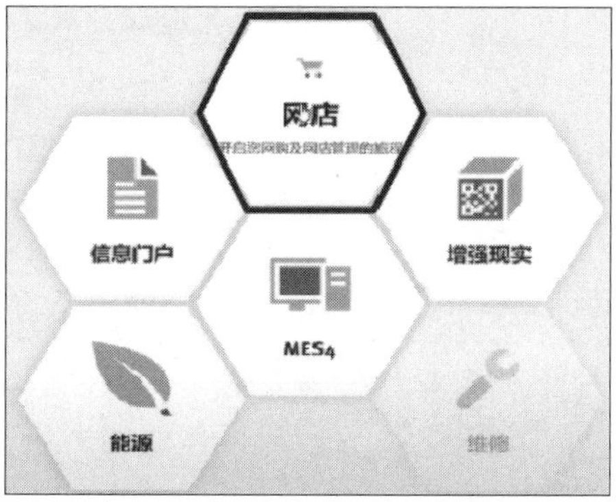

图 11.1.1　网络商城工业 4.0 软件首页

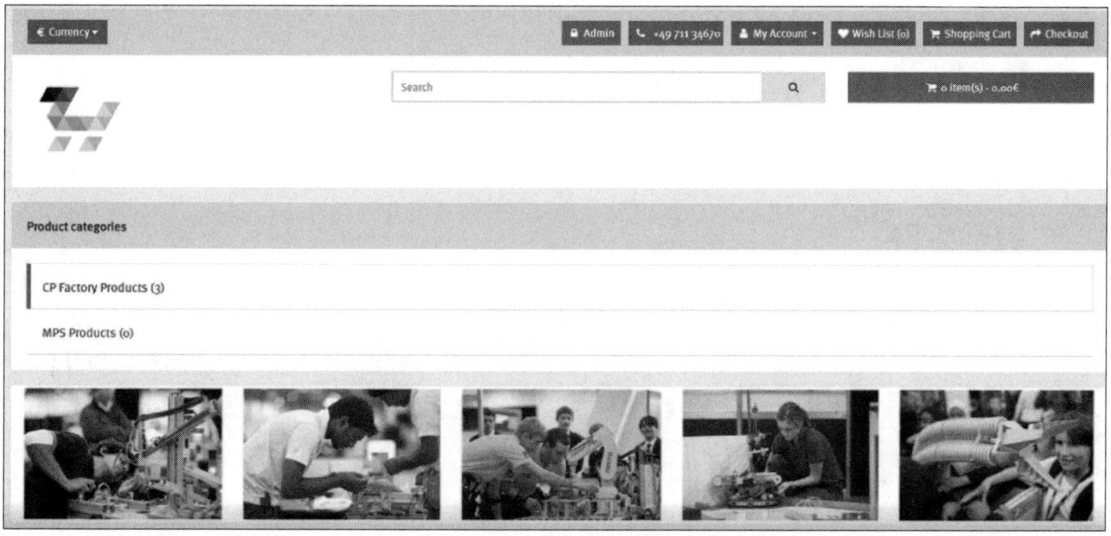

图 11.1.2　客户端主页面

4）当客户需要定制产品时，可以单击选定的工厂进入产品列表进行下单。例如，这里选购 CP Factory 的产品，所以选择“CP Factory Products”选项进入产品选择界面，如图 11.1.3 所示。进入产品选择界面后，客户可以根据需求选择在售商品或者定制自己需要的产品，如可以定制不同颜色、款式、尺寸的手机壳。

5）由于工业 4.0 的产线是由可以自由组合的单个工位组合而成的，所以理论上可以在同一条产线上实现不同产品的生产，从而实现小批量定制化生产。这里使用的教学软件没有设置定制选项，所以直接选择需要的商品。例如，选择“front cover”选项，单击“ADD”按钮后可以看到购物车里有 1 件商品。单击“Checkout”按钮，进入结算界面，如图 11.1.4 所示。结算界面包含付款信息、物流信息及商品和价格信息，带星号标记的为必填内容。在真实的工业 4.0 网络订单系统中，内容会更加详细，此处为方便展示将内容简化了。

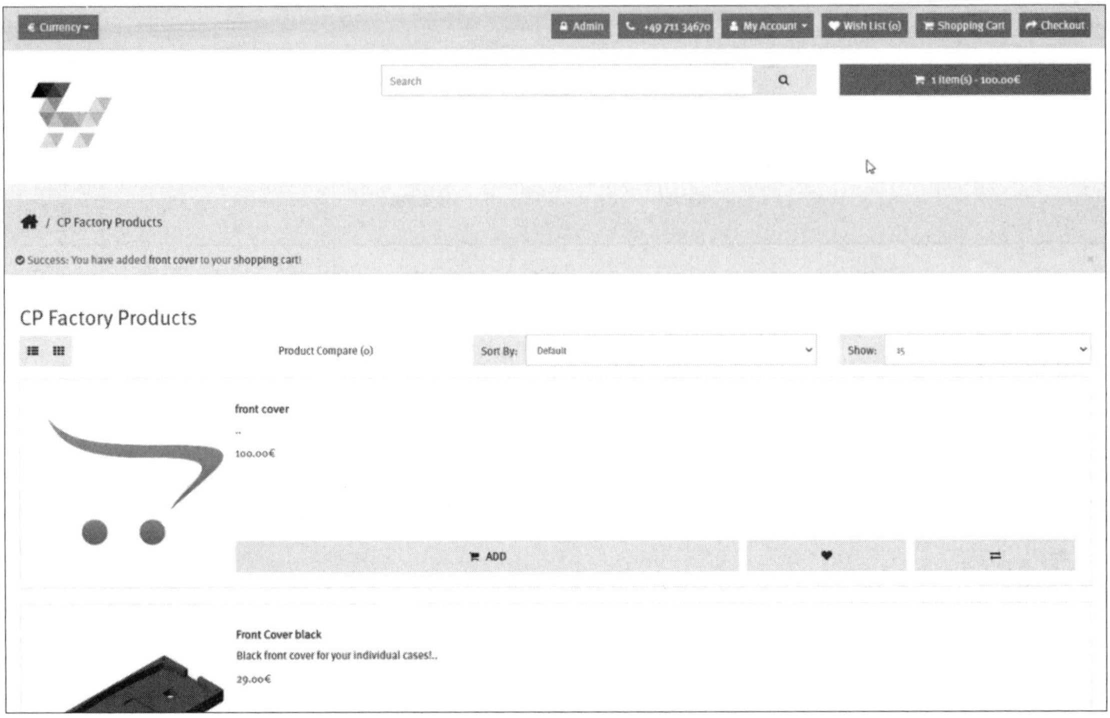

图 11.1.3　产品选择界面

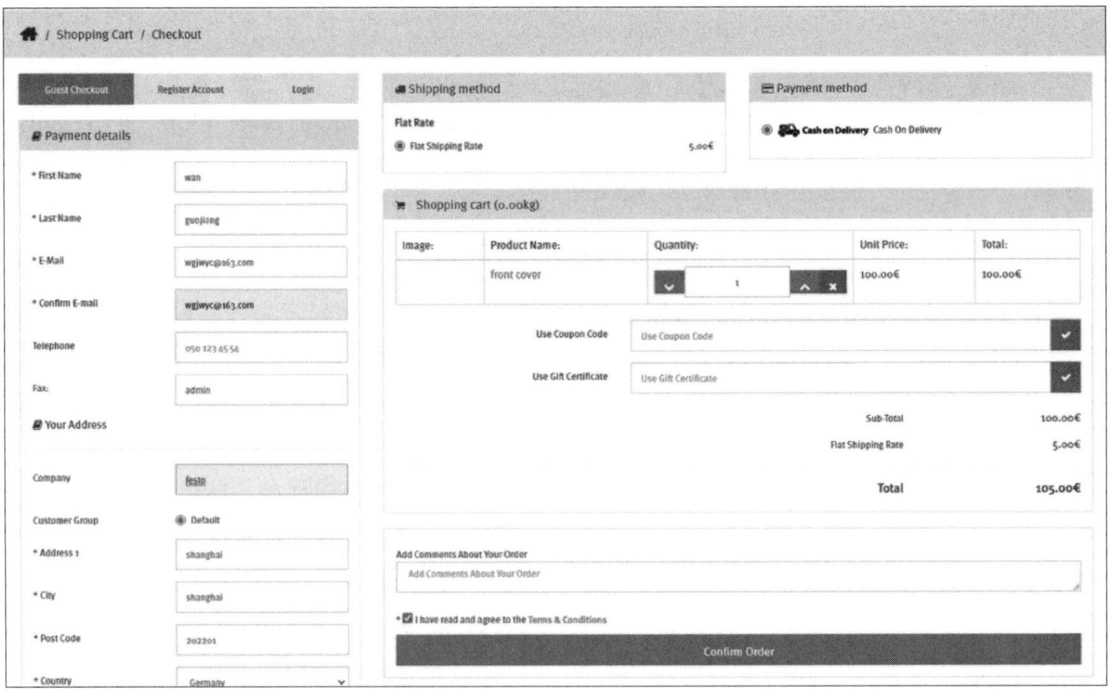

图 11.1.4　结算界面

6）按要求填写信息后确认订单，进入如图 11.1.5 所示的界面，表明已下单成功。此时，企业销售管理端可以看到订单的内容。同时，工厂端在 MES 中也可以看到该订单。

图 11.1.5　下单成功界面

7）返回软件主页面，单击“MES4”图标进入 MES，如图 11.1.6 所示。在页面左上角选择订单选项，进入订单页面。在“等候订单”标签栏下可以看到刚才客户提交的订单，如图 11.1.7 所示。组织生产后，MES 会自动将订单状态改为“完结订单”，如图 11.1.8 所示。

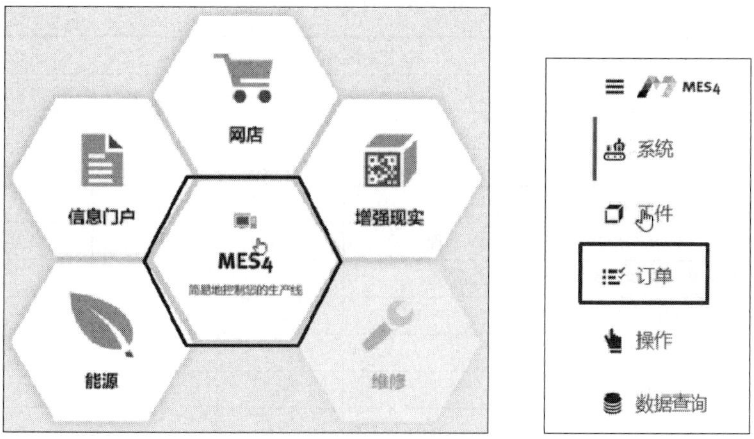

图 11.1.6　进入 MES

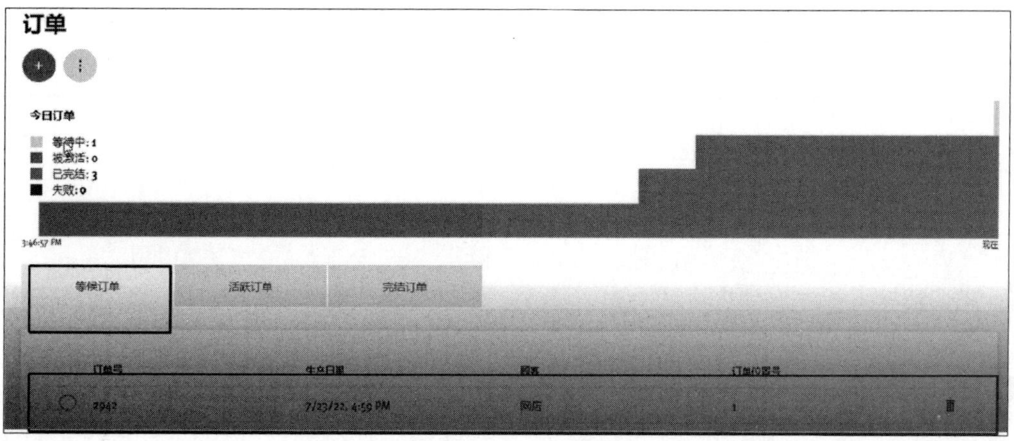

图 11.1.7　订单状态

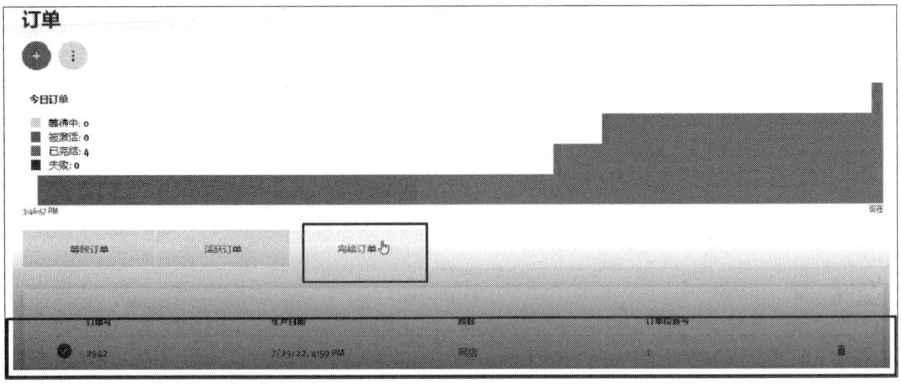

图 11.1.8　订单完结状态

任务评价

任务评价表如表 11.1.1 所示。

表 11.1.1　任务评价表

基本信息	认知网络商城客户端任务					
	班级		学号		分组	
	姓名		时间		总分	
项目内容	评价标准		分值	自评	小组互评	教师评价
任务考核（60%）	描述网络商城客户端的整体功能		20			
	描述网络商城客户端的结构和工作流程		20			
	正确使用网络商城客户端进行下单操作		30			
	正确使用 MES 对前述订单进行生产		30			
	总分		100			
素养考核（40%）	操作安全规范		20			
	遵守劳动纪律		20			
	分享、沟通、分工、协作、互助		20			
	资料查阅、文档编写		20			
	精益求精、追求卓越		20			
	总分		100			

任务拓展

在网络商城客户端创建个人账户并购买一款产品。

知识链接

知识点 11.1.1　网络商城的构成

传统的网络商城分为两个部分：一部分是面向用户的部分，也称为前台管理部分，如

图 11.1.9 所示，它主要包括注册登录、购物浏览、订单提交、评论反馈等操作；另一部分是商城管理部分，也称为后台管理部分，主要包括产品管理，如产品的添加、删除、查询、价格修改、库存修改等；订单管理；客户管理，如统计客户人数、客户购物种类、回购次数；促销管理，如促销优惠等；页面管理，店铺的装饰、布局等；数据管理，如销售额汇总、销售产品汇总、客户反馈评价汇总等。工业 4.0 的网络商城将生产等模块纳入商城的信息共享中，如图 11.1.10 所示。它可以让销售人员和客户能实时看到生产过程，从产品生命周期伊始就参与其中。

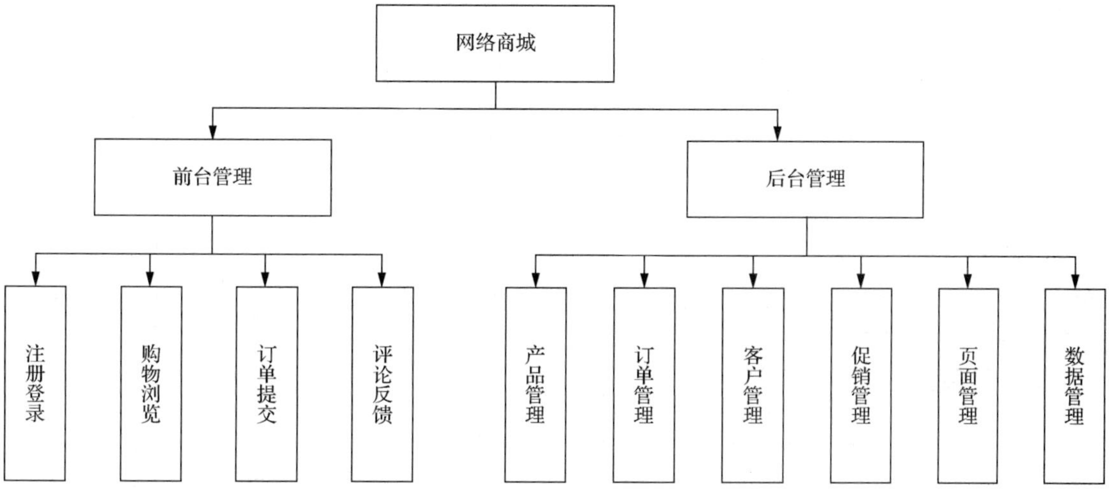

图 11.1.9　传统网络商城

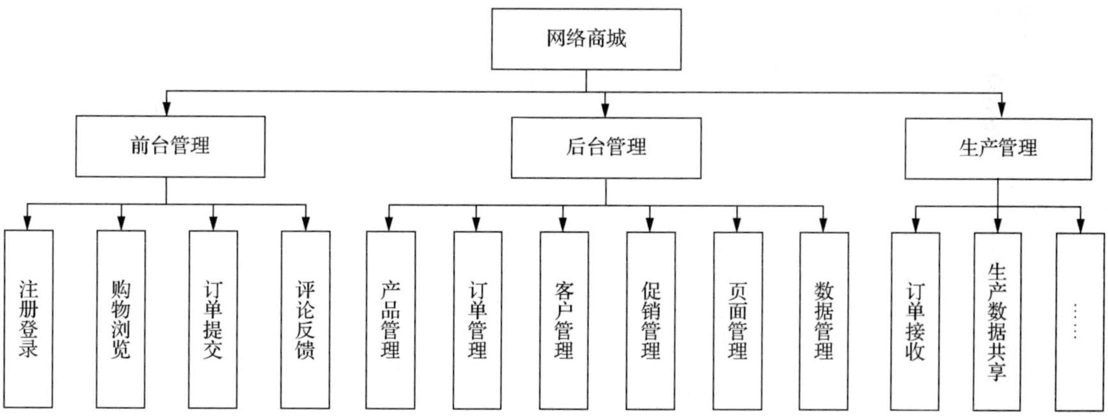

图 11.1.10　工业 4.0 网络商城

知识点 11.1.2　网络商城的性能指标

在判断网络商城系统的好坏时，主要考虑的指标包括安全性、易用性、功能性、速度快慢、存储空间、稳定性等。

安全性是所有企业和个人都非常注重的一点。可以通过语言、数据库的选择，在商城建设的基础上避免安全问题，也需要通过后期的日常维护避免，如建立访问统计、健康监护、备份体制等。易用性考虑界面是否简洁易懂、交易过程是否冗余等，可通过设置清晰导航、简化缩短流程、增加搜索功能、设置相关链接等提升易用性。功能性是指功能是否满足客户需求，这需要在网络商城设计之初就清楚分析。

最新研究表明，大多数用户期望的网站加载时间是 3s，超过 3s 就会有 57%的用户离开，所以加载速度快慢是决定成败的关键性因素。速度直接决定客户流失率，从而影响企业收入。同样，稳定性也至关重要，高稳定性的网站能提升用户体验，确保商城的良好运转。

工作手册

姓名：	学号：	班级：	日期：

11.1　认知网络商城客户端工作手册

任务接收

表 11-1-1　任务分配表

序号	角色	姓名	学号	分工
1	组长			
2	组员			
3	组员			
4	组员			
5	组员			

任务准备

表 11-1-2　工作方案设计表

序号	工作内容	负责人
1		
2		
3		
4		
5		

表 11-1-3　实训设备、工具与耗材清单

序号	名称	型号与规格	数量	备注
1				
2				
3				
4				
5				
领取人：　　归还人：				

课堂笔记

任务实施

（1）描述网络商城客户端的组成

表 11-1-4　任务实施表 1

序号	网络商城客户端的组成
1	网络商城客户端包括__________和__________两部分
2	网络商城客户端包括_____、_____、______和_______等功能
3	MES 订单状态包括__________、___________和__________
4	其他注意事项：

（2）描述网络商城客户端的使用方法和步骤

表 11-1-5　任务实施表 2

网络商城客户端的使用方法和步骤

课堂笔记

任务拓展

完成网络商城客户端的安装。

课后作业

小组合作，用 PPT 展示以下任务：

1）描述网络商城客户端的组成部分。

2）描述网络商城客户端客户注册的方法和步骤。

3）描述在网络商城客户端购物的方法和步骤。

任务 11.2 认知网络商城管理销售端

任务描述

本任务中，要求在现有工业 4.0 系统网络商城的管理销售端创建一个新产品并上架。

任务要求

1）描述网络商城管理销售端的构成。

2）描述网络商城管理销售端的工作流程。

3）正确新建产品并上架该产品。

任务准备

安装工业 4.0 教学软件。

任务实施

本任务主要认知网络商城管理销售端，具体为描述网络商城管理销售端的构成、网络商城管理销售端的工作流程、正确新建产品并上架该产品。

任务实施步骤如下：

1）进入软件主页面，如图 11.1.1 所示，单击“网店”图标，进入网店主页面；单击主页面右上角的“Admin”按钮，如图 11.2.1 所示，进入登录页面，如图 11.2.2 所示；在登录页面输入用户名和密码，进入企业管理销售端主页面，如图 11.2.3 所示。

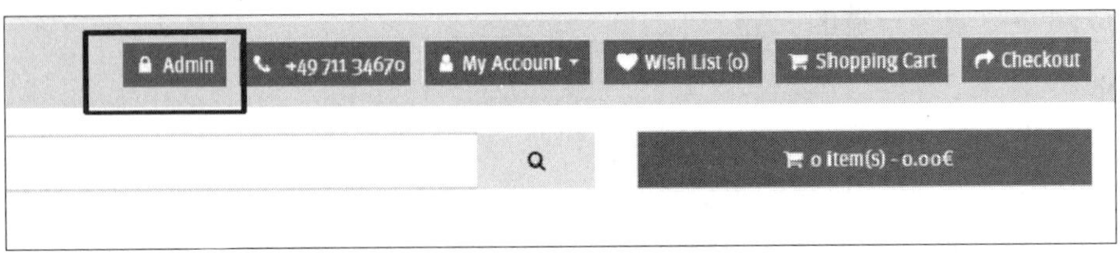

图 11.2.1　网店主页面

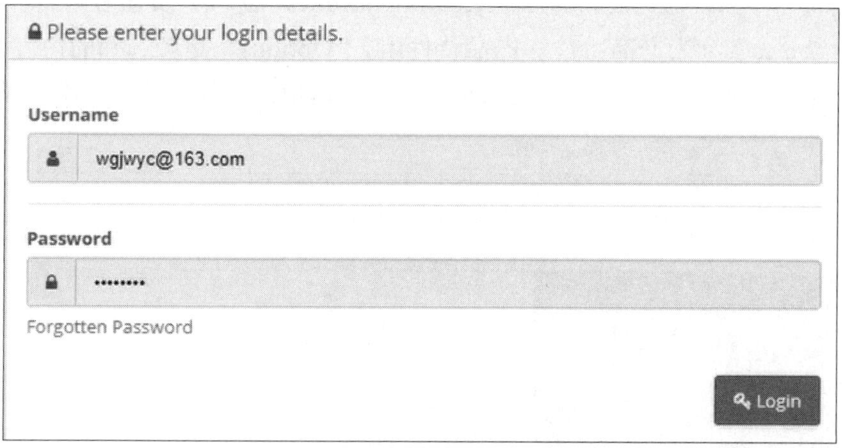

图 11.2.2　登录页面

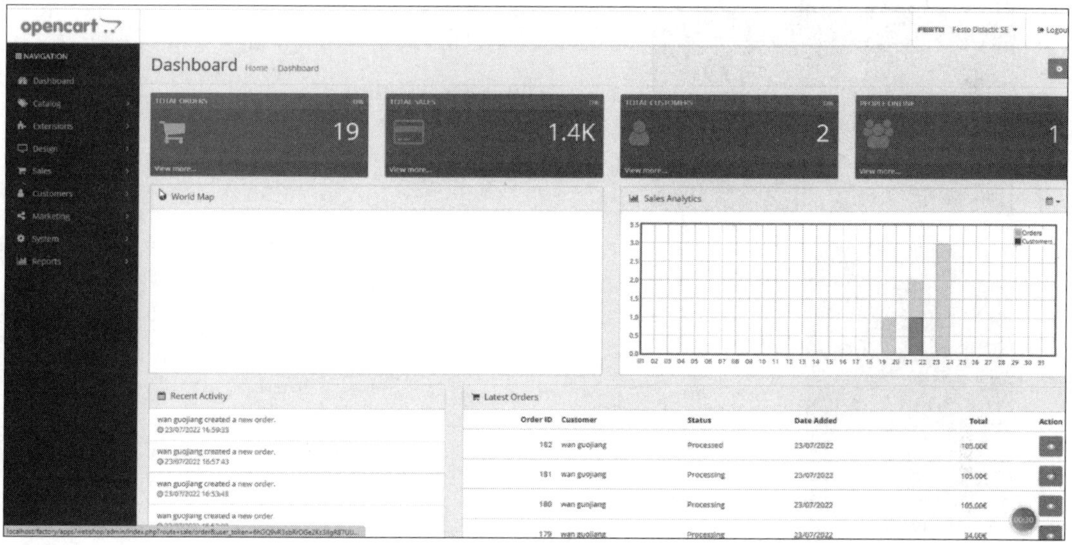

图 11.2.3　管理销售端主页面

2）主页面左侧导航栏列出了管理销售端能够实现的各项功能，包括产品目录（Catalog）、附加功能（Extensions）、页面设计（Design）、销售统计（Sales）、客户维护（Customers）、市场营销（Marketing）等。右侧是主看板，集中了各项企业认为最重要的信息。例如，这里列举了总订单数（TOTAL ORDERS）、总销售额（TOTAL SALES）、总客户数量（TOTAL CUSTOMERS）、销售数据分析（Sales Analytics）等。

3）产品目录包含产品分类（Categories）、产品利润（Recurring Profiles）情况、产品特性（Attributes）、生产工厂（Manufacturers）、产品评论（Reviews）等内容，如图 11.2.4 所示。选择“Categories”选项，进入产品分类。与客户端相对应，右边页面展示出以生产工厂命名的产品分类，单击“Action”列的按钮可进行编辑。后面的所有页面，出现 Action 的都表示可以单击 Action 列的按钮对它进行编辑。选择“Products”选项，页面右侧展示出以产品名称为序的产品列表。选择“Recurring Profiles”选项，页面右侧展示各产品利润信息。“Attributes”分为产品特性和产品特性组。“Options”是可选择的内容，也可进行编辑。接下来是生产工厂列表及店铺信息（包括店铺信息、物流信息、隐私条款等），如图 11.2.5 所示。

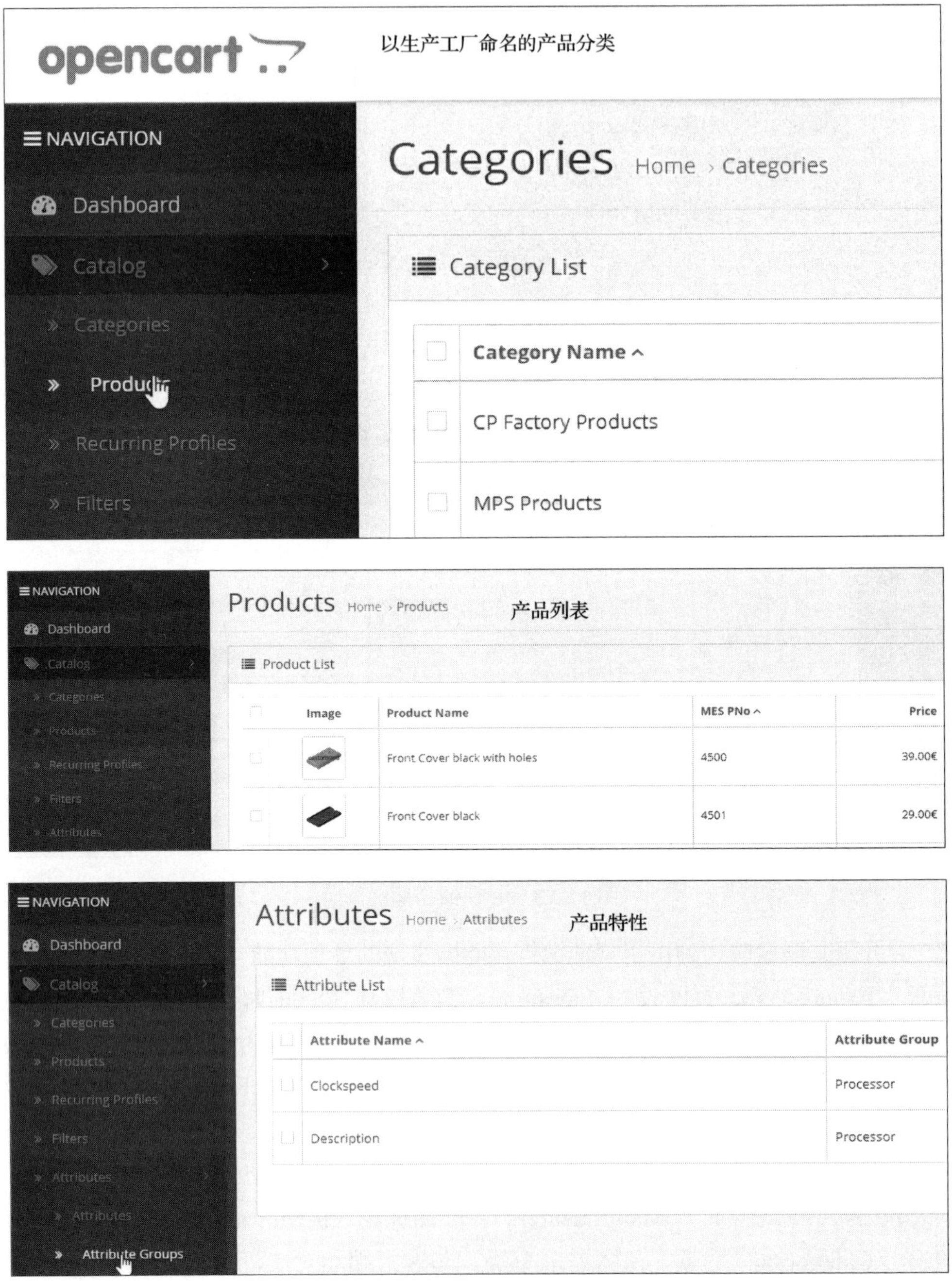

图 11.2.4　产品目录及其子选项

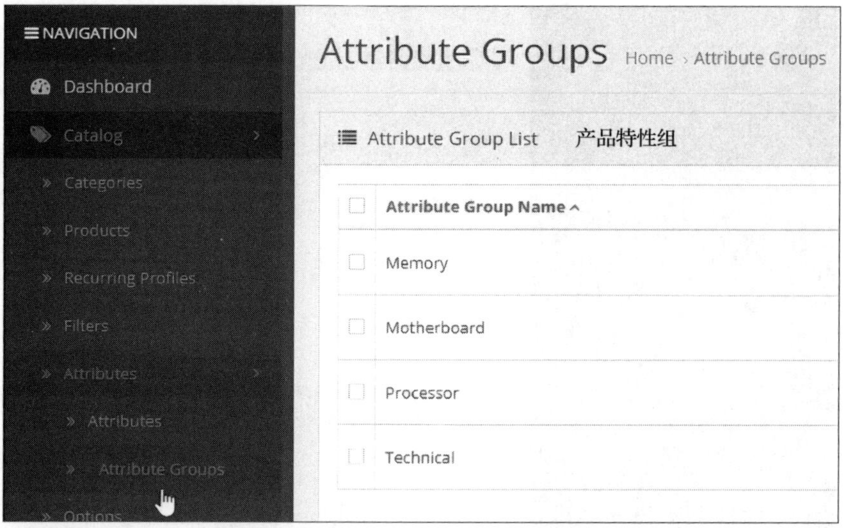
NAVIGATION
Dashboard
Catalog
Categories
Products
Recurring Profiles
Filters
Attributes
Attributes
Attribute Groups
Attribute Groups
Home › Attribute Groups
Attribute Group List
产品特性组
Attribute Group Name
Memory
Motherboard
Processor
Technical

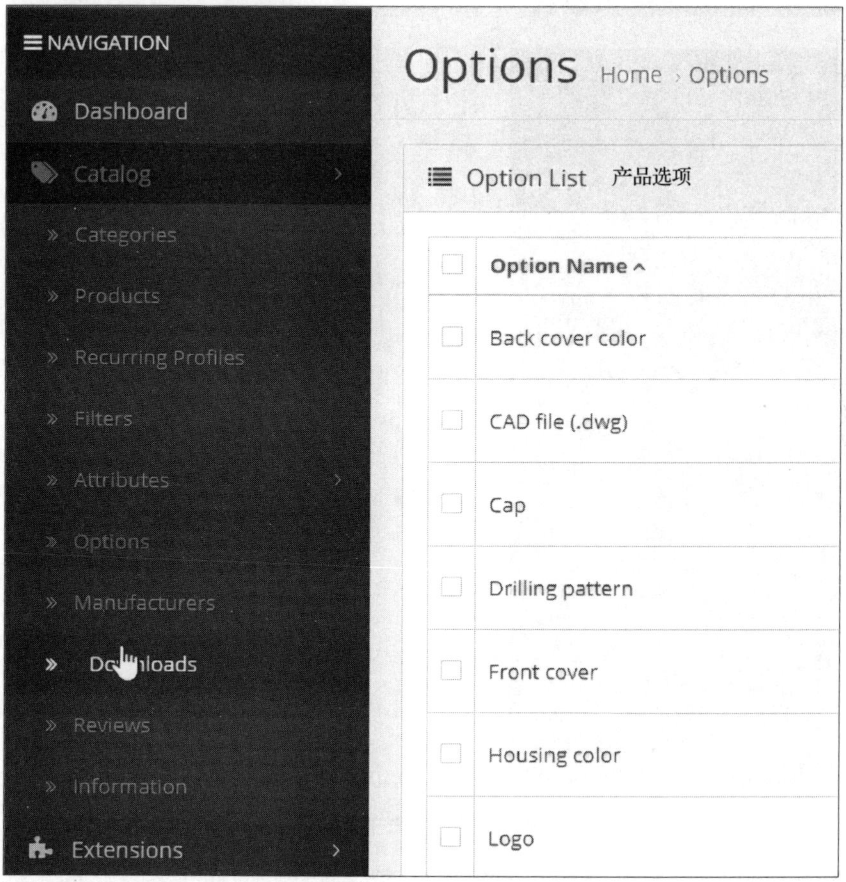
NAVIGATION
Dashboard
Catalog
Categories
Products
Recurring Profiles
Filters
Attributes
Options
Manufacturers
Downloads
Reviews
Information
Extensions
Options
Home › Options
Option List
产品选项
Option Name
Back cover color
CAD file (.dwg)
Cap
Drilling pattern
Front cover
Housing color
Logo

图 11.2.4（续）

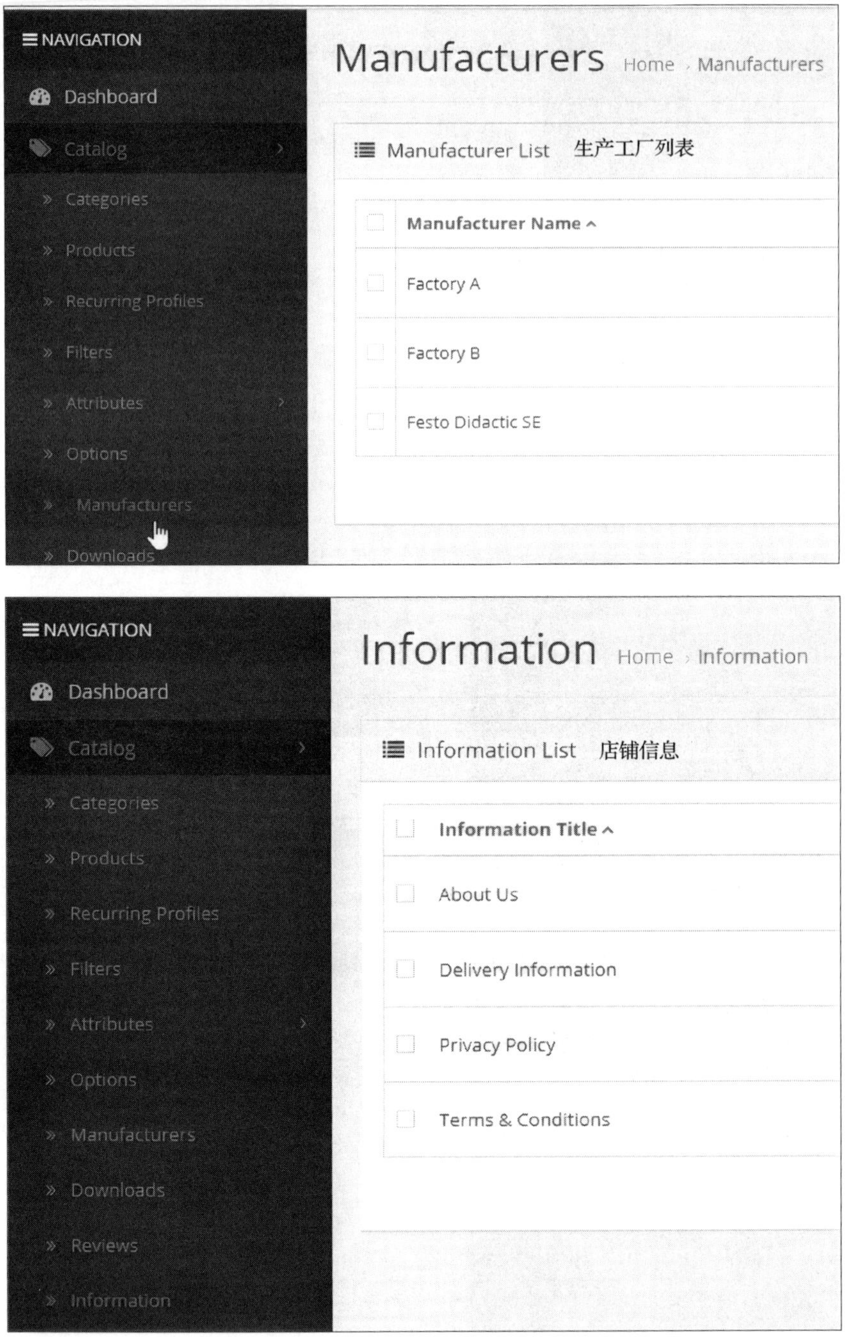

图 11.2.5　生产工厂列表

4）“Extensions”选项组中包括一些附加功能，如市场竞争力、发生的事件等。

5）“Design”选项组中包括对页面的设置和对语言的设置，如图 11.2.6 所示。

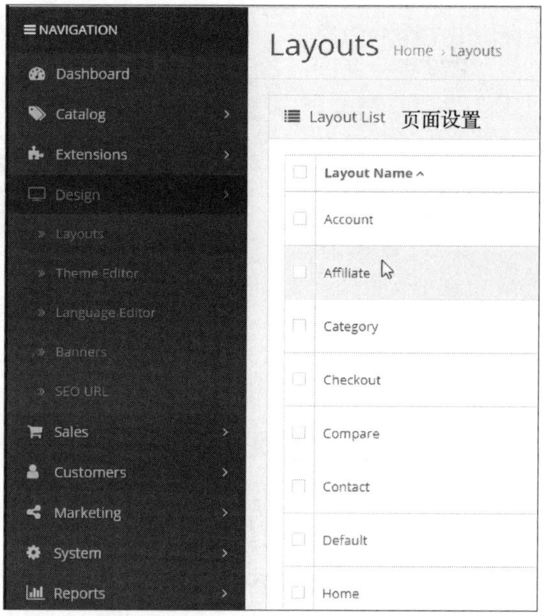

图 11.2.6 页面设置界面

6）“Sales”选项组中包括订单管理、利润管理、退货管理和礼品券管理，如图 11.2.7 所示。在 Orders 界面中可以看到订单的具体下单客户、生产状态、销售价格、下单时间等。如果需要快速找到某订单，可以采用 Filter 进行查找。

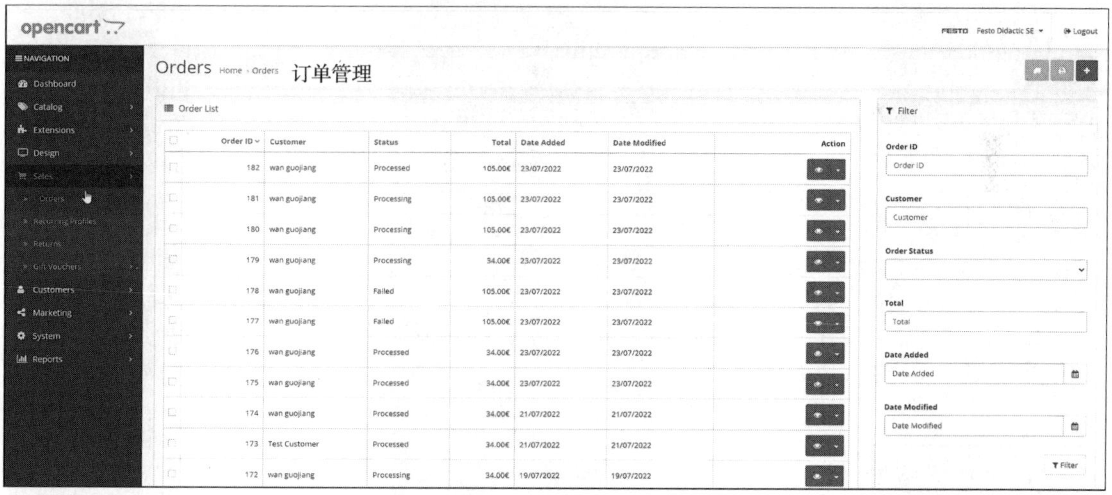

图 11.2.7 订单管理界面

7）“Customers”选项组中包括客户信息、客户分组等内容。在客户信息中可以查看客户名称、联系方式、客户状态等内容，如图 11.2.8 所示。

图 11.2.8　客户管理界面

8）“Marketing”选项组中可以设置市场营销的部分内容，如设置促销、优惠券等。“System”选项组用于对网络商城整个系统进行设置，如 IP 地址、名称等。在“User”选项组中可以设置用户名称和权限。在“Localisation”选项组中有多个子选项，包括语言、货币、库存、税收等，如图 11.2.9 所示。

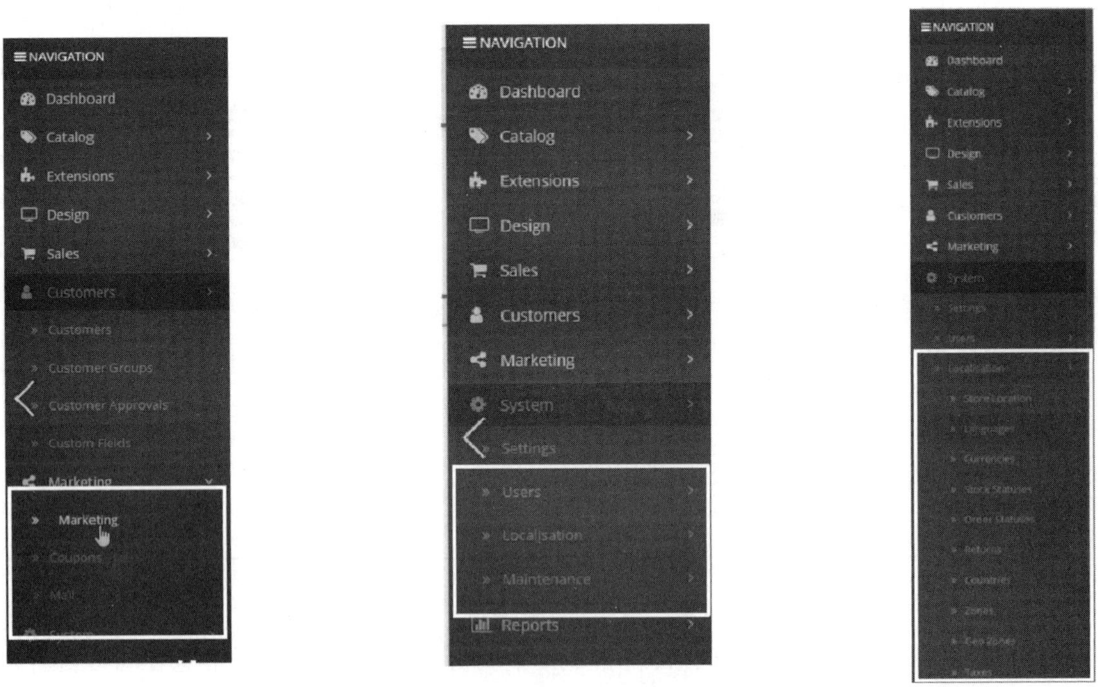

图 11.2.9　市场营销、系统设置和本土化菜单栏

9）“Reports”选项组用于对目前数据的一些呈现，如销售额、完成订单金额、正在加工订单金额等，如图 11.2.10 所示。

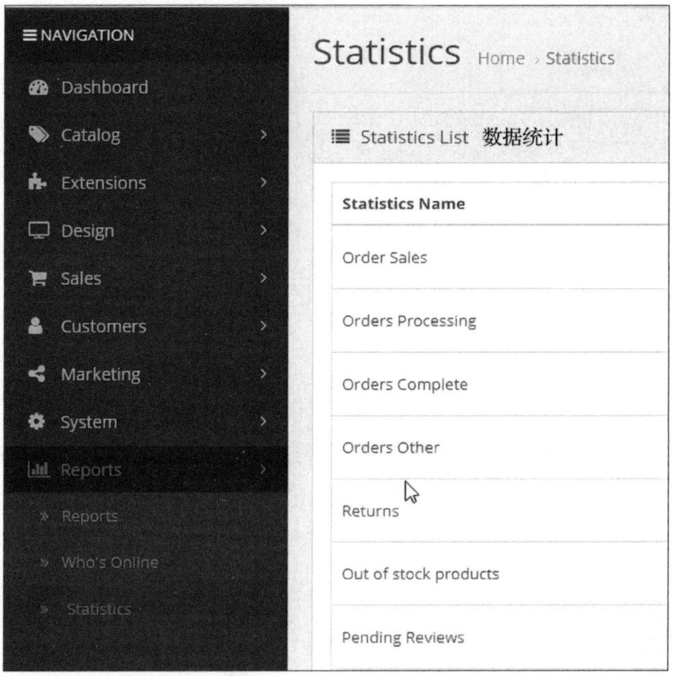

图 11.2.10　统计报告界面

10）上架一个新的商品的操作步骤：首先，选择“Catalog”→“Products”选项，然后单击页面右上角的加号，出现产品添加页面，如图 11.2.11 所示。

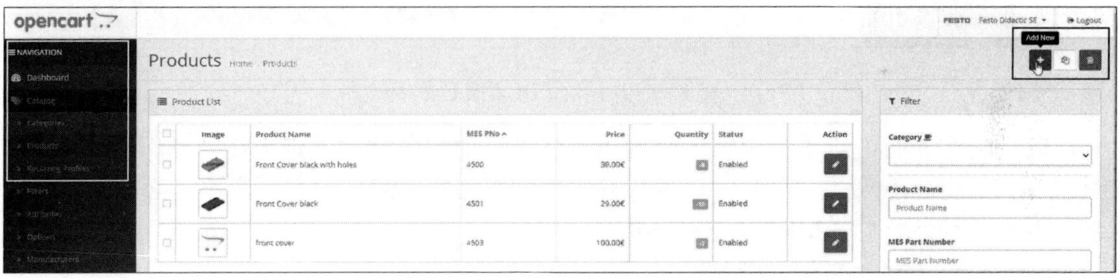

图 11.2.11　产品上架选分类

11）在“General”选项卡中可以设置产品名称，如设为 front cover，可以对产品进行描述，但不是必须输入的内容，只有标有星号标记的才是必须输入的内容。可以输入商品标签，便于客户检索，如图 11.2.12 所示。

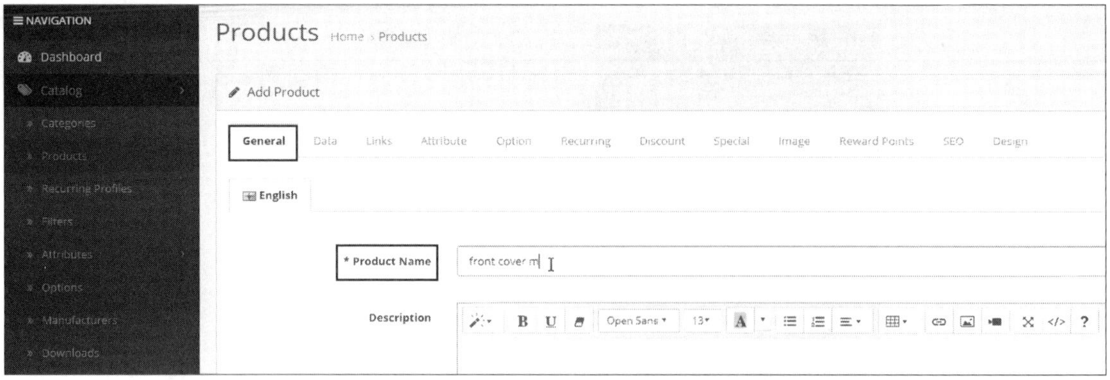

图 11.2.12　产品 General 信息输入

12）选择“Data”选项卡，如图 11.2.13 所示，需要输入 MES Part Number，此处的 Part Number 一定要与工厂所能生产商品的 Part Number 一致，否则 MES 无法生产。例如，打开 MES4 可以看到目前产品 Part Number 是从 4500 到 4505，那么这里只能对应输入这些零件号。

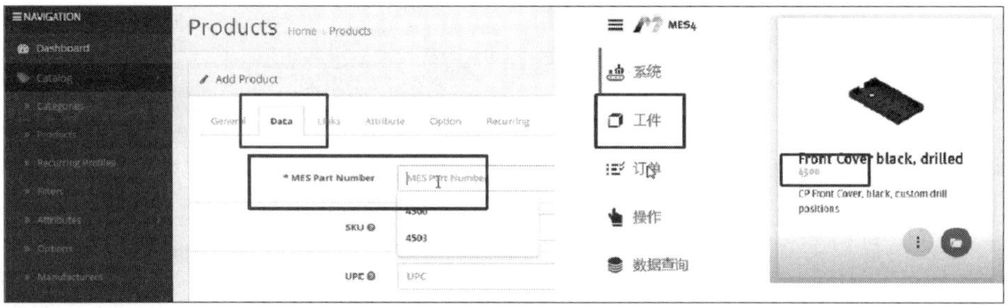

图 11.2.13　产品 Data 信息输入

13）在“Links”选项卡中需要正确填写生产厂商的名称，否则无法与 MES 通信，如图 11.2.14 所示。此处选择“Festo Didactic SE”作为生产商。生产厂商不是必须填写的内容，不填写不会影响与 MES 的通信。

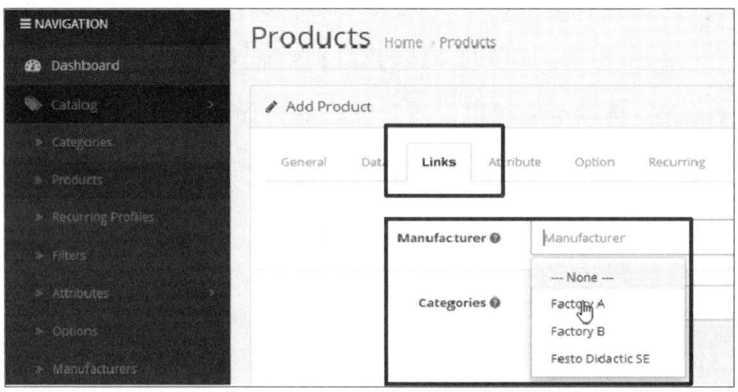

图 11.2.14　产品 Links 信息输入

14）后面的选项卡允许用户添加其他信息，如产品图片、产品属性等，它们不是必须添加的内容。单击“保存”按钮保存信息，就可以看到产品目录中新增了一个商品。同时在客户端也可以看到该产品并可下单购买。至此，产品上架完成。

任务拓展

在网络商城管理销售端管理商品库存并下架库存为 0 的一款商品。

知识链接

知识点　网络商城数据管理

如今是信息爆炸的时代，如何管理巨量的数据是制胜的关键。对网络商城而言，亦是如此。海量的商城数据是商家的宝贵财富，有效的分析可以帮助商家快速了解经营状况，为营销方案提供数据支持等。

数据分析通常包括交易记录、商品统计、会员统计和店铺统计。交易记录是数据统计中很重要的一部分，它可以帮助商家统计平台的整体销售情况，如下单人数、下单金额、订单数、转化率等，并在系统后台用图表等方式直观地展示出来。商品统计可以帮助商家了解用户对商品的搜索浏览情况，从浏览量、浏览的人次、成交量、转化率等进行统计，并用销售量和销售额进行展现。会员统计可以帮助商家查看会员的增长情况，将不同时间段的会员人数进行对比，结合下单量、购买金额等查看会员分布，从而制定有效的营销策略。店铺统计可以帮助商家统计店铺销售情况，通过交易量及交易金额对店铺交易情况进行分析。

任务评价

任务评价表如表 11.2.1 所示。

表 11.2.1　任务评价表

基本信息	认知网络商城管理销售端任务					
	班级		学号		分组	
	姓名		时间		总分	
项目内容	评价标准		分值	自评	小组互评	教师评价
任务考核（60%）	描述网络商城管理销售端的构成		30			
	描述网络商城管理销售端的工作流程		20			
	正确新建产品并上架该产品		50			
	总分		100			
素养考核（40%）	操作安全规范		20			
	遵守劳动纪律		20			
	分享、沟通、分工、协作、互助		20			
	资料查阅、文档编写		20			
	精益求精、追求卓越		20			
	总分		100			

工作手册

姓名：	学号：	班级：	日期：

11.2　认知网络商城管理销售端工作手册

任务接收

表 11-2-1　任务分配表

序号	角色	姓名	学号	分工
1	组长			
2	组员			
3	组员			
4	组员			
5	组员			

任务准备

表 11-2-2　工作方案设计表

序号	工作内容	负责人
1		
2		
3		
4		
5		

表 11-2-3　实训设备、工具与耗材清单

序号	名称	型号与规格	数量	备注
1				
2				
3				
4				
5				
6				
7				
领取人：　　　　归还人：				

课堂笔记

任务实施

（1）描述网络商城管理销售端的组成

表 11-2-4　任务实施表 1

序号	网络商城管理销售端的组成
1	网络商城管理销售端包括__________、__________、__________、__________、________、_________等多个部分
2	产品目录部分包括__________、___________、__________、_________等
3	销售管理部分包括__________、_________、_______、________、______等
4	其他注意事项：

（2）描述新产品上架的方法和步骤

表 11-2-5　任务实施表 2

新产品上架的方法和步骤

课堂笔记

任务拓展

在网络商城管理销售端管理商品库存并下架库存为 0 的一款商品。

课后作业

小组合作，用 PPT 展示以下任务：

1）根据需要在网络商城管理销售端中设置店铺界面。

2）新增一个生产工厂并在该工厂新增一个产品。

3）对某一商品新增一个促销活动。

4）增加一个消费券功能。

参 考 文 献

陈明，张光新，向宏，2021．智能制造导论[M]．北京：机械工业出版社．

人力资源社会保障部专业技术人员管理司，2021．智能制造工程技术人员（初级）：智能制造共性技术[M]．北京：中国人事出版社．

游青山，赵悦，黄崇富，2021．智能传感器技术应用[M]．北京：科学出版社．